儿童数学空间思维能力训练

从平面到立体

全脑思维
开发研究小组
主编

童趣出版有限公司编　人民邮电出版社出版
北　京

图书在版编目（CIP）数据

儿童数学空间思维能力训练 : 从平面到立体 / 全脑思维开发研究小组主编 ; 童趣出版有限公司编. -- 北京: 人民邮电出版社, 2020.9
ISBN 978-7-115-54430-8

Ⅰ. ①儿… Ⅱ. ①全… ②童… Ⅲ. ①数学一少儿读物 Ⅳ. ①01-49

中国版本图书馆CIP数据核字(2020)第124398号

责任编辑：付莉莉
责任印制：李晓敏
封面设计：韩木华
排版制作：刘晓丽

编　　：童趣出版有限公司
出　版：人民邮电出版社
地　址：北京市丰台区成寿寺路11号邮电出版大厦（100164）
网　址：www.childrenfun.com.cn

读者热线：010-81054177
经销电话：010-81054120

印　刷：北京尚唐印刷包装有限公司
开　本：787×1092 1/16
印　张：11
字　数：95千字
版　次：2020年9月第1版 2020年9月第1次印刷
书　号：ISBN 978-7-115-54430-8
定　价：45.00元

前言

索玛立方体是由丹麦数学家皮亚特·海恩发明的。他用 7 个不规则的积木单元巧妙地拼成了 1 个较大的 3×3×3 的立方体，即索玛立方体。使用这 7 个积木单元拼出索玛立方体，有 400 多种拼法。

利用索玛立方体进行有针对性的训练，可以有效培养孩子的空间思维能力。所谓空间思维能力是指人们识别物体的形状、位置，理解物体与空间的关系，记住物体的相对位置，然后通过想象与视觉化，形成新的视觉关系的能力。简单地说，就是在脑海中呈现事物和场景的能力。

空间思维能力直接影响孩子在数学、地理、化学、科学、美术、音乐等方面的学习，甚至影响解决实际问题的能力。当孩子具备空间思维能力时，会自觉跳出点、线、面的范畴，从综合角度全面思考问题。

让我们以数学为例来说明一下。空间思维能力弱的孩子，在遇到复杂的应用题和图形题时，常常抓耳挠腮，不知所措，迟迟找不到问题的切入点；空间思维能力强的孩子，在解决复杂的应用题和图形题时，往往得心应手，能够快速地找到解决问题的方法。

本书主要以索玛立方体为工具，通过进阶式游戏题让孩子观察、亲自动手制作并拼搭立方体（即由索玛立方体的积木单元以及单立方体、双立方体、三立方体组合成的立体图形等），引导孩子在头脑中演绎立方体的变化过程，全方位训练孩子的空间思维能力。

制作并拼搭立方体，可以有效训练孩子的手眼协调能力、读图能力、专注力和动手能力。面对拼搭好的立方体，孩子可以对观察和想象的结果进行确认，从而还原想象。

本书的游戏题涉及点、线、面、体，包括推测不同积木单元的移动轨迹，拼出不同造型的立体图形，让孩子的思维在二维与三维间自由转换，在培养空间思维能力的同时，达到提高学习能力的目的。

全脑思维开发研究小组

2020 年 4 月

目 录

1 小试牛刀 1

2 初露锋芒 15

1 小试牛刀

在解题之前，请从本书最后的折纸中把单立方体、双立方体、三立方体的展开图（绿色）剪下来。剪下来后，沿虚线向外折，沿点画线向内折，边和边之间使用透明胶带粘牢固定。

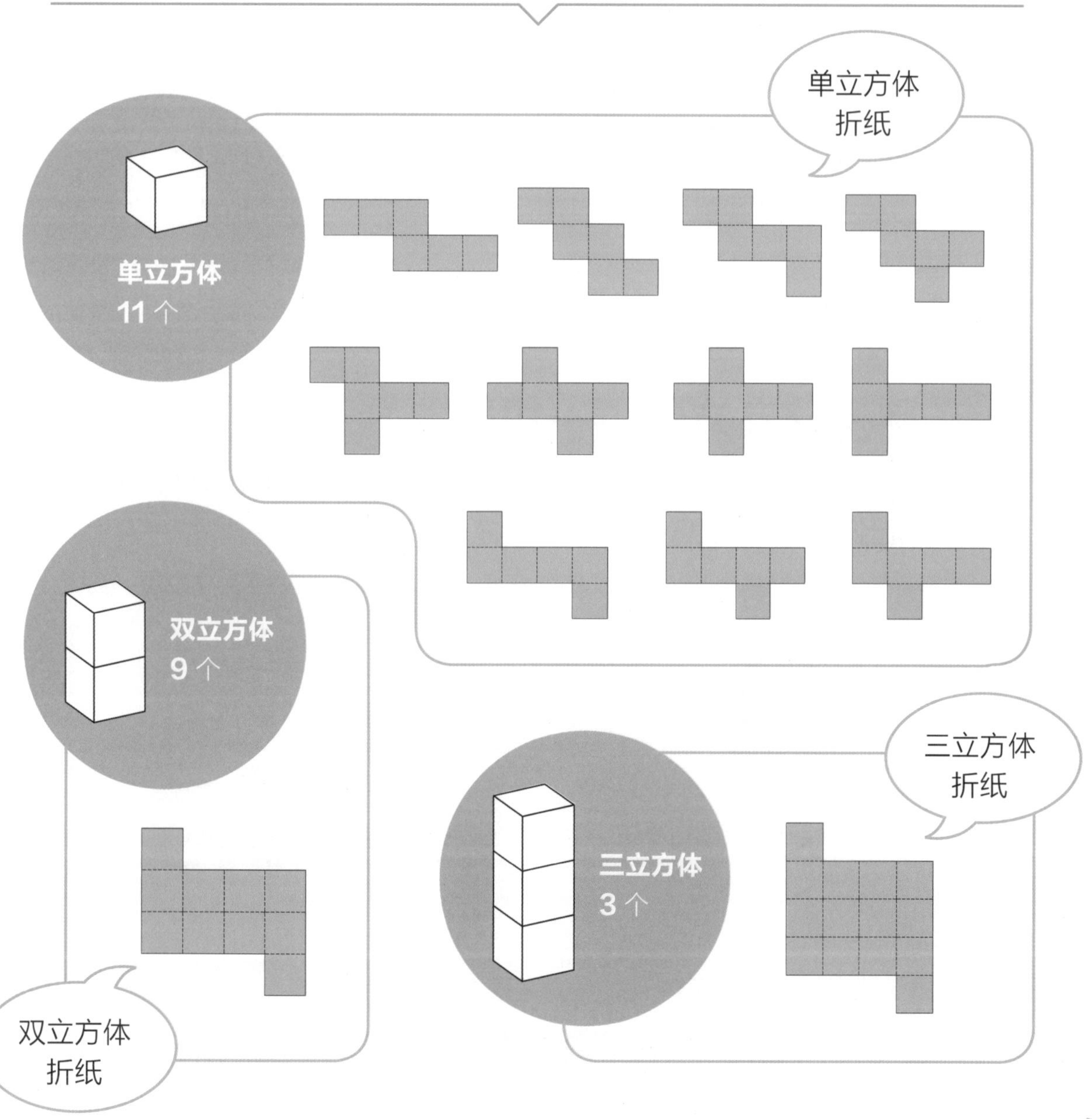

1 用单立方体拼图吧

★★★★★

试试用 2 个单立方体拼成下面平面图的形状吧！

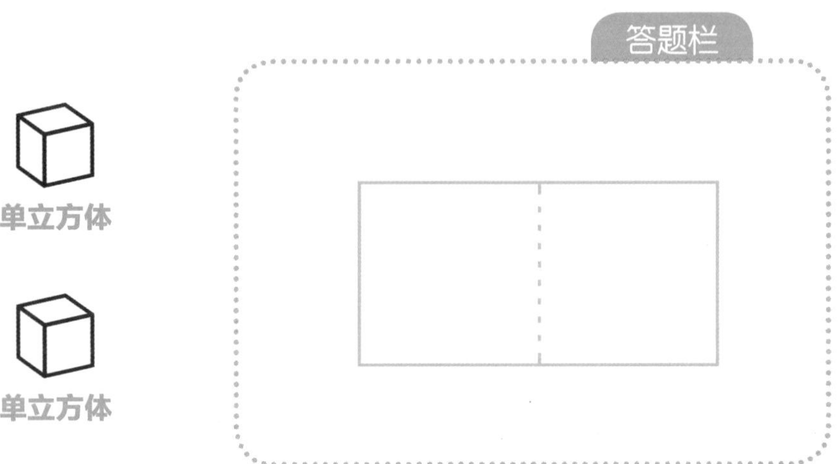

2 用基础立方体拼一拼吧

★★★★★

将 2 个单立方体拼在一起，可以拼成哪些立体图形呢？选出来打上钩吧！

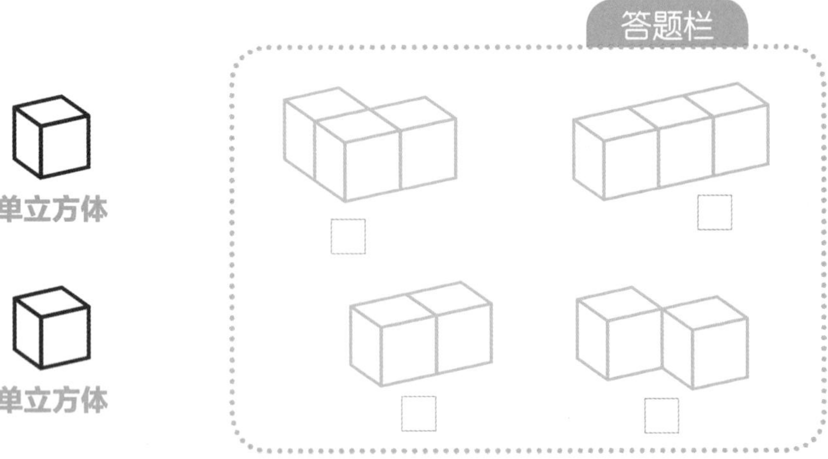

答案 146 页

3 用不同的立体图形拼图吧

试试用 1 个单立方体和 1 个双立方体拼成下面平面图的形状吧！

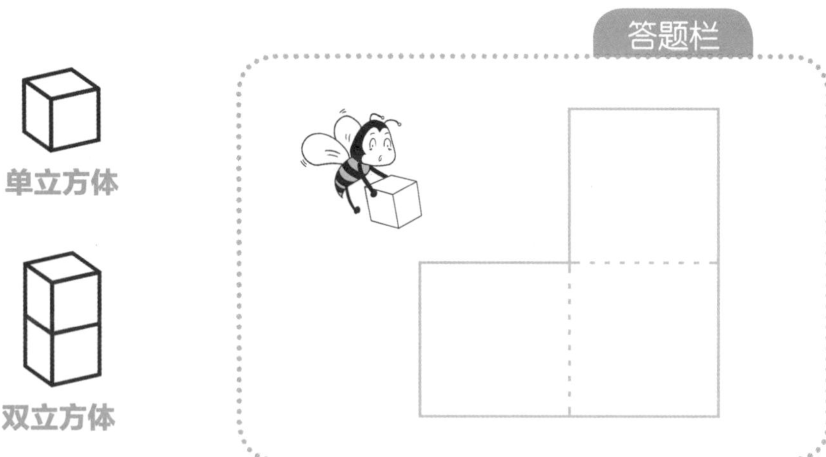

4 用基础立体图形拼一拼吧

将 1 个单立方体和 1 个双立方体拼在一起，可以拼成哪些立体图形呢？选出来打上钩吧！

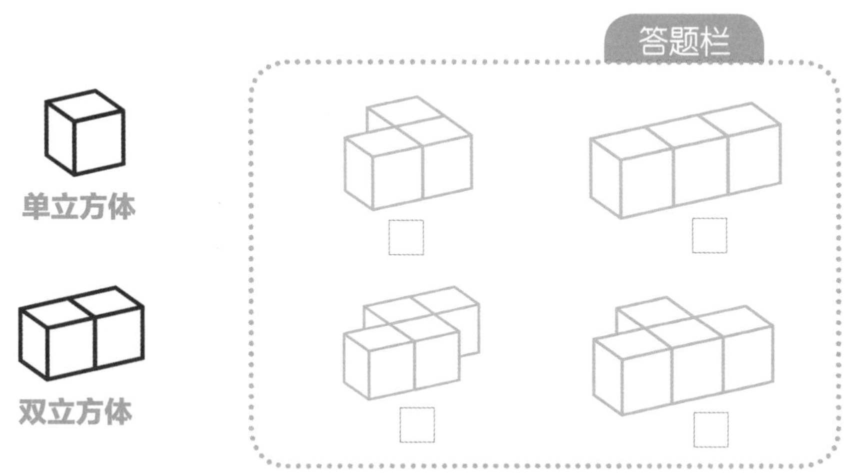

答案 146 页

5

把积木转一转吧

★★★★★

转动下面的绿色积木单元，能看到几种立体图形呢？选出来打上钩吧！

答题栏

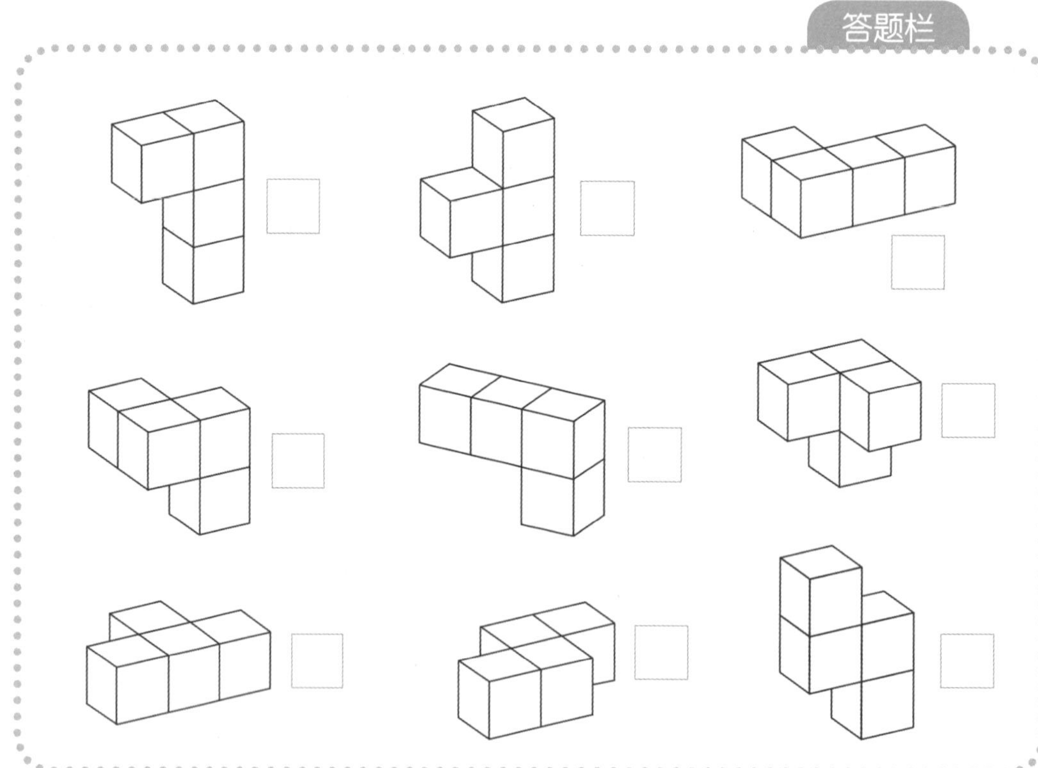

答案 146页

6

用双立方体拼图吧

★★★★★

试试用 2 个双立方体拼成下面平面图的形状吧！

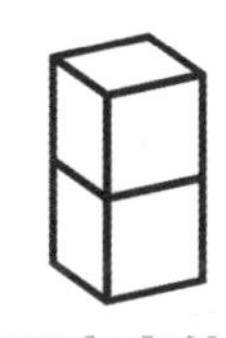

双立方体

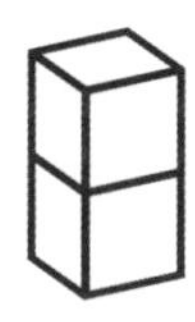

双立方体

答题栏

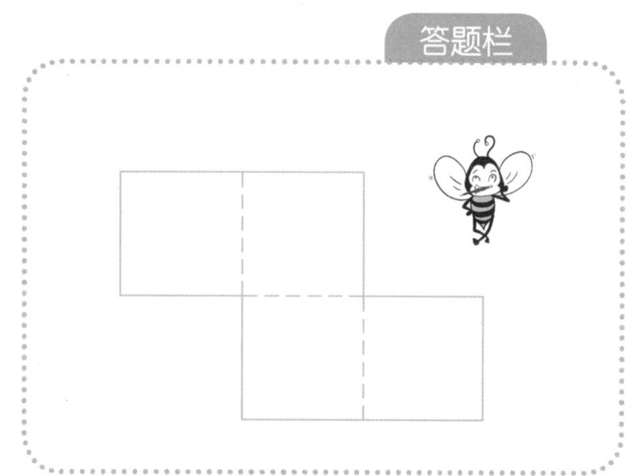

7

用基础立体图形拼一拼吧

★★★★★

将 1 个单立方体和 1 个三立方体拼在一起，可以拼成哪些立体图形呢？选出来打上钩吧！

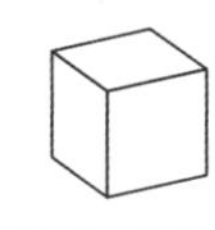

单立方体

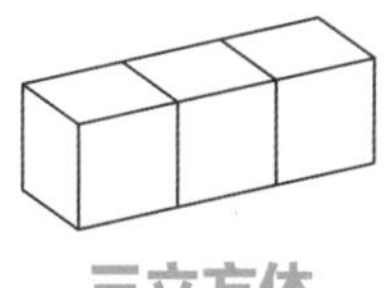

三立方体

答题栏

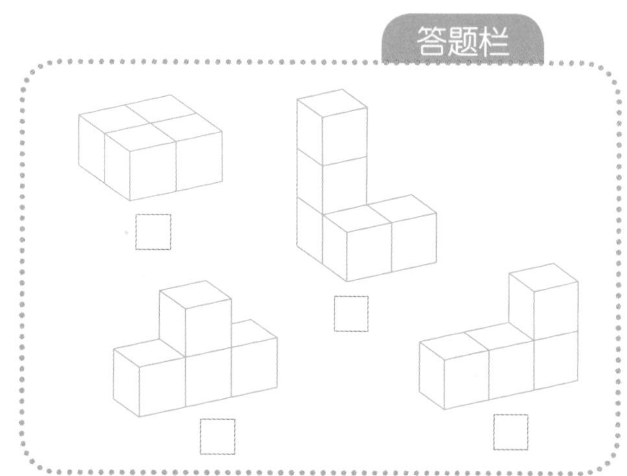

答案 146 页

8 把积木转一转吧

★★★★★

转动下面的绿色积木单元，能看到几种立体图形呢？选出来打上钩吧！

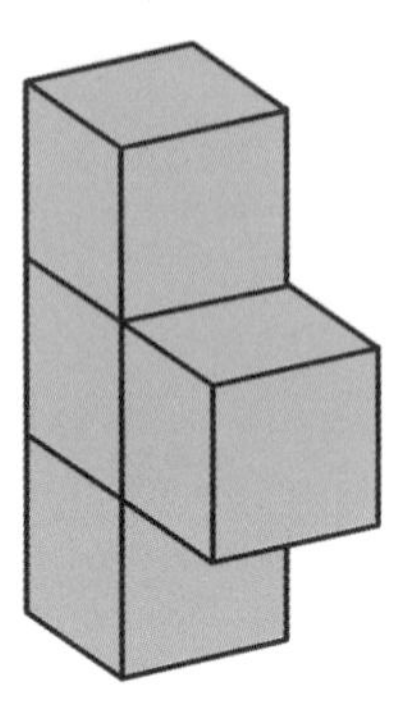

答题栏

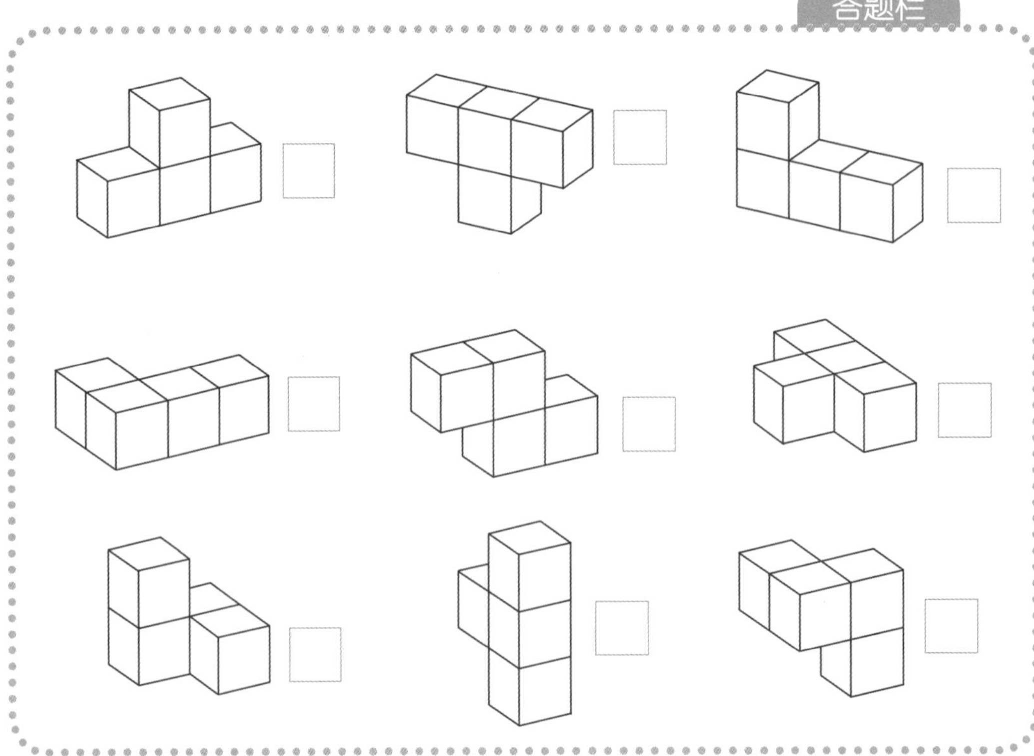

答案 146页

9

用立体图形拼图吧

★★★★★

试试用1个双立方体和1个三立方体拼成下面平面图的形状吧！

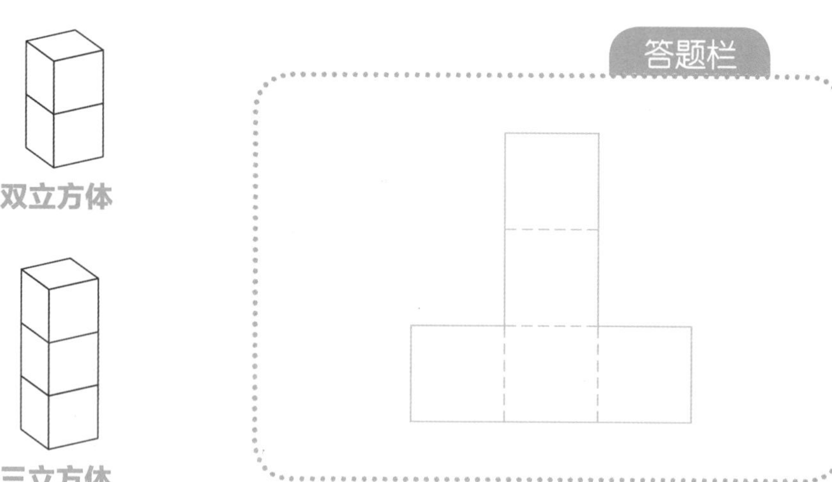

10

用立体图形拼一拼吧

★★★★★

将1个双立方体和1个三立方体拼在一起，可以拼成哪些立体图形呢？选出来打上钩吧！

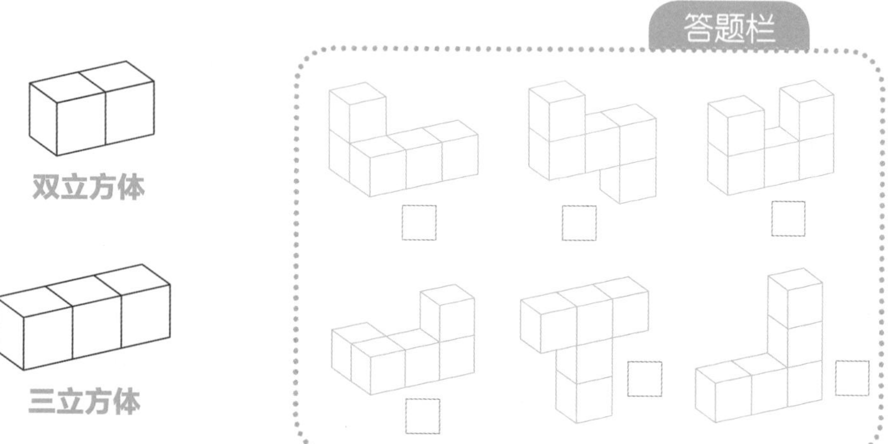

答案 146页

把积木转一转吧

★★★★★

转动下面的绿色积木单元，能看到几种立体图形呢？选出来打上钩吧！

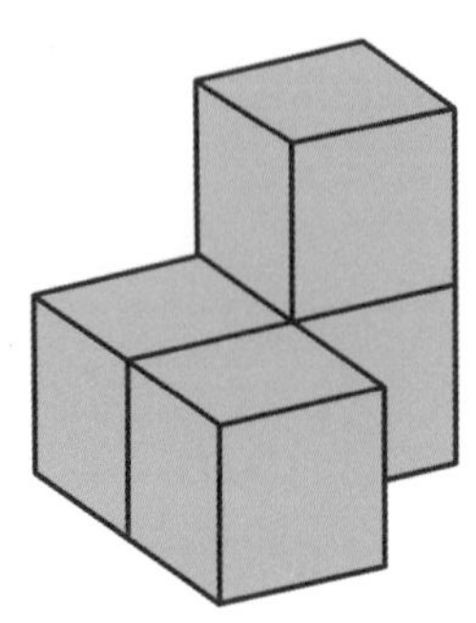

答题栏

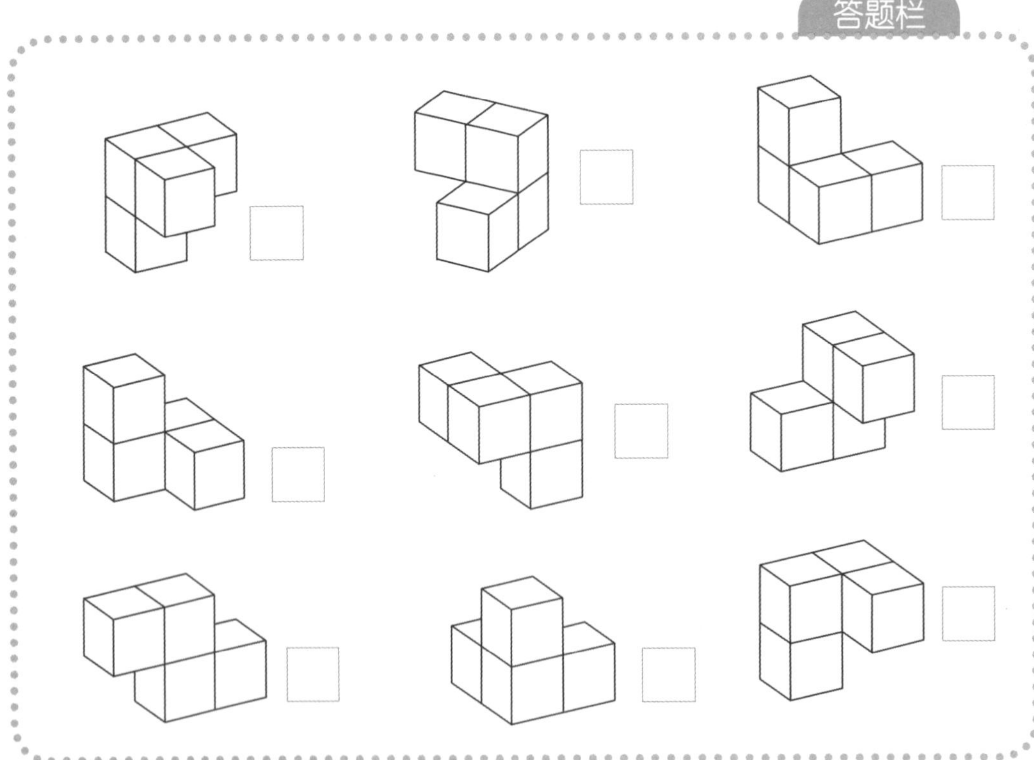

答案 ▶ 146 页

12

用立体图形拼图吧

试试用 3 个双立方体分别拼成下面平面图的形状吧！

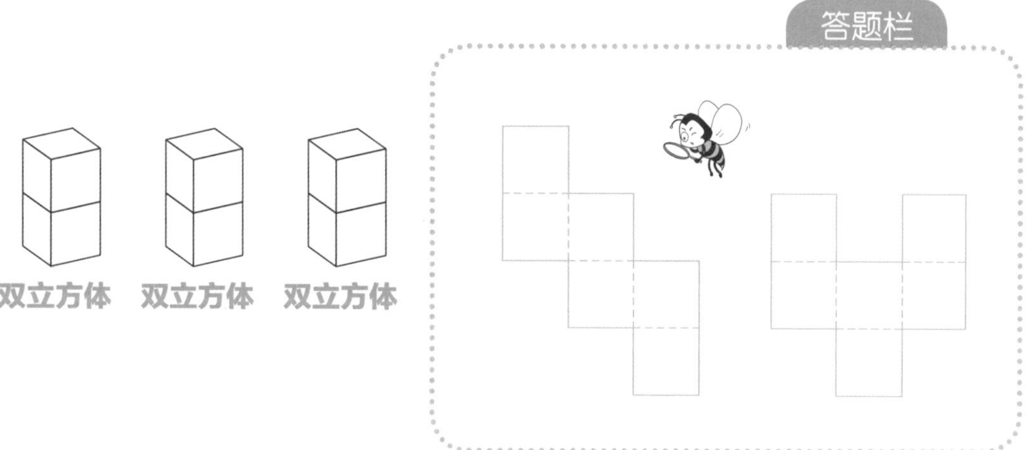

13

用基础立体图形拼一拼吧

将 2 个双立方体拼在一起，可以拼成哪些立体图形呢？选出来打上钩吧！

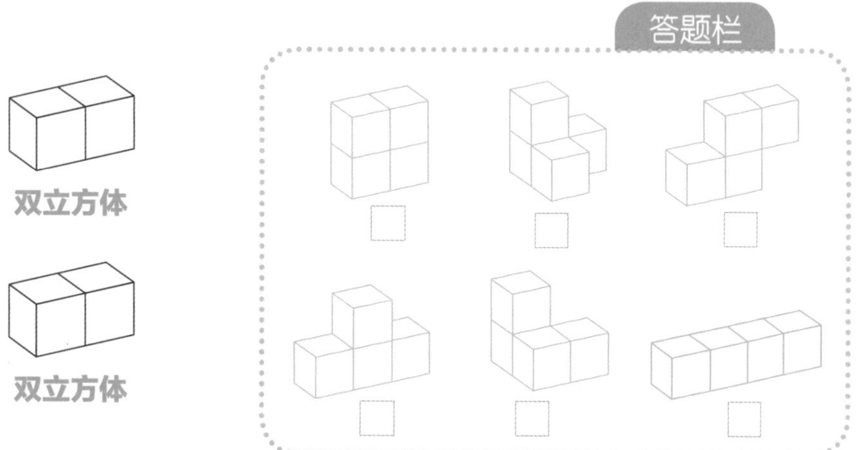

答案 ▶ 146 页

14

把积木转一转吧

转动下面的绿色积木单元，能看到几种立体图形呢？选出来打上钩吧！

答题栏

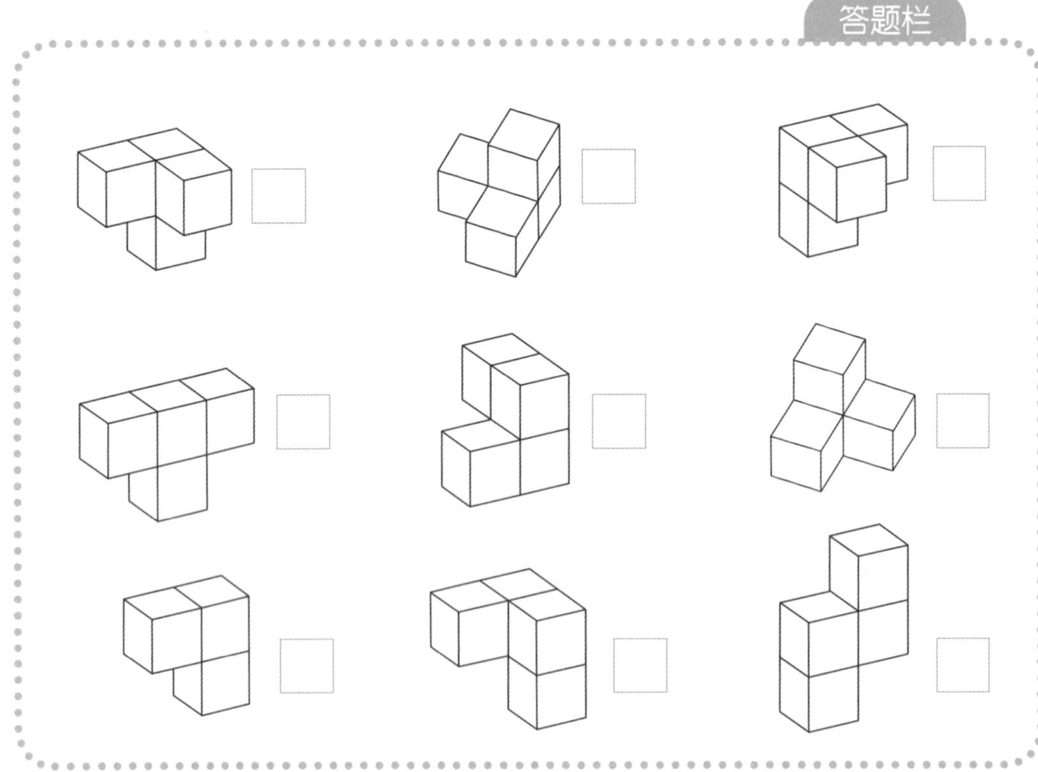

答案 146 页

15

用立体图形拼图吧

★★★★★

试试用 2 个双立方体和 1 个三立方体拼成下面平面图的形状吧！

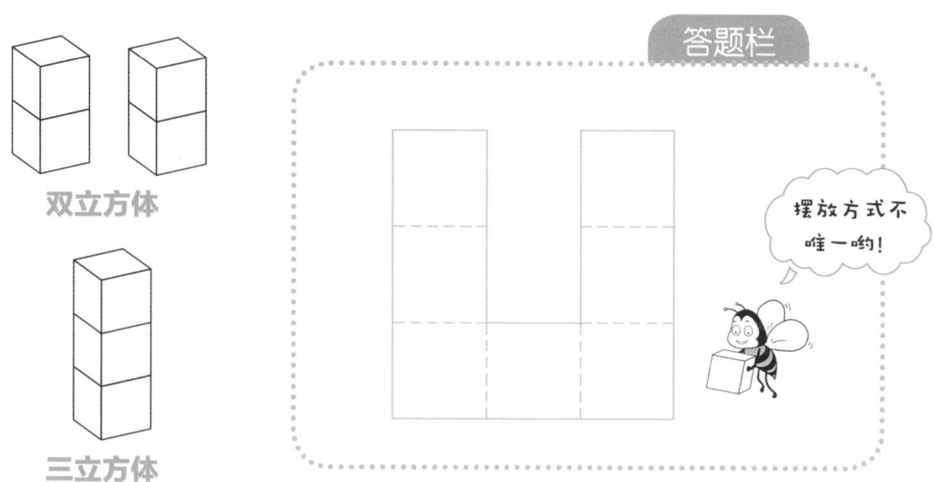

16

用基础立体图形拼一拼吧

★★★★★

将 3 个双立方体拼在一起，可以拼成哪些立体图形呢？选出来打上钩吧！

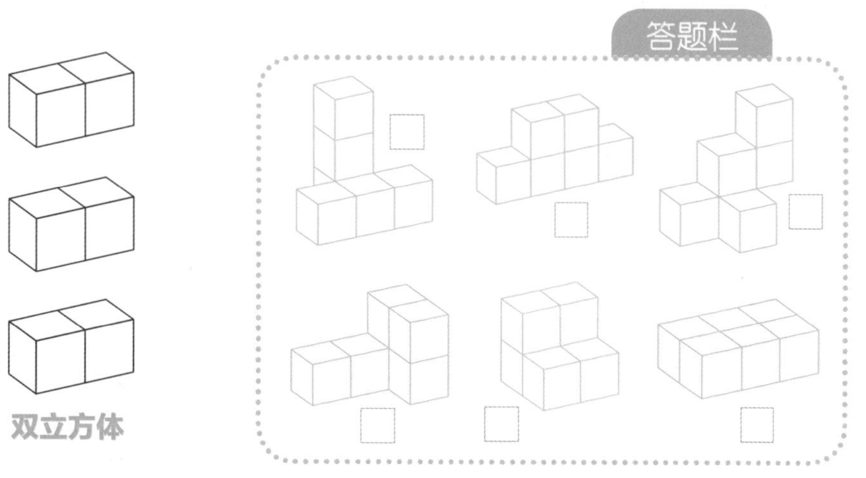

答案 ▶ 146、147 页

17

把积木转一转吧

★★★★★

转动下面的绿色积木单元，能看到几种立体图形呢？选出来打上钩吧！

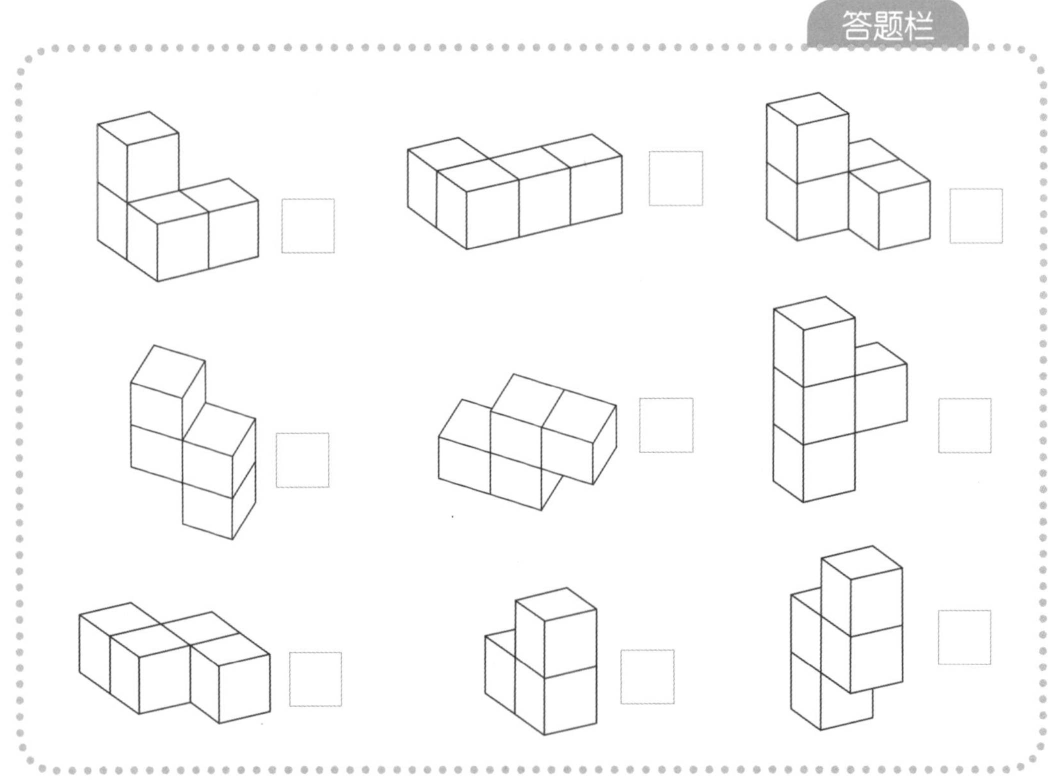

答案 147 页

18

用立体图形拼图吧

试试用 1 个单立方体、1 个双立方体和 1 个三立方体分别拼成下面平面图的形状吧！

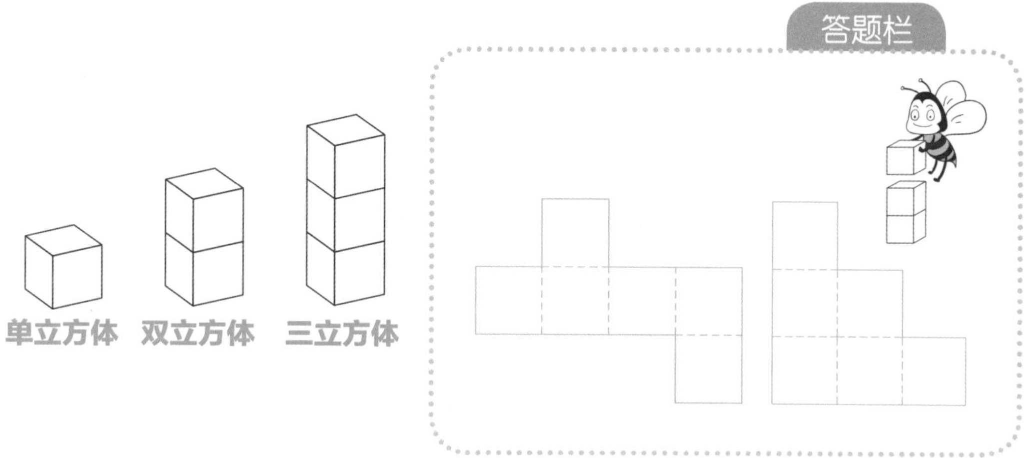

19

用基础立体图形拼一拼吧

将 2 个单立方体和 1 个双立方体拼在一起，可以拼成哪些立体图形呢？选出来打上钩吧！

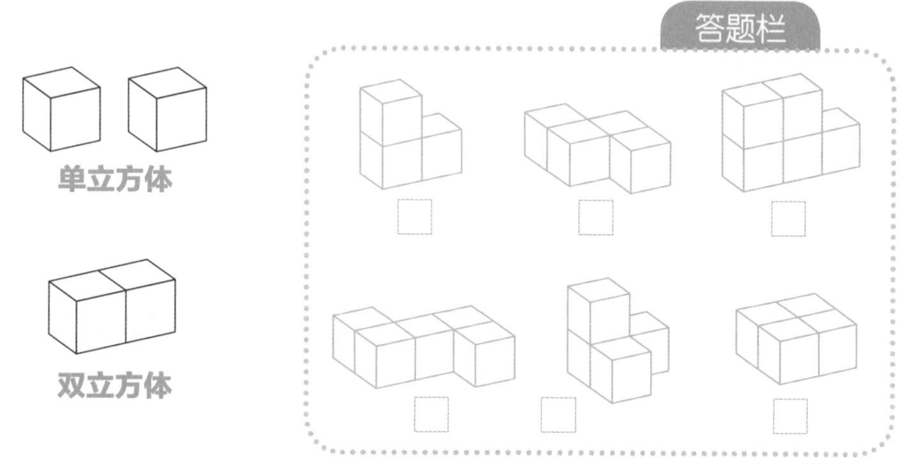

答案 147 页

20

把积木转一转吧

转动下面的绿色积木单元，能看到几种立体图形呢？选出来打上钩吧！

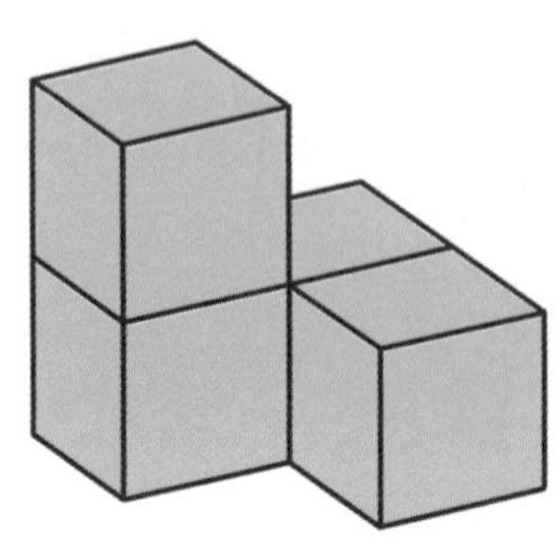

答题栏

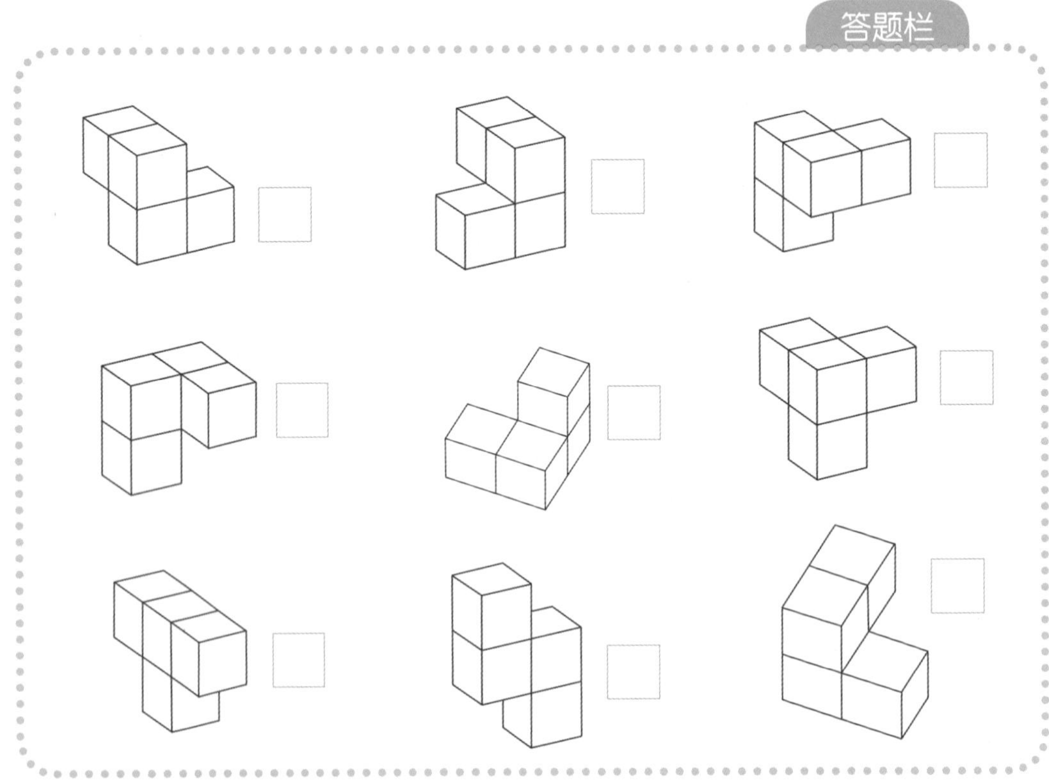

答案 147 页

② 初露锋芒

在解题之前，请利用我们在上一阶段已经制作好的单立方体、双立方体、三立方体，制作出索玛立方体积木单元（A~G）。在制作时，请注意沿虚线部分向外折，沿点画线部分向内折。最后，将需要黏合的部分用透明胶带粘牢固定。

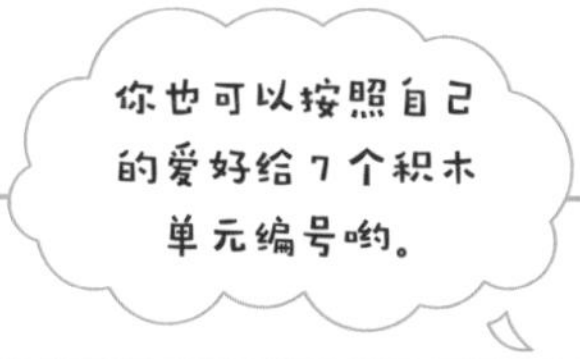

你也可以按照自己的爱好给7个积木单元编号哟。

编号	积木单元	组合方式（可自由选择）
A	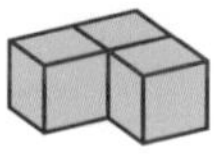	
B		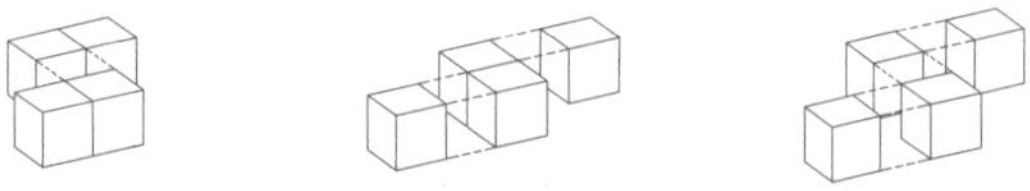
C	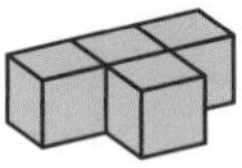	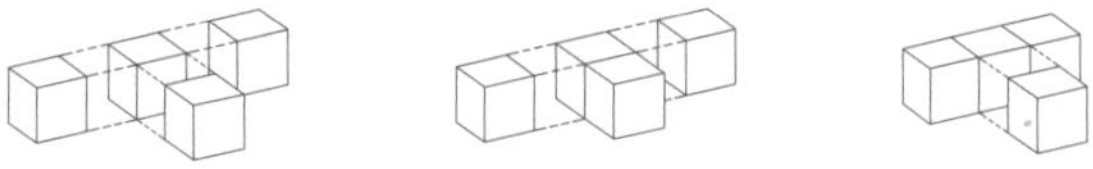
D	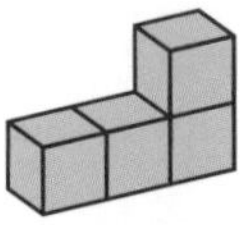	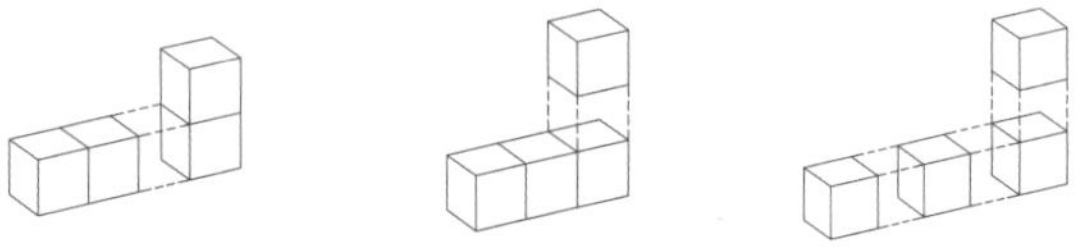
E		
F	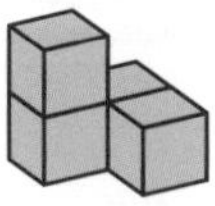	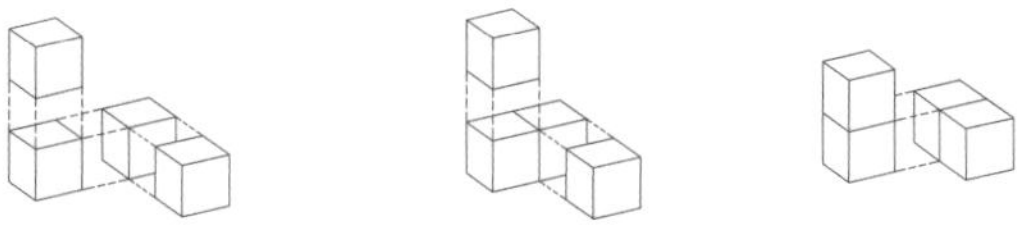
G		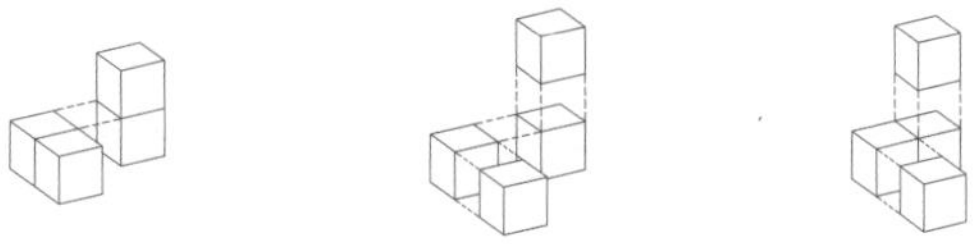

21

粘一粘吧

★★★★★

把下面 2 个双立方体有颜色的面粘在一起，会变成什么样的立体图形呢？请勾选出来吧！

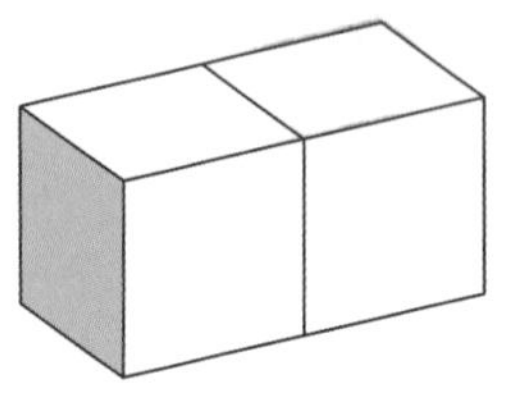

双立方体

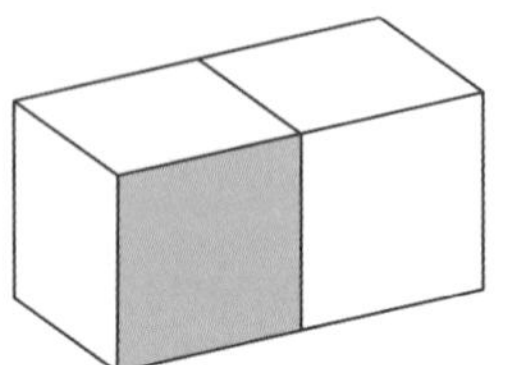

双立方体

答题栏

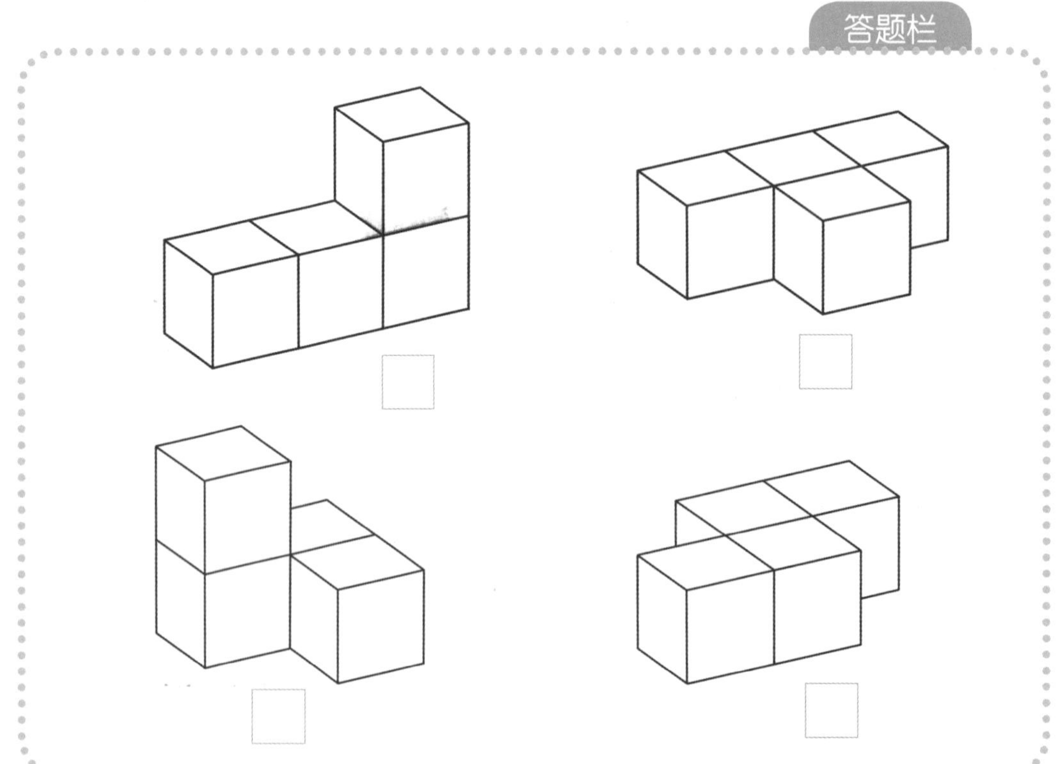

答案 147 页

22

嗨，积木掉下来了

索玛立方体积木单元 A 按照如下图所示的线路向积木单元 B 掉落，会形成一个什么样的立体图形呢？请在对应的方框中打钩。

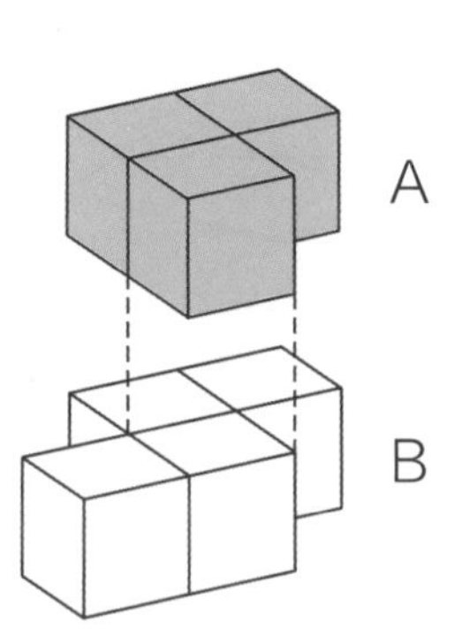

答题栏

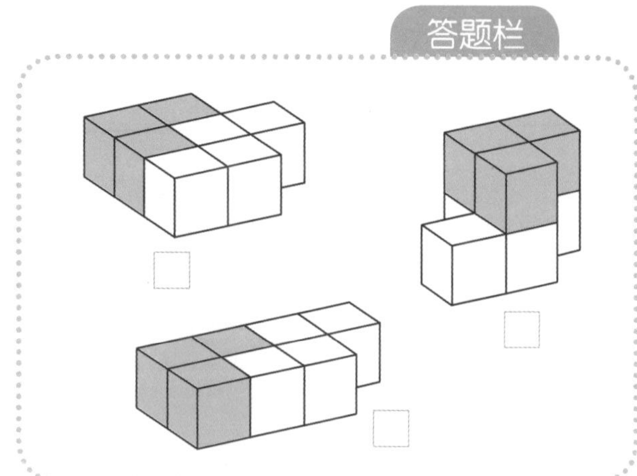

23

拼 1 个一模一样的立体图形吧

从下面答题栏中的 3 个索玛立方体积木单元中选择 2 个，拼成和绿色的立体图形一模一样的图形吧！请在对应的方框中打钩。

答题栏

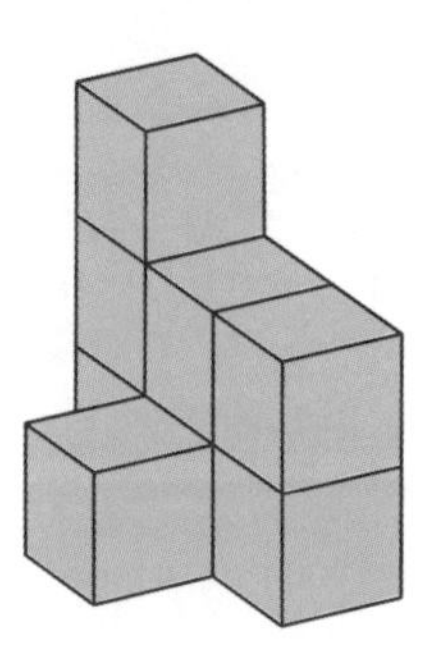

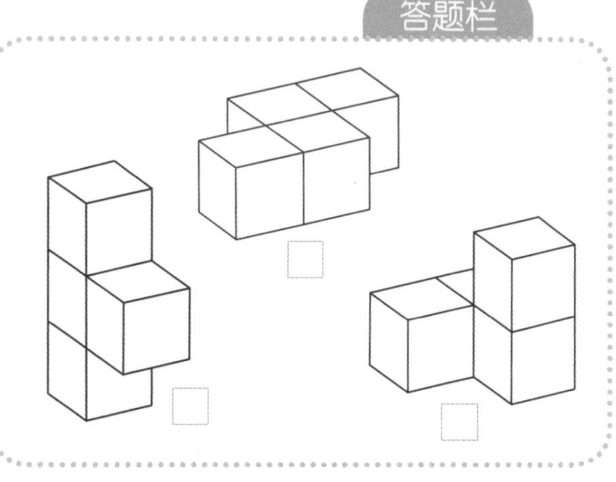

答案 147 页

24

把积木拼在一起吧

将下面 2 个索玛立方体积木单元合体后，会变成哪个立体图形呢？从答题栏中选出来，打上钩吧！

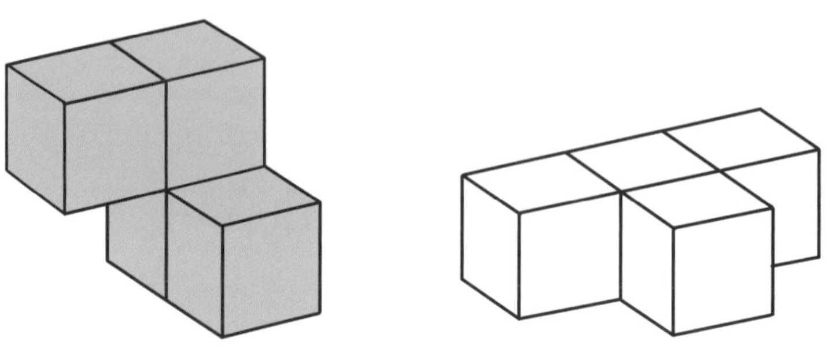

答题栏

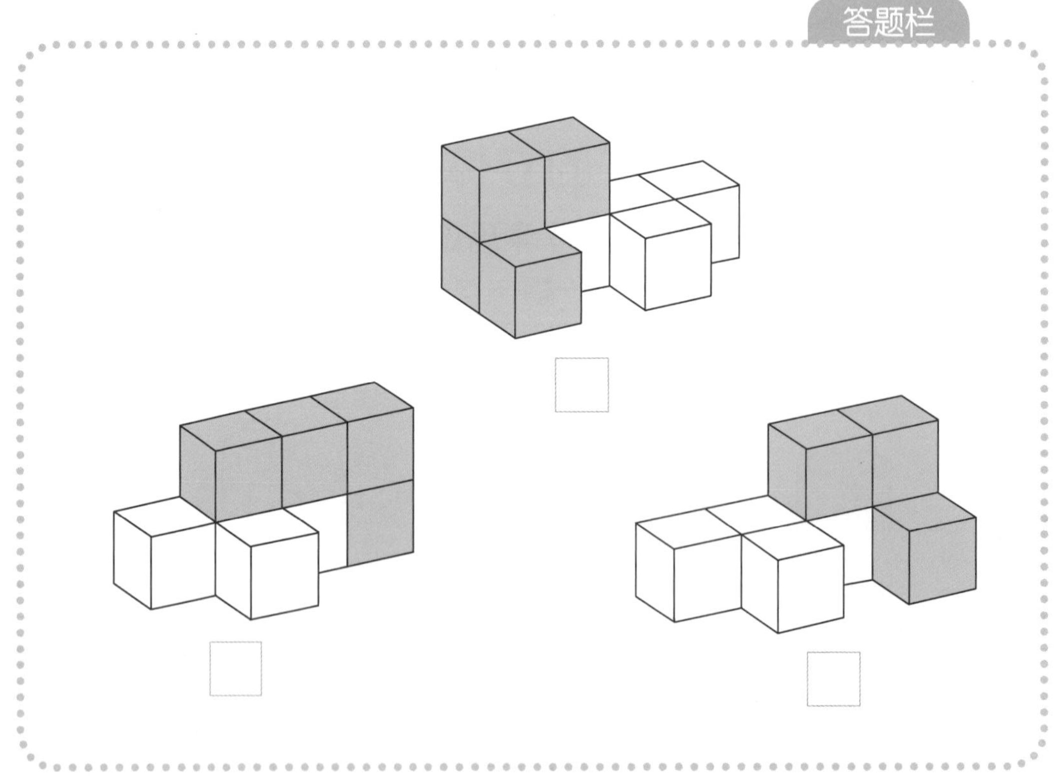

答案 147 页

25

粘一粘吧

把下面的双立方体和三立方体有颜色的面粘在一起，会变成什么样的立体图形呢？请勾选出来吧！

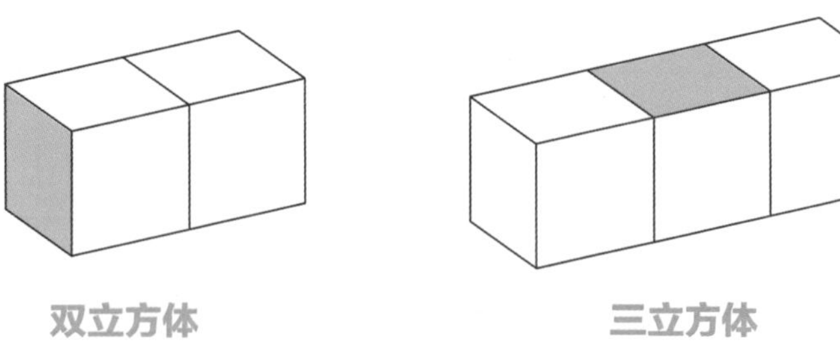

答题栏

答案 147 页

26

嗨，积木掉下来了

索玛立方体积木单元 A 按照如下图所示的线路向积木单元 G 掉落，会形成一个什么样的立体图形呢？请在对应的方框中打钩。

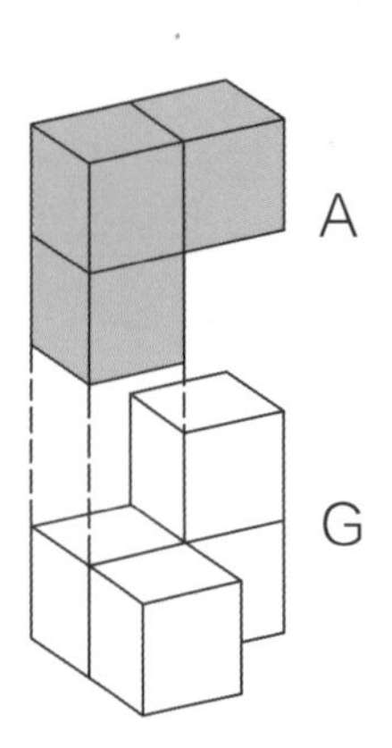

答题栏

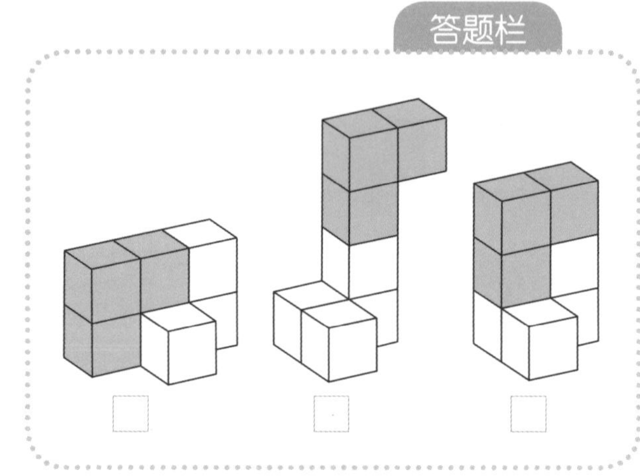

27

拼 1 个一模一样的立体图形吧

从下面答题栏中的 3 个索玛立方体积木单元中选择 2 个，拼成和绿色的立体图形一模一样的图形吧！请在对应的方框中打钩。

答题栏

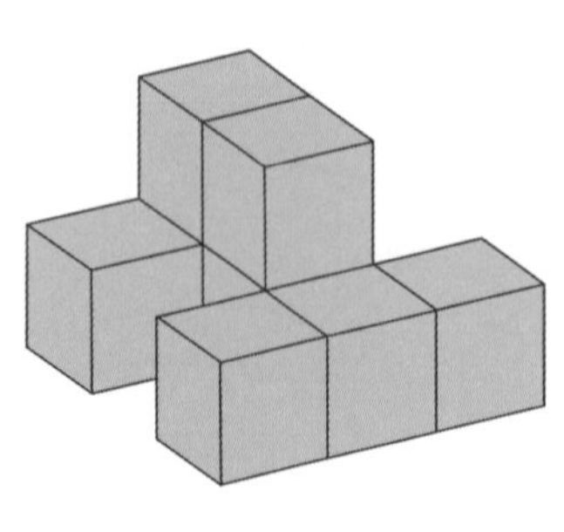

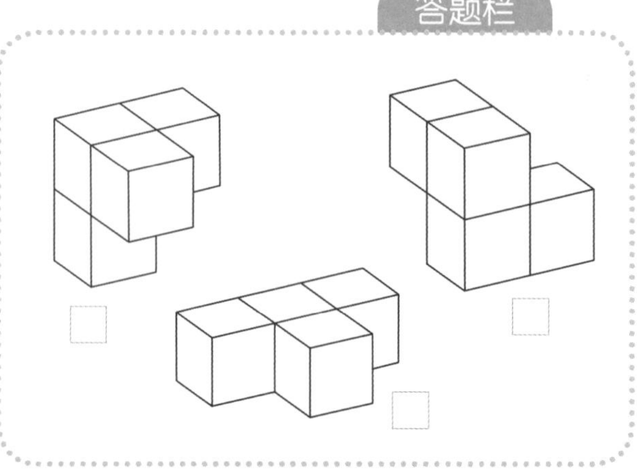

答案 147 页

28

把积木拼在一起吧

★★★★★

将下面 2 个索玛立方体积木单元合体后，会变成哪个立体图形呢？从答题栏中选出来，打上钩吧！

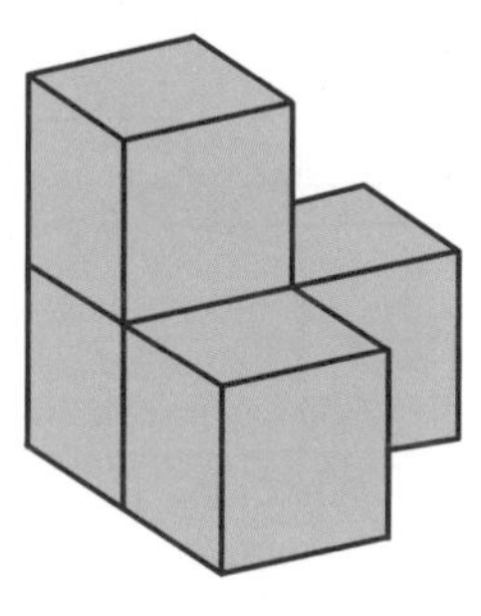

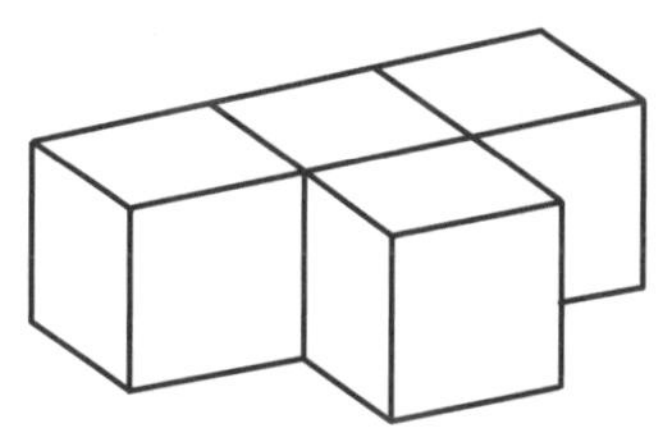

答题栏

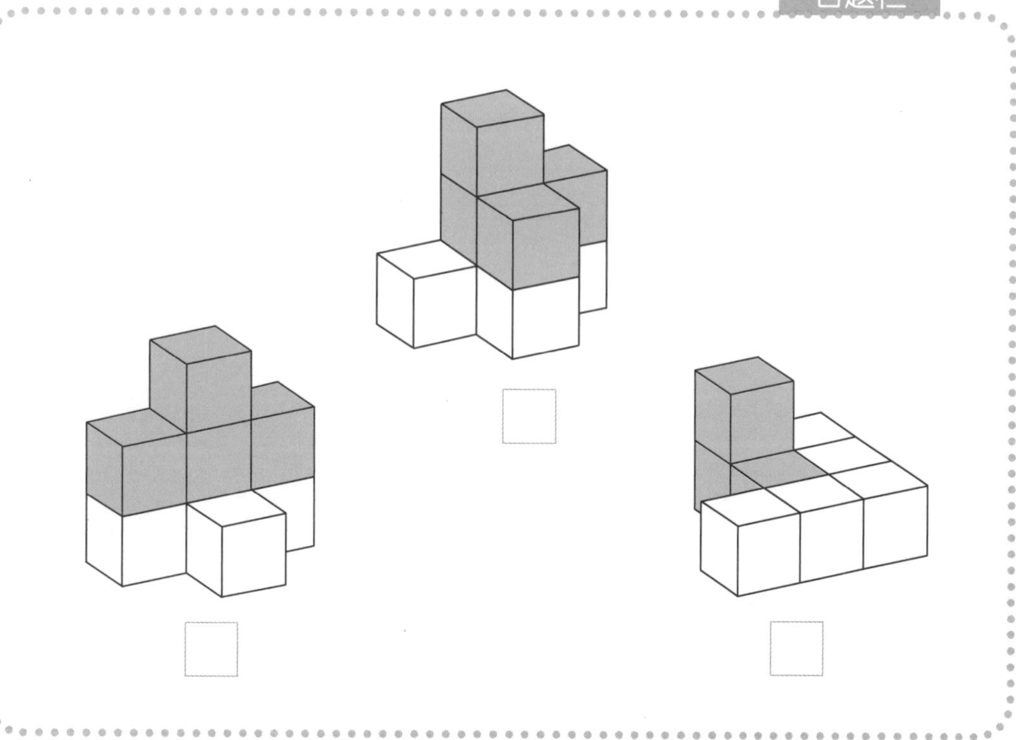

答案 147 页

29

粘一粘吧

★★★★★

把下面的单立方体和索玛立方体积木单元有颜色的面粘在一起，会变成什么样的立体图形呢？请勾选出来吧！

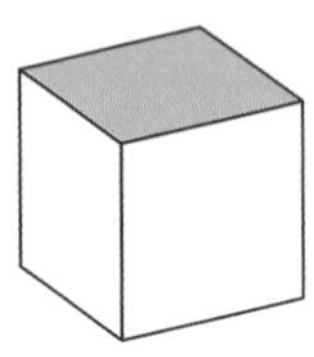

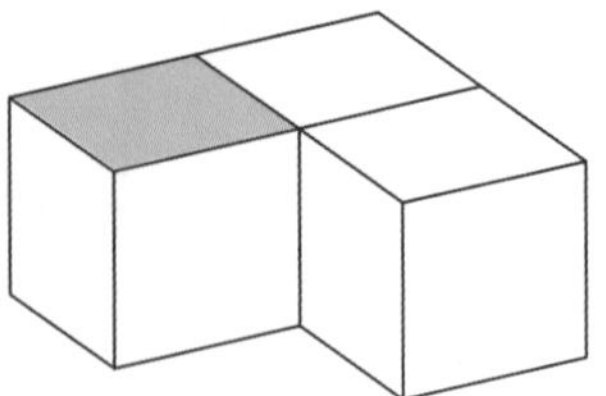

答题栏

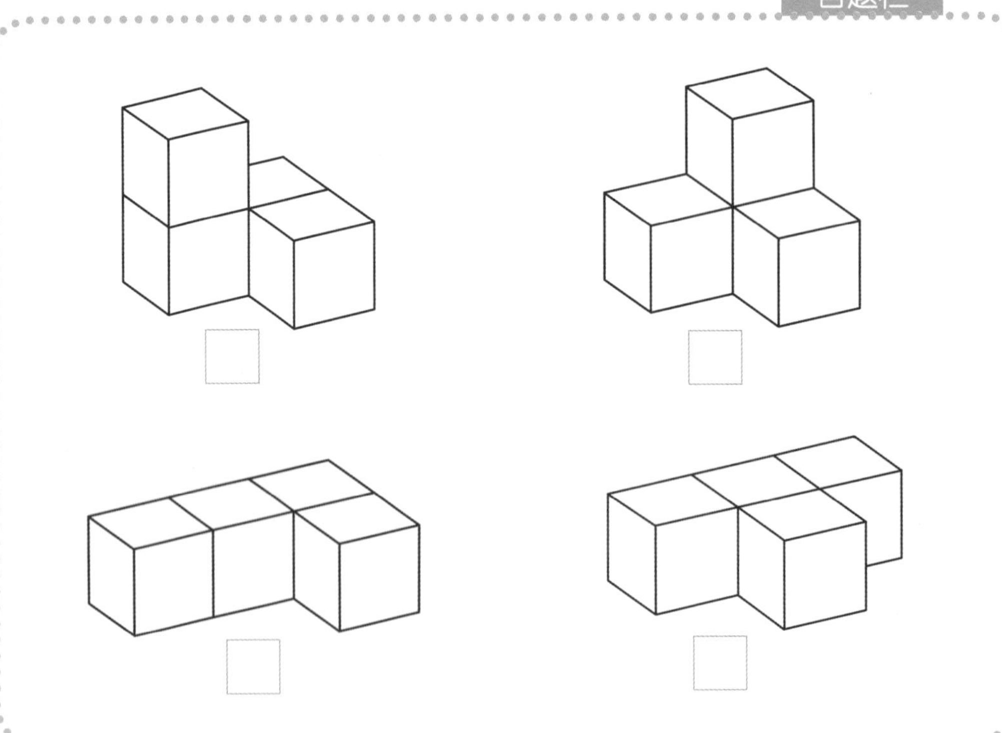

答案 147 页

30

嗨，积木掉下来了

★★★★★

索玛立方体积木单元 A 按照如下图所示的线路向积木单元 D 掉落，会形成一个什么样的立体图形呢？请在对应的方框中打钩。

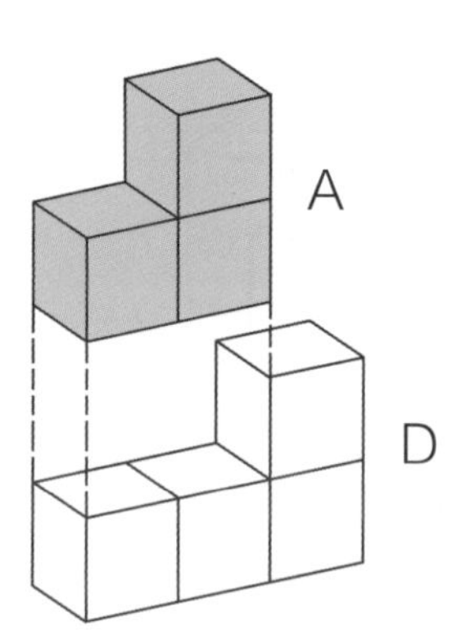

答题栏

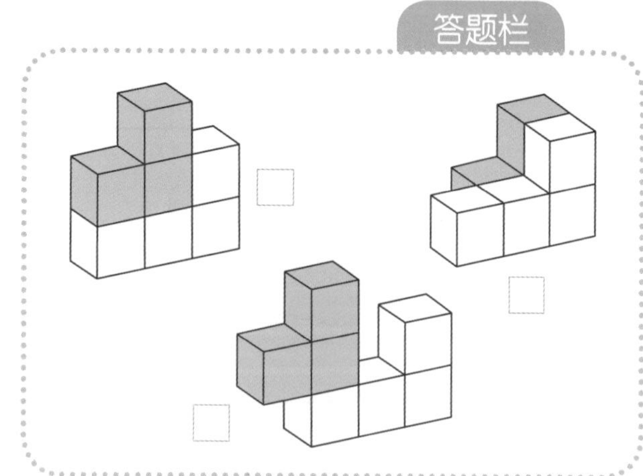

31

拼 1 个一模一样的立体图形吧

★★★★★

从下面答题栏中的 3 个索玛立方体积木单元中选择 2 个，拼成和绿色的立体图形一模一样的图形吧！请在对应的方框中打钩。

答题栏

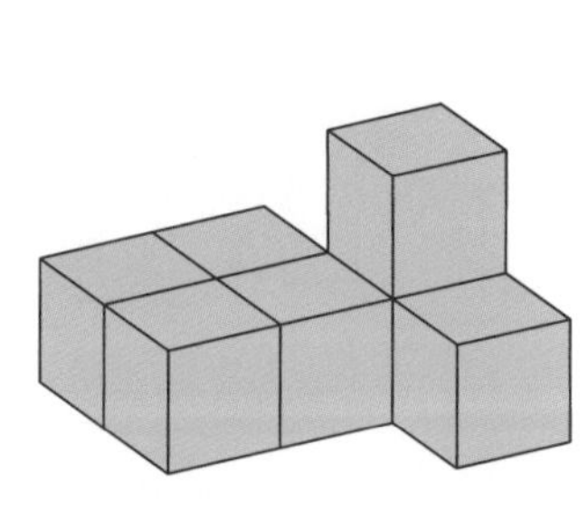

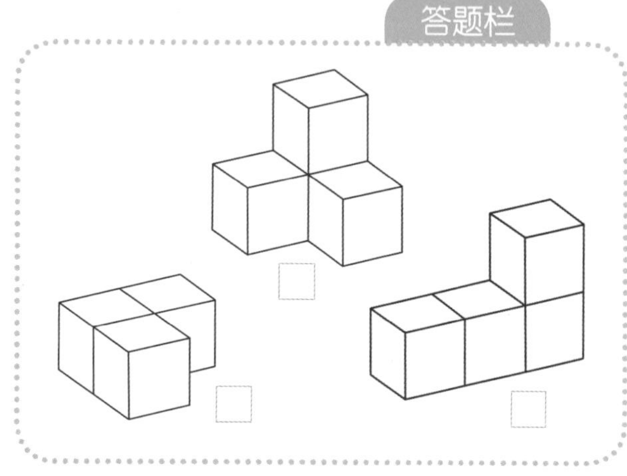

答案 147、148 页

32

把积木拼在一起吧

★★★★★

将下面 2 个索玛立方体积木单元合体后，会变成哪个立体图形呢？从答题栏中选出来，打上钩吧！

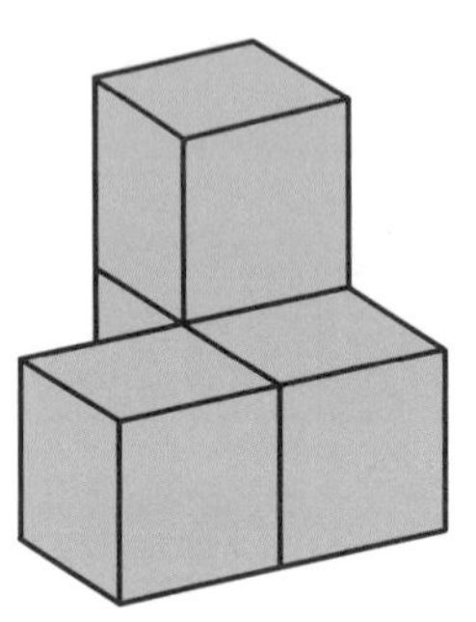

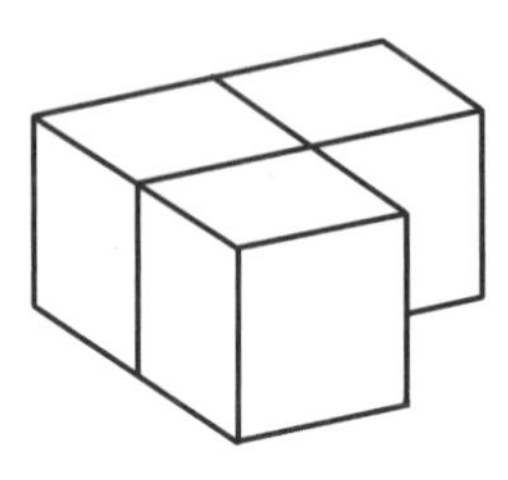

答题栏

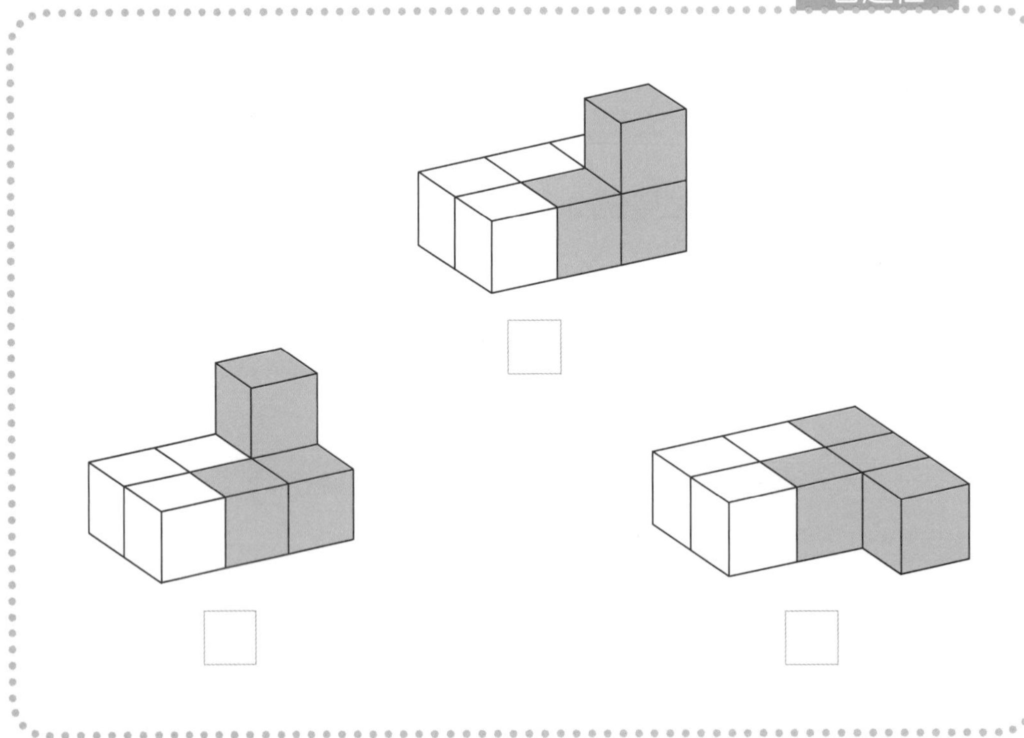

答案 ▶ 148 页

33

粘一粘吧

★★★★★

把1个单立方体和1个索玛立方体积木单元有颜色的面粘在一起，会变成什么样的立体图形呢？请勾选出来吧！

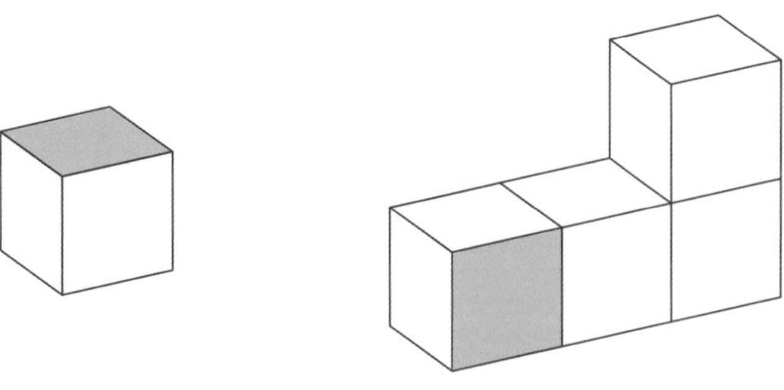

答题栏

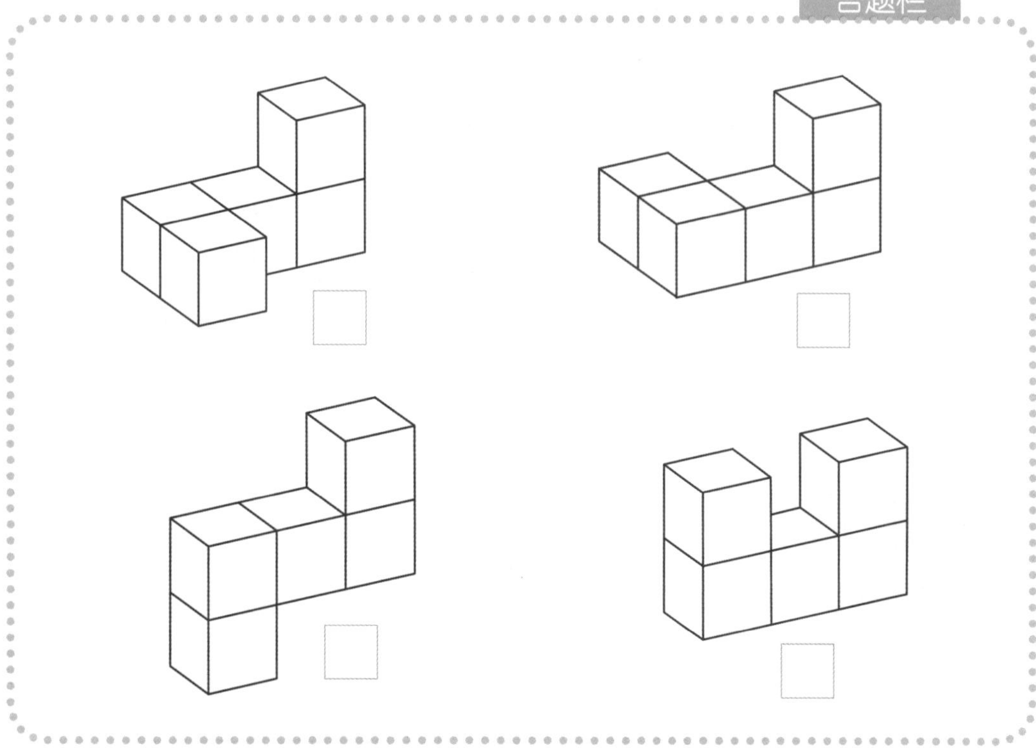

答案 148页

34

嗨，积木掉下来了

★★★★★

索玛立方体积木单元 C 按照如下图所示的线路向积木单元 D 掉落，会形成一个什么样的立体图形呢？请在对应的方框中打钩。

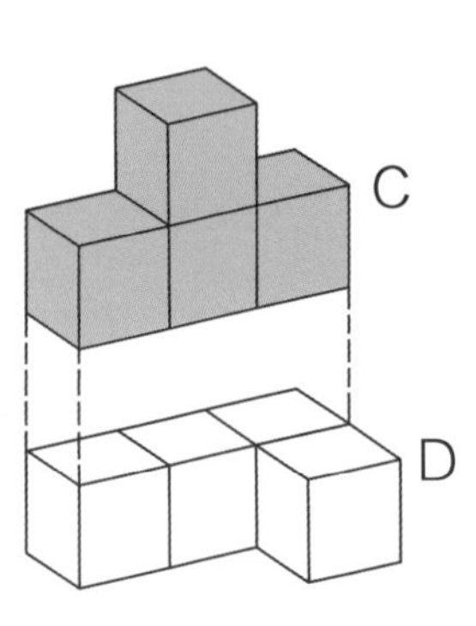

答题栏

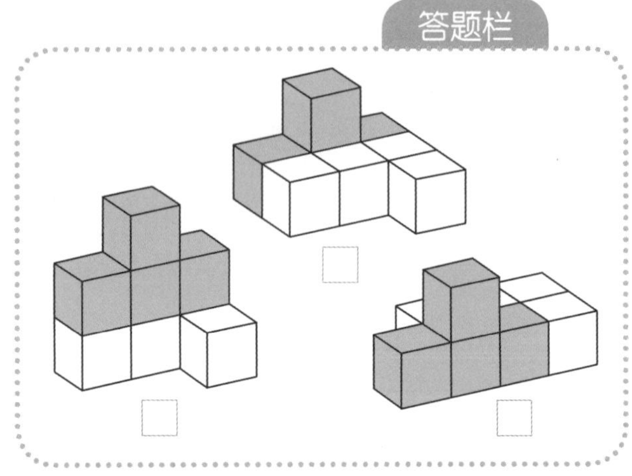

35

拼 1 个一模一样的立体图形吧

★★★★★

从下面答题栏中的 3 个索玛立方体积木单元中选择 2 个，拼成和绿色的立体图形一模一样的图形吧！请在对应的方框中打钩。

答题栏

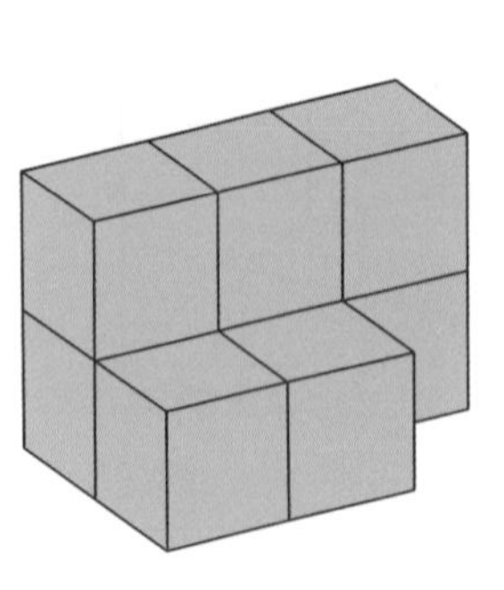

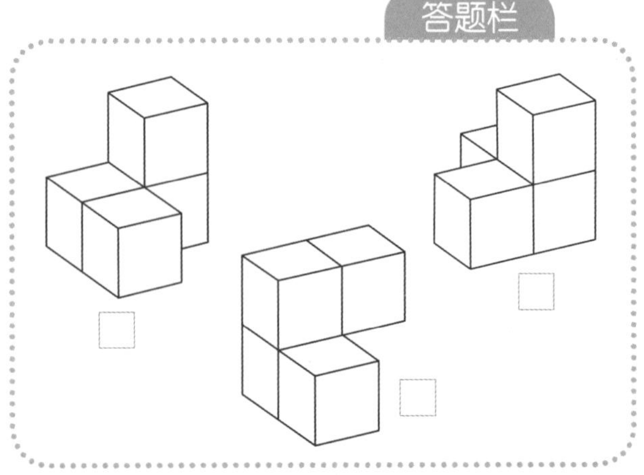

答案 ▶ 148 页

36

把积木拼在一起吧

★★★★★

将下面 2 个索玛立方体积木单元合体后，会变成哪个立体图形呢？从答题栏中选出来，打上钩吧！

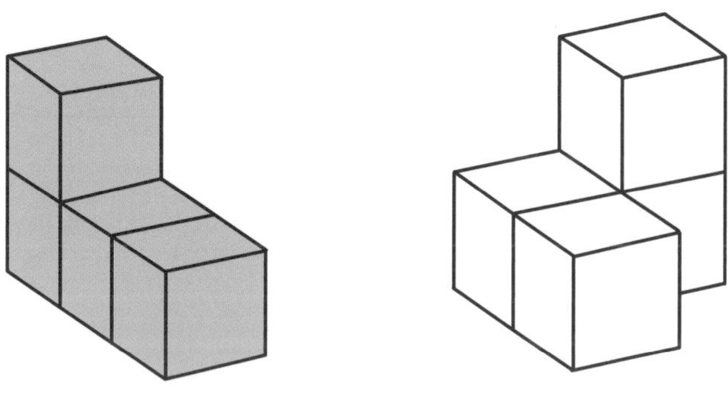

答题栏

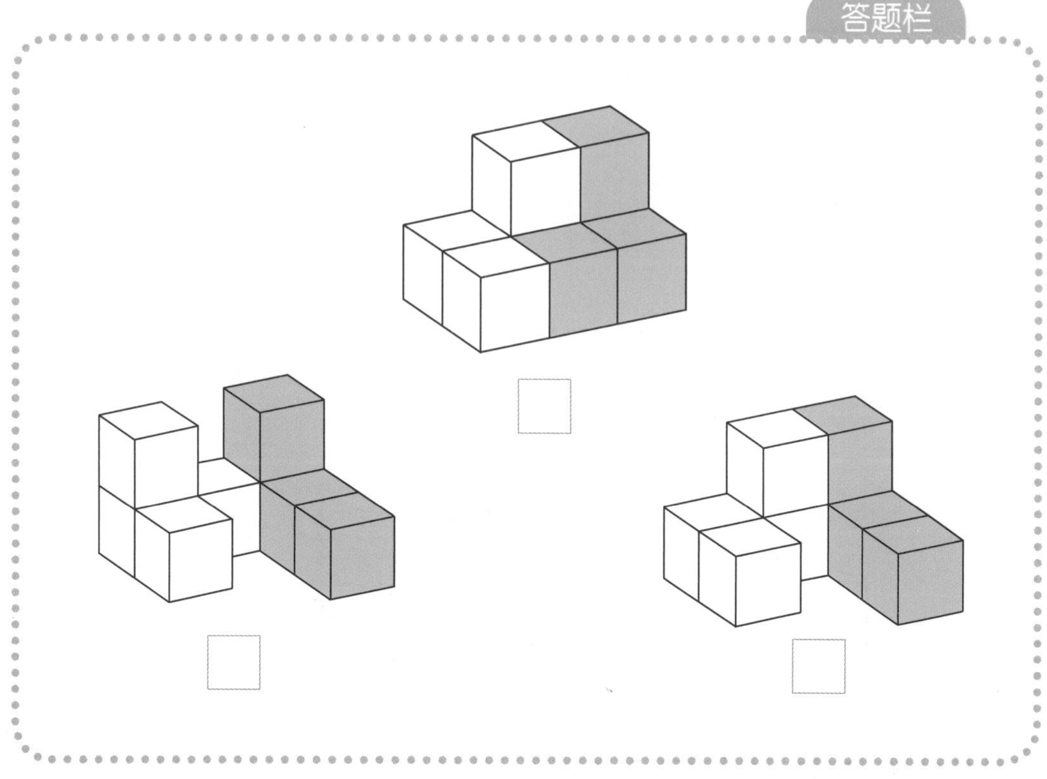

答案 148 页

37

粘一粘吧

★★★★★

把1个双立方体和1个索玛立方体积木单元有颜色的面粘在一起，会变成什么样的立体图形呢？请勾选出来吧！

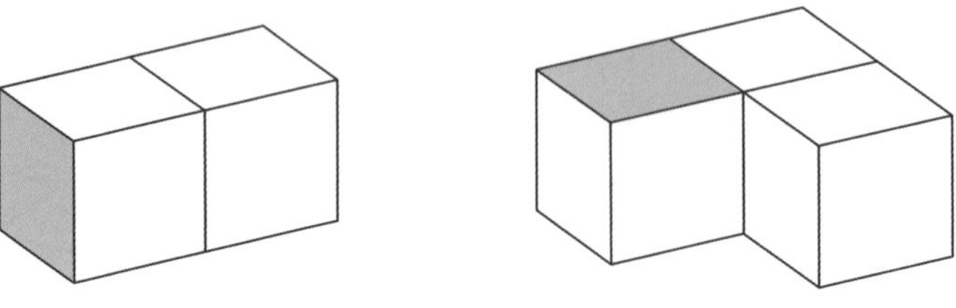

答题栏

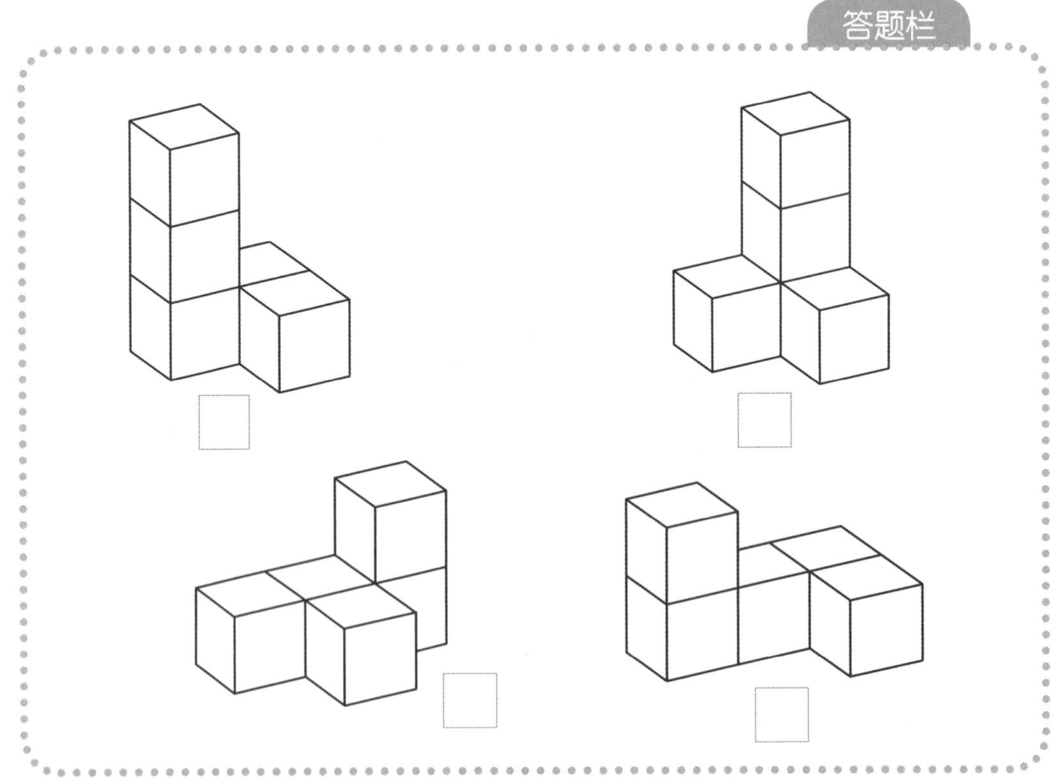

答案 148页

38

嗨，积木掉下来了

索玛立方体积木单元 B 按照如下图所示的线路向积木单元 E 掉落，会形成一个什么样的立体图形呢？请在对应的方框中打钩。

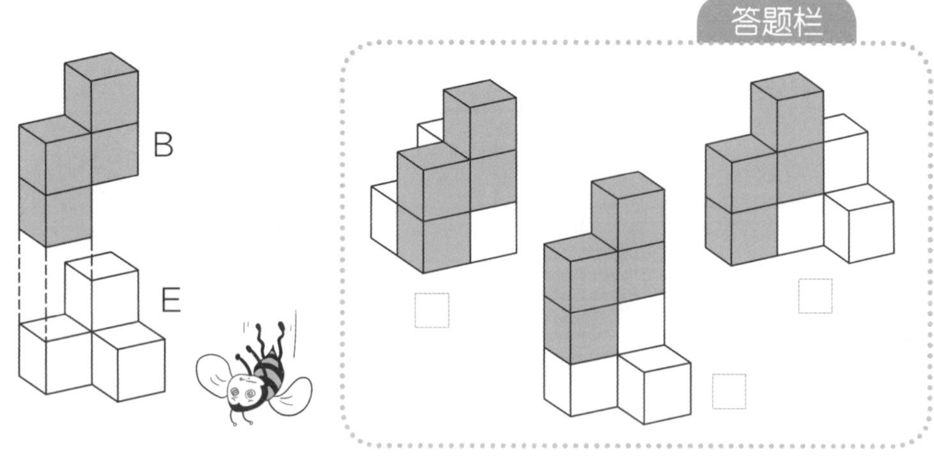

39

拼 1 个一模一样的立体图形吧

从下面答题栏中的 3 个索玛立方体积木单元中选择 2 个，拼成和绿色的立体图形一模一样的图形吧！请在对应的方框中打钩。

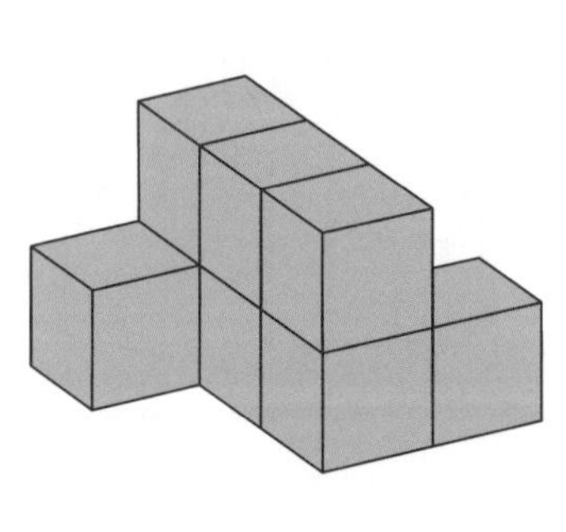

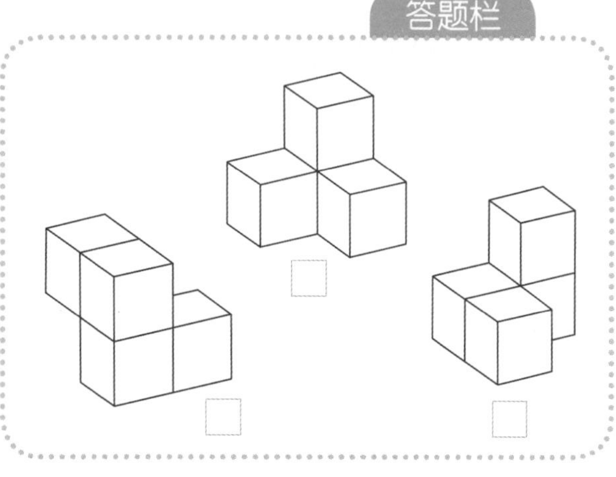

答案 148 页

40

把积木拼在一起吧

将下面 2 个索玛立方体积木单元合体后，会变成哪个立体图形呢？从答题栏中选出来，打上钩吧！

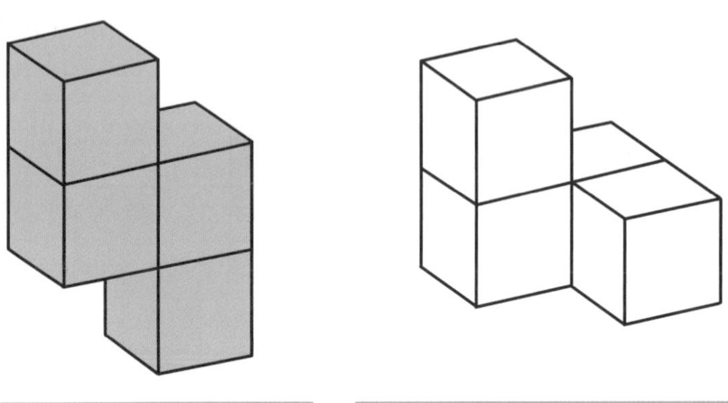

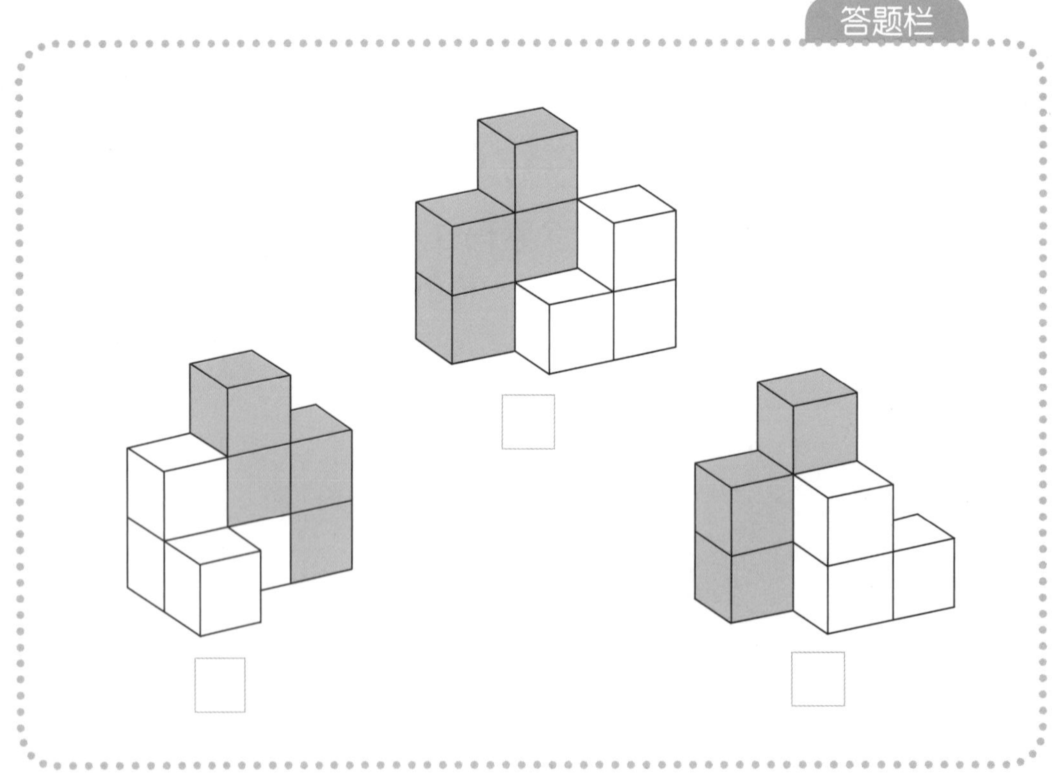

答案 148 页

41

粘一粘吧

把1个双立方体和1个索玛立方体积木单元有颜色的面粘在一起，会变成什么样的立体图形呢？请勾选出来吧！

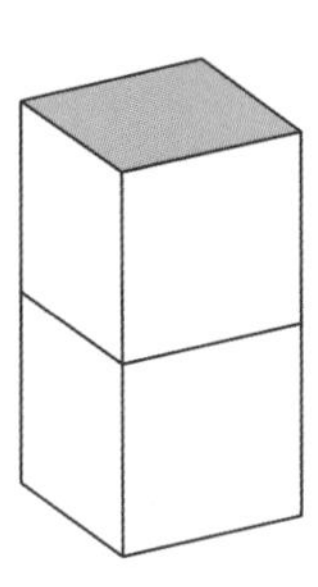

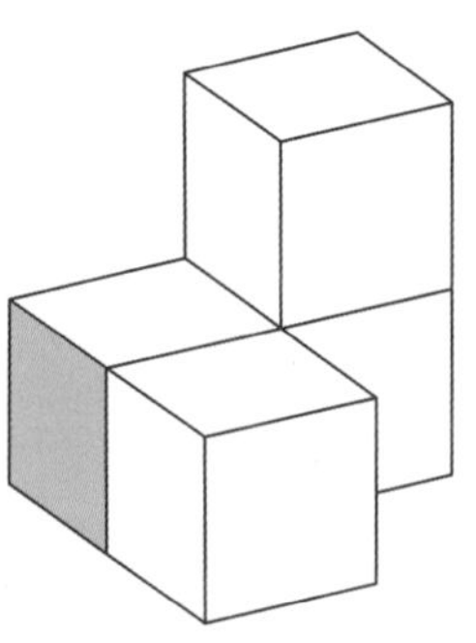

答题栏

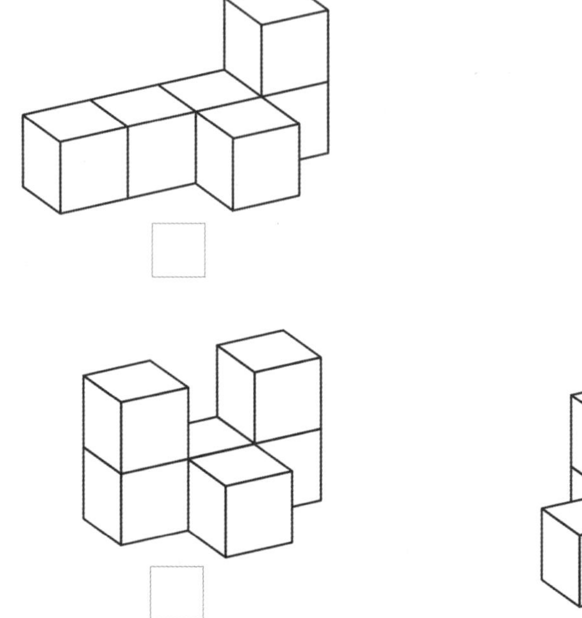

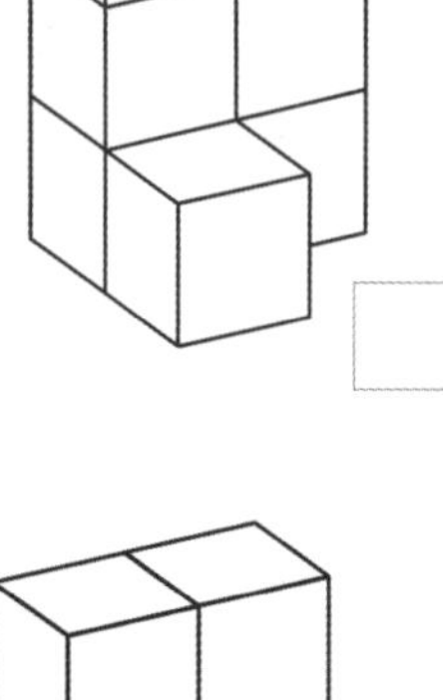

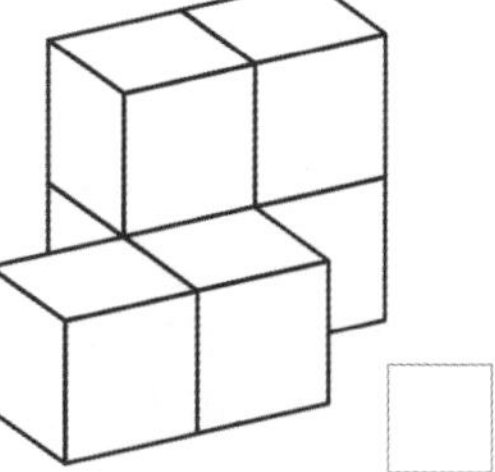

答案 ▶ 148 页

42

嗨，积木掉下来了

★★★★★

索玛立方体积木单元 B 按照如下图所示的线路向积木单元 F 掉落，会形成一个什么样的立体图形呢？请在对应的方框中打钩。

答题栏

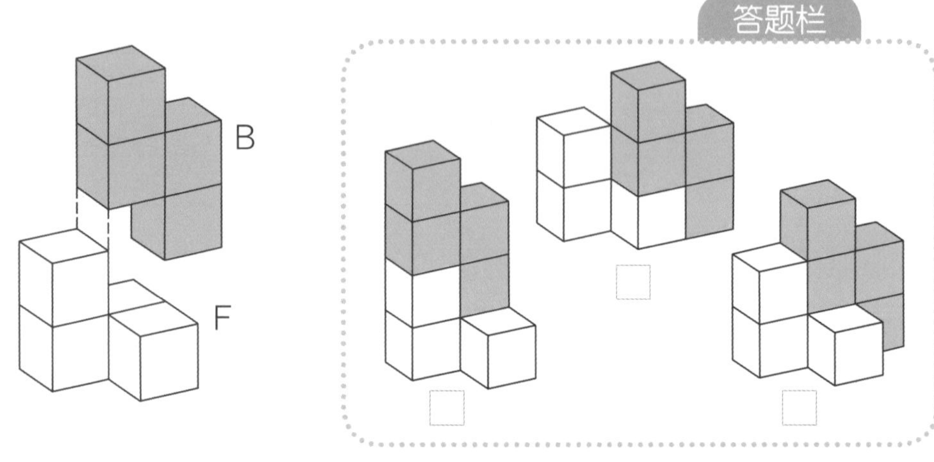

43

拼 1 个一模一样的立体图形吧

★★★★★

从下面答题栏中的 3 个索玛立方体积木单元中选择 2 个，拼成和绿色的立体图形一模一样的图形吧！请在对应的方框中打钩。

答题栏

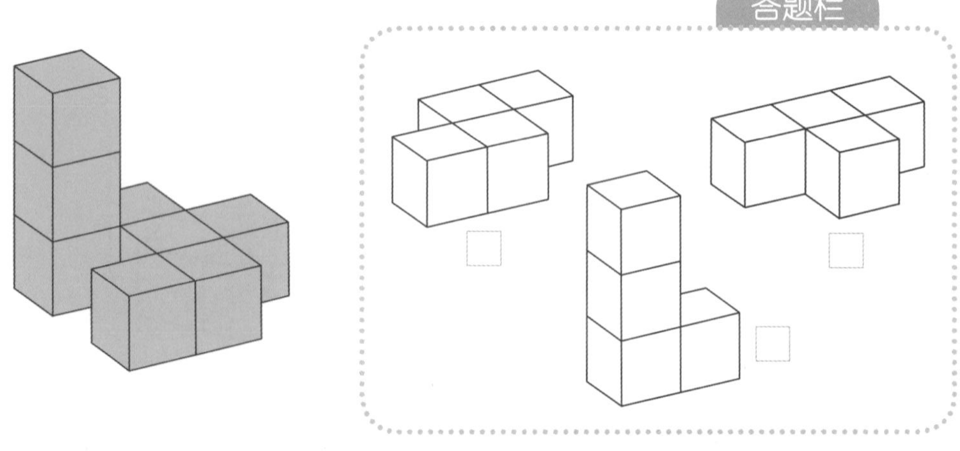

答案 ▶ 148 页

44

把积木拼在一起吧

★★★★★

将下面 2 个索玛立方体积木单元合体后，会变成哪个立体图形呢？从答题栏中选出来，打上钩吧！

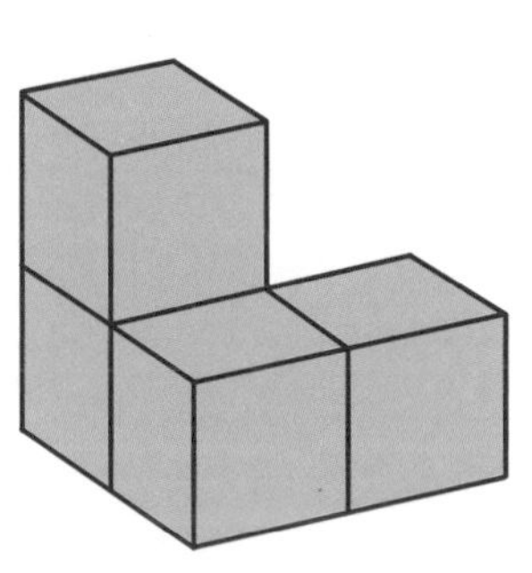

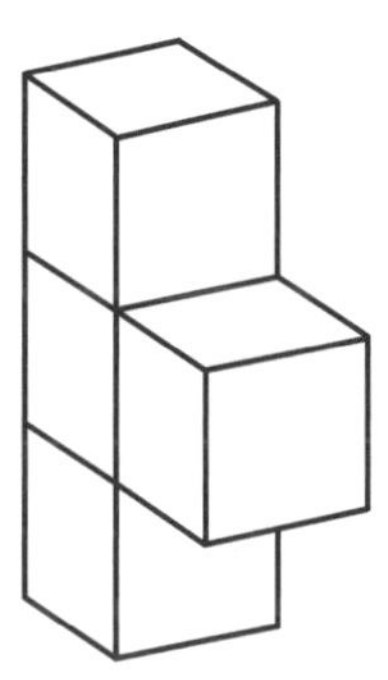

答题栏

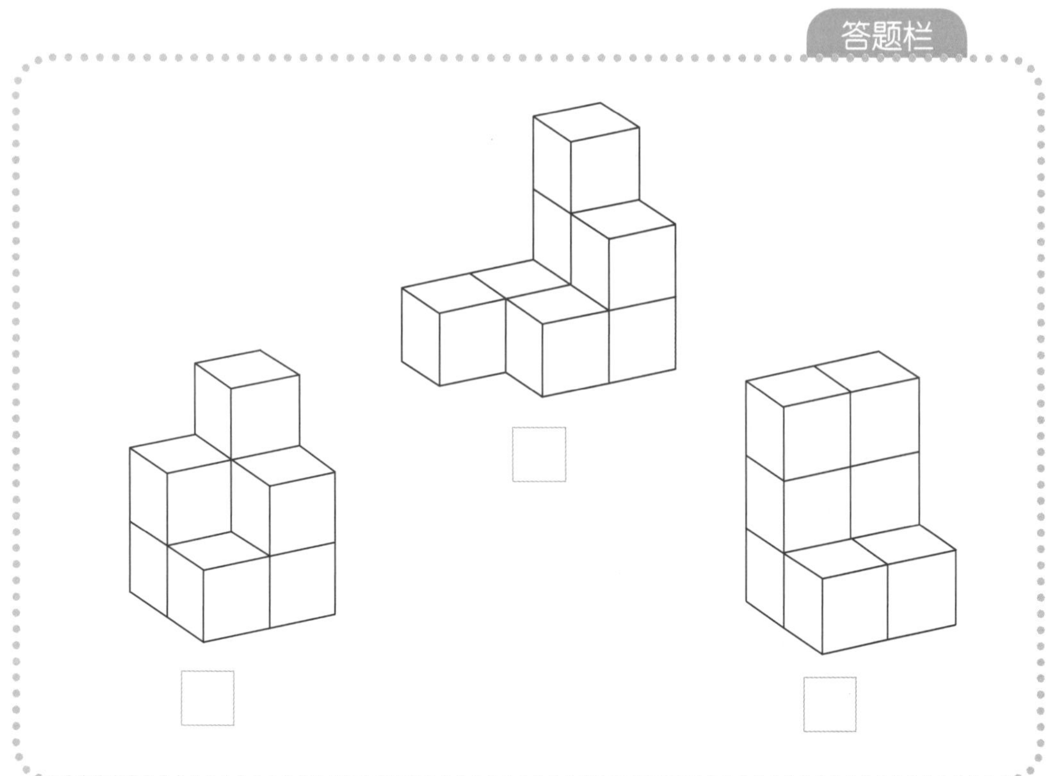

答案 148 页

45

粘一粘吧

★★★★★

把 1 个双立方体和 1 个索玛立方体积木单元有颜色的面粘在一起，会变成什么样的立体图形呢？请勾选出来吧！

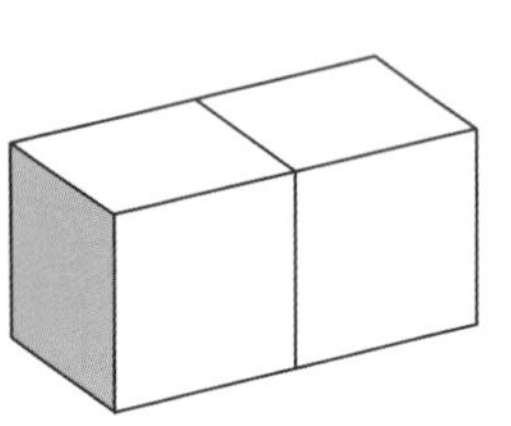

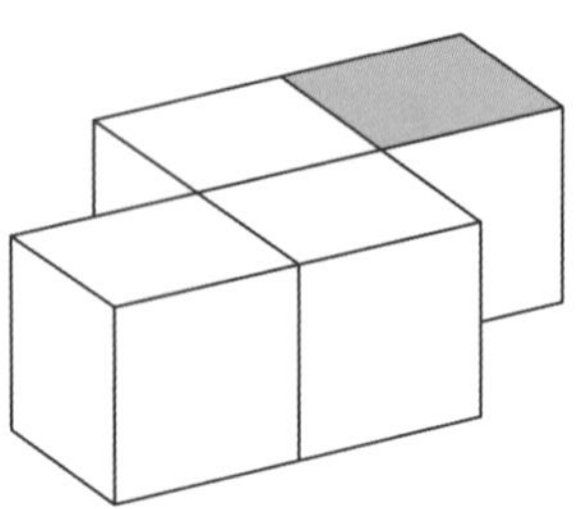

答题栏

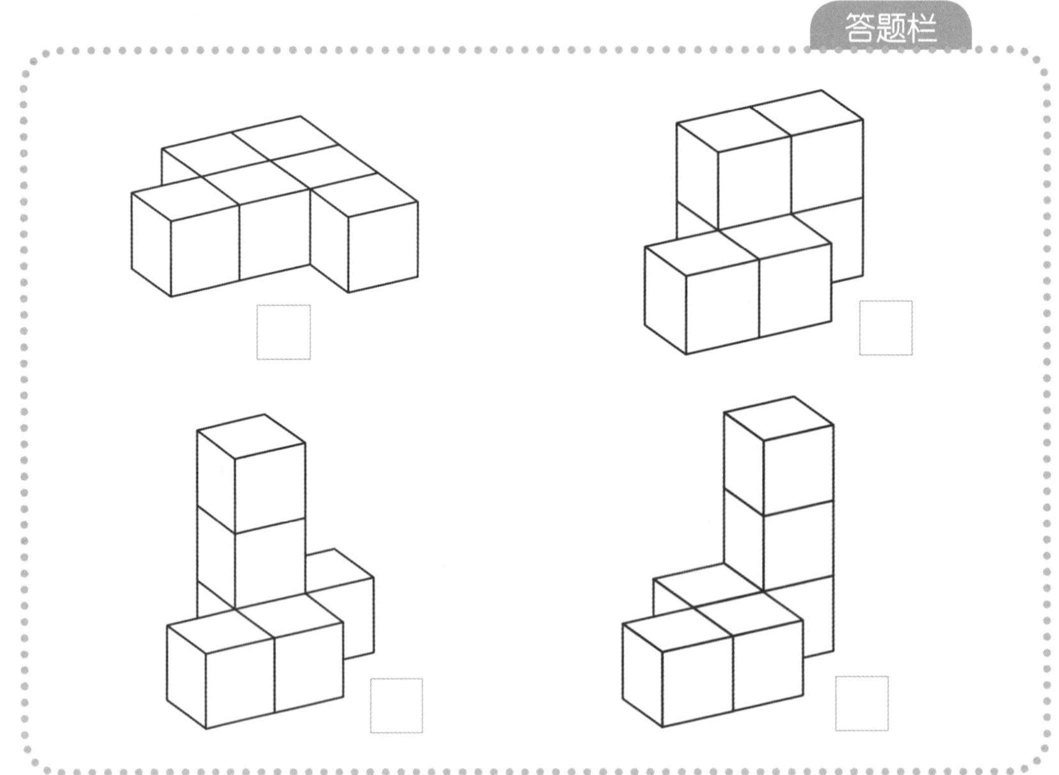

答案 148 页

46

嗨，积木掉下来了

索玛立方体积木单元 B 按照如下图所示的线路向积木单元 D 掉落，会形成一个什么样的立体图形呢？请在对应的方框中打钩。

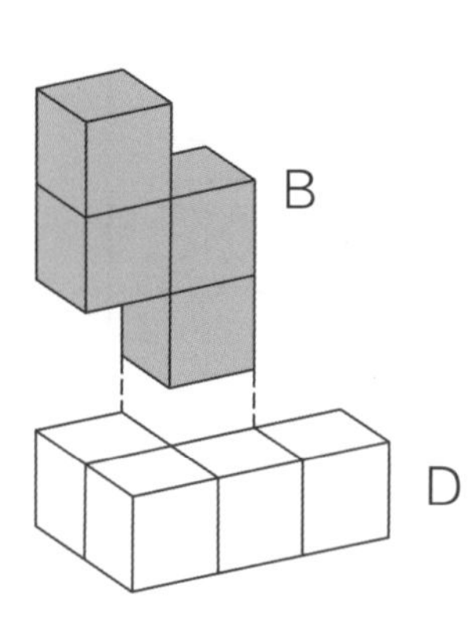

答题栏

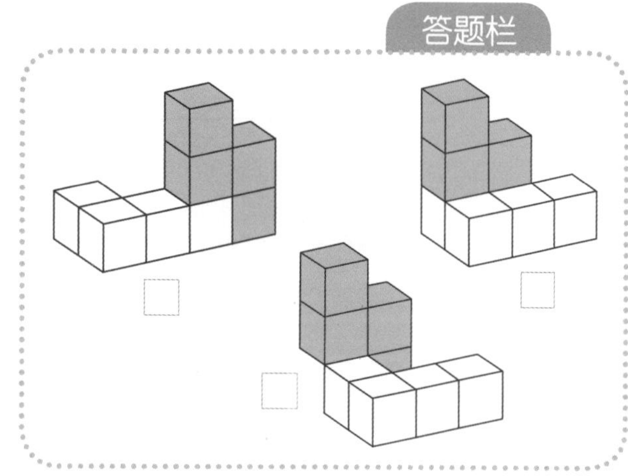

47

拼 1 个一模一样的立体图形吧

从下面答题栏中的 4 个索玛立方体积木单元中选择 2 个，拼成和绿色的立体图形一模一样的图形吧！请在对应的方框中打钩。

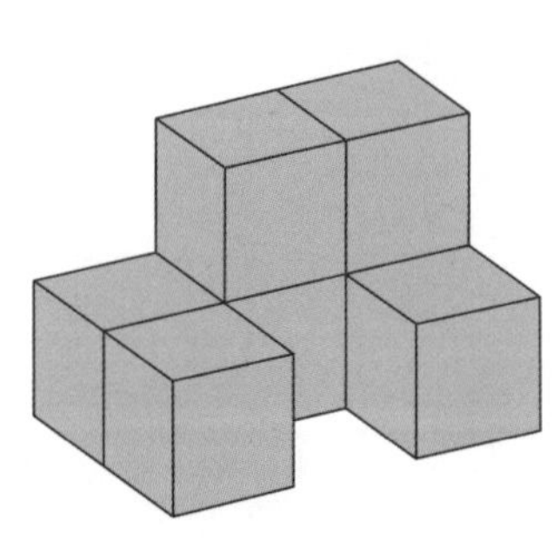

答题栏

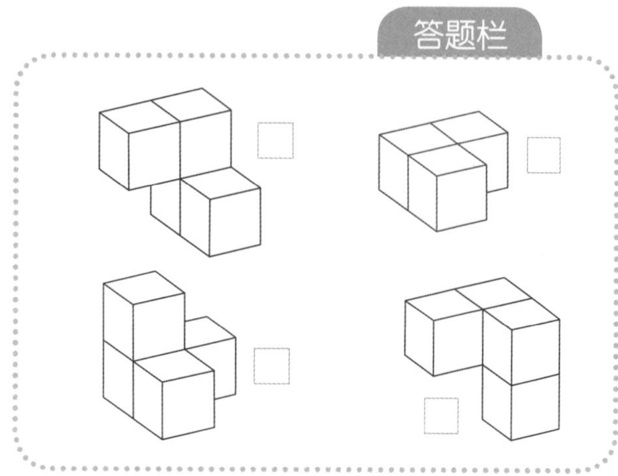

答案 149 页

48

把积木拼在一起吧

★★★★★

将下面 2 个索玛立方体积木单元合体后，会变成哪个立体图形呢？从答题栏中选出来，打上钩吧！

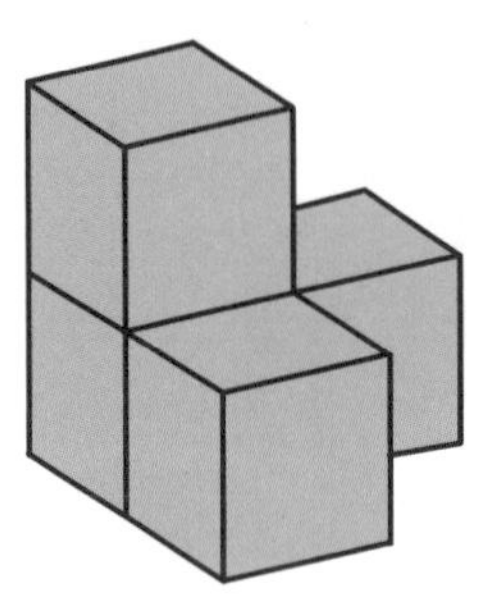

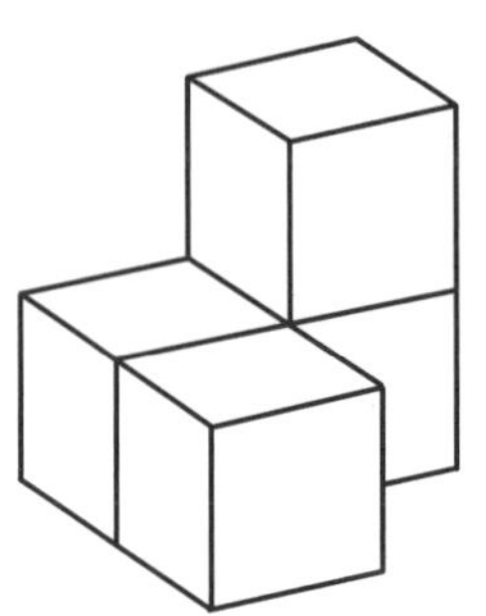

答题栏

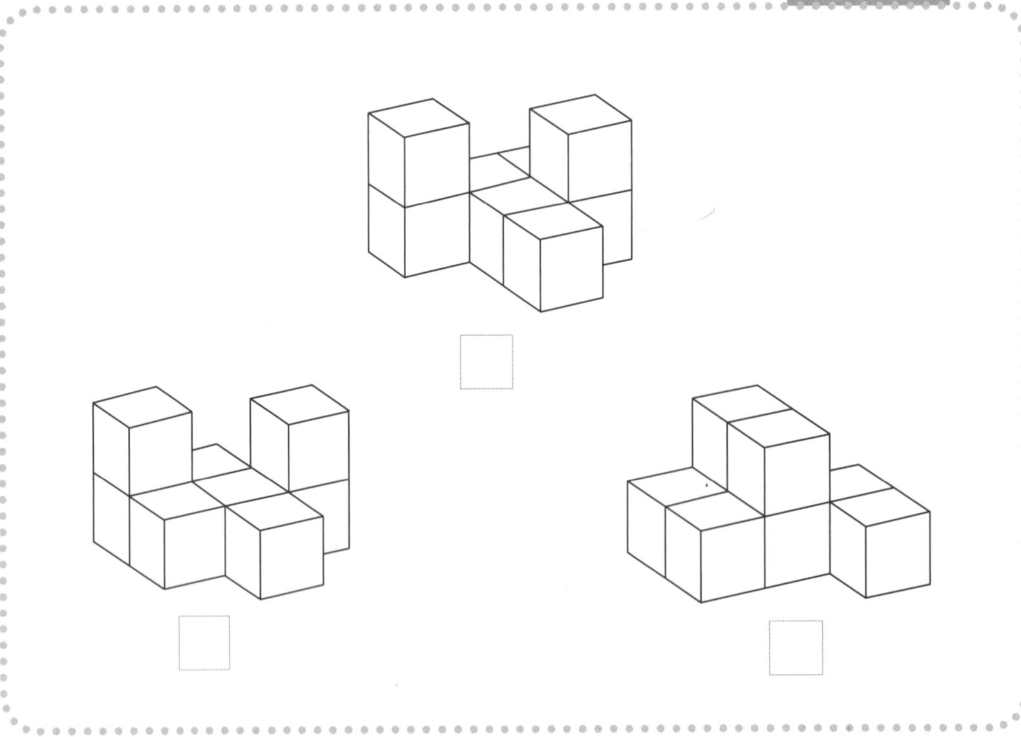

答案 149 页

49

粘一粘吧

★★★★★

把下面 2 个索玛立方体积木单元有颜色的面粘在一起，会变成什么样的立体图形呢？请勾选出来吧！

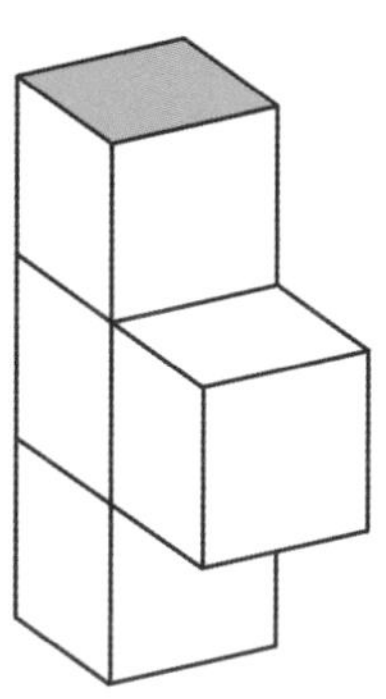

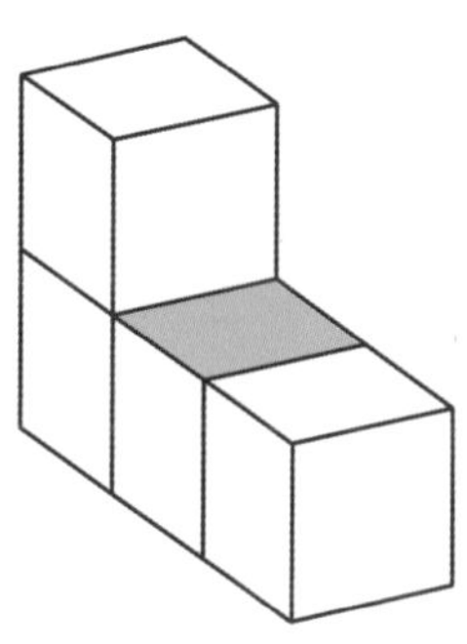

答题栏

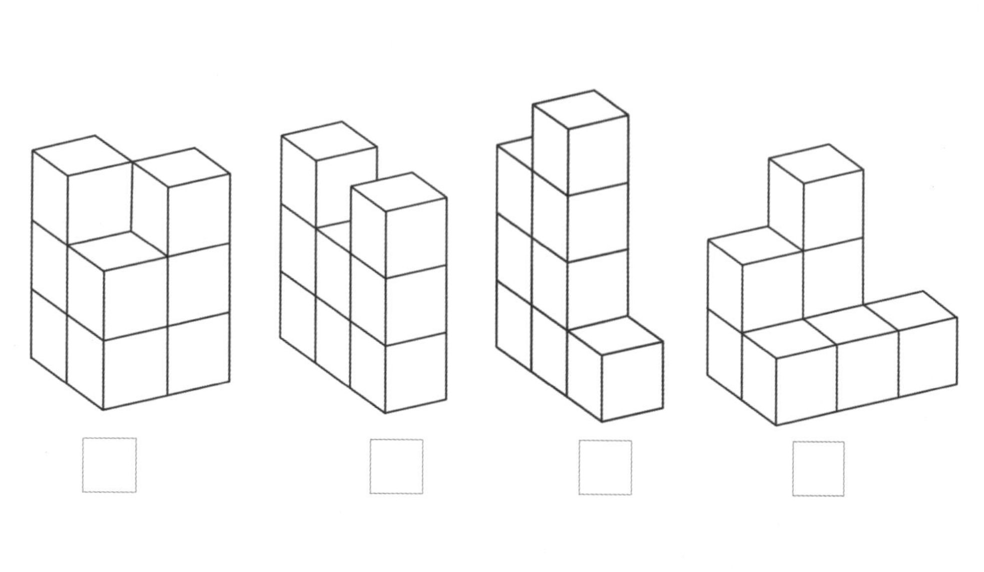

答案 ▶ 149 页

50

嗨，积木掉下来了

索玛立方体积木单元 C 按照如下图所示的线路向积木单元 D 掉落，会形成一个什么样的立体图形呢？请在对应的方框中打钩。

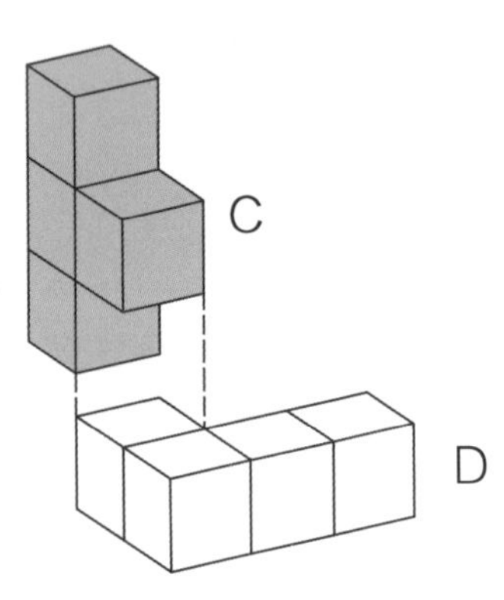

答题栏

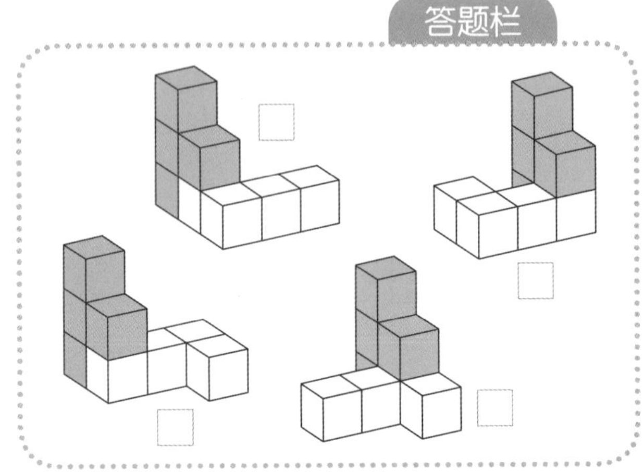

51

拼 1 个一模一样的立体图形吧

从下面答题栏中的 4 个索玛立方体积木单元中选择 2 个，拼成和绿色的立体图形一模一样的图形吧！请在对应的方框中打钩。

答题栏

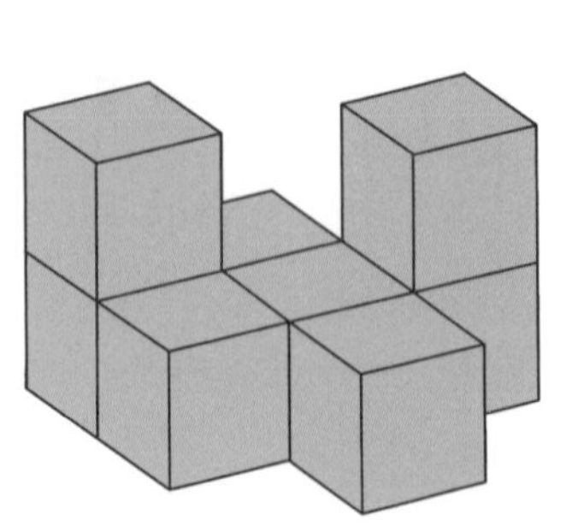

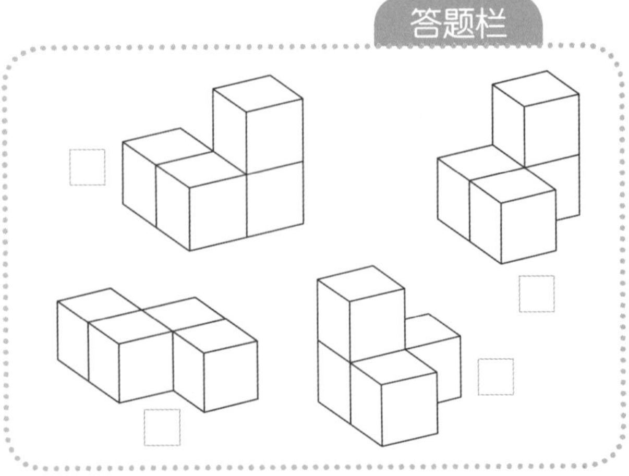

答案 149 页

52

把积木拼在一起吧

★★★★★

将下面 2 个索玛立方体积木单元合体后，会变成哪个立体图形呢？从答题栏中选出来，打上钩吧！

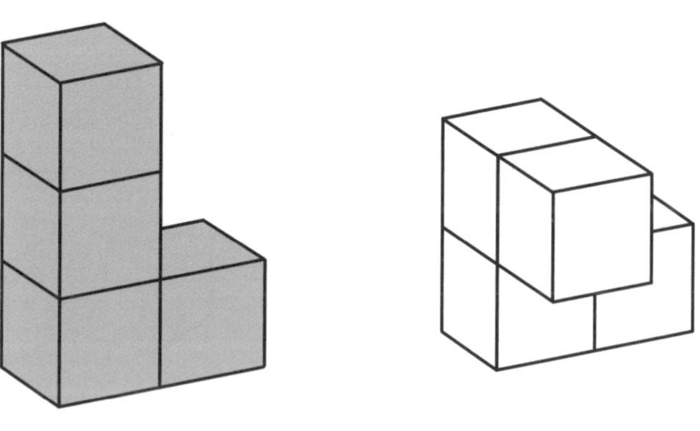

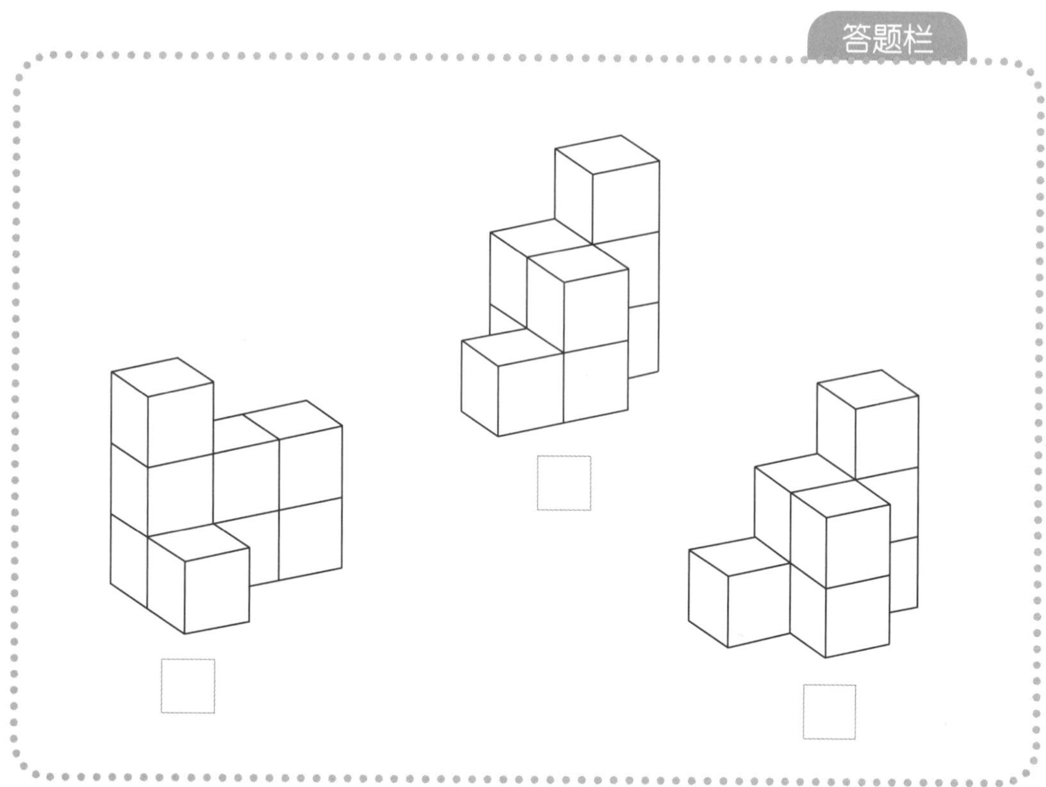

答案 149 页

53

粘一粘吧

答案 ★★★★★

把下面 2 个索玛立方体积木单元有颜色的面粘在一起，会变成什么样的立体图形呢？请勾选出来吧！

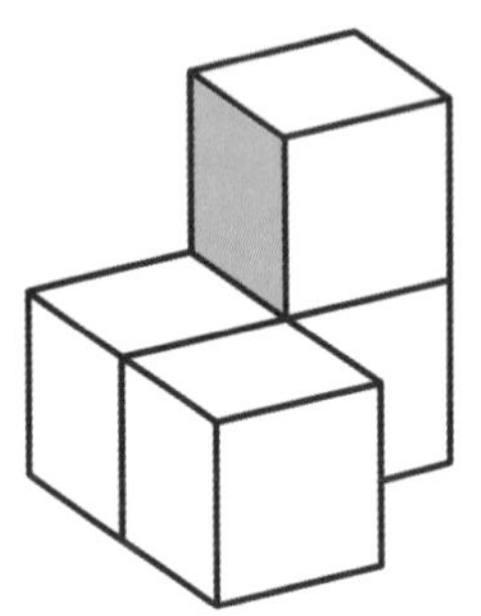

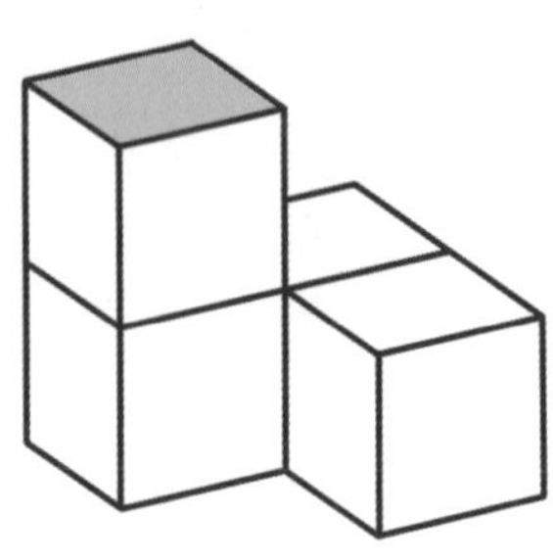

答题栏

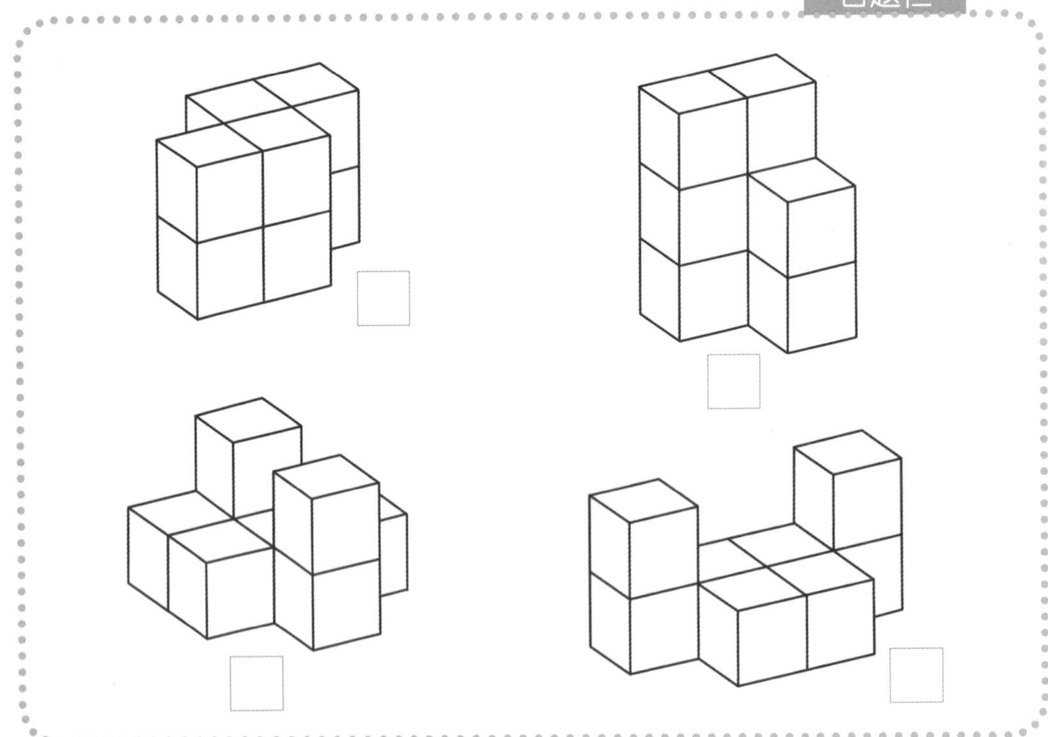

答案 149 页

54

嗨，积木掉下来了

索玛立方体积木单元 E 按照如下图所示的线路向积木单元 C 掉落，会形成一个什么样的立体图形呢？请在对应的方框中打钩。

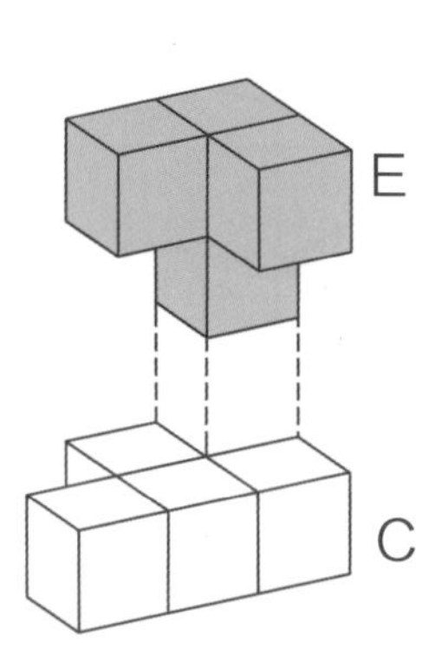

答题栏

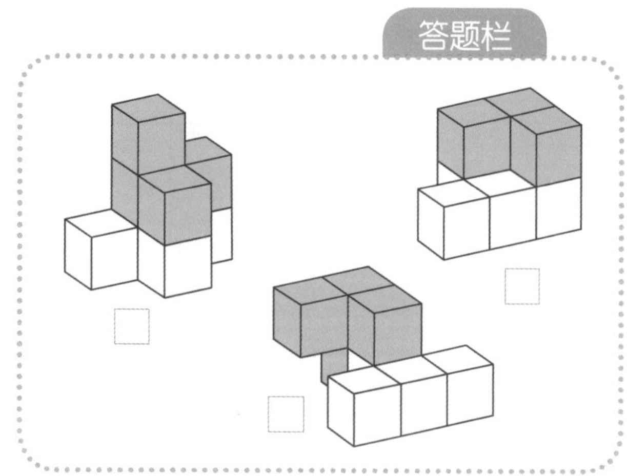

55

拼 1 个一模一样的立体图形吧

从下面答题栏中的 4 个索玛立方体积木单元中选择 2 个，拼成和绿色的立体图形一模一样的图形吧！请在对应的方框中打钩。

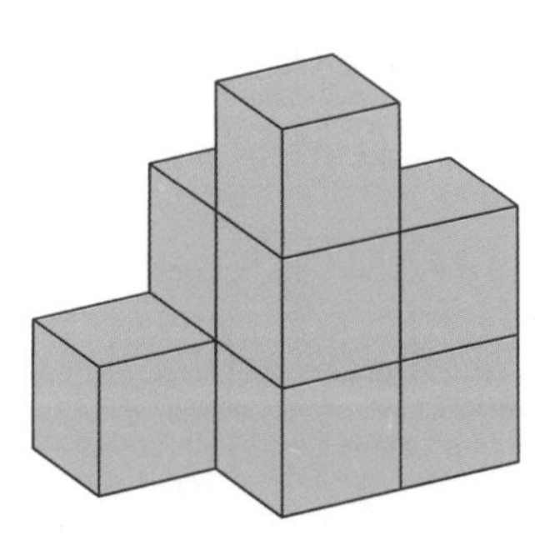

答题栏

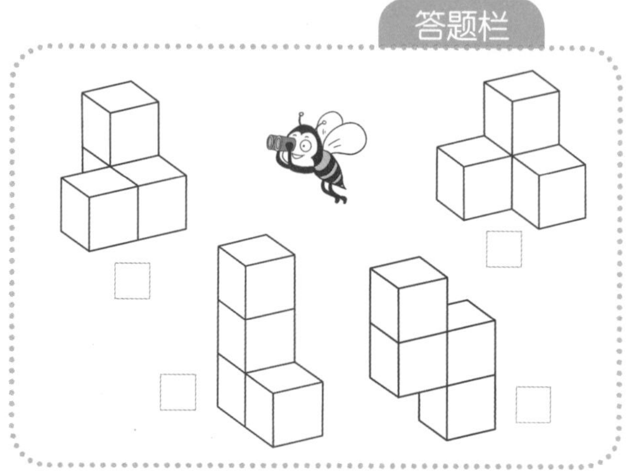

答案 149 页

56

把积木拼在一起吧

将下面 2 个索玛立方体积木单元合体后，会变成哪个立体图形呢？从答题栏中选出来，打上钩吧！

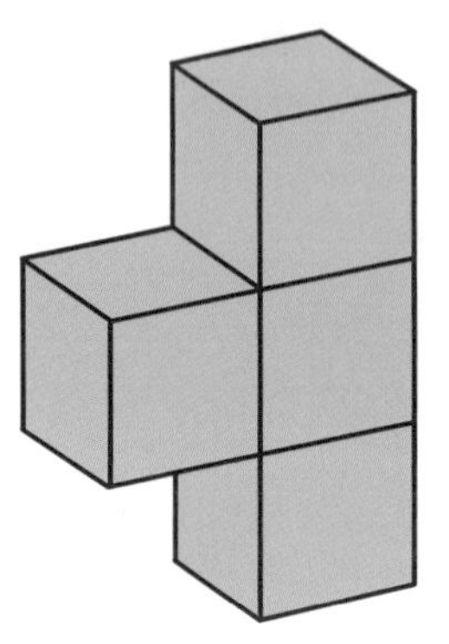

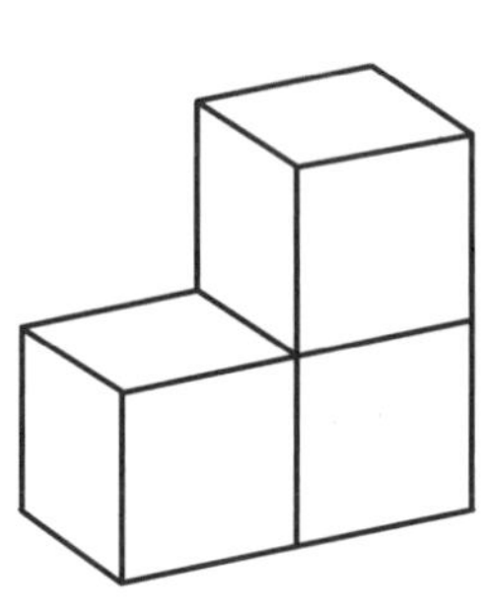

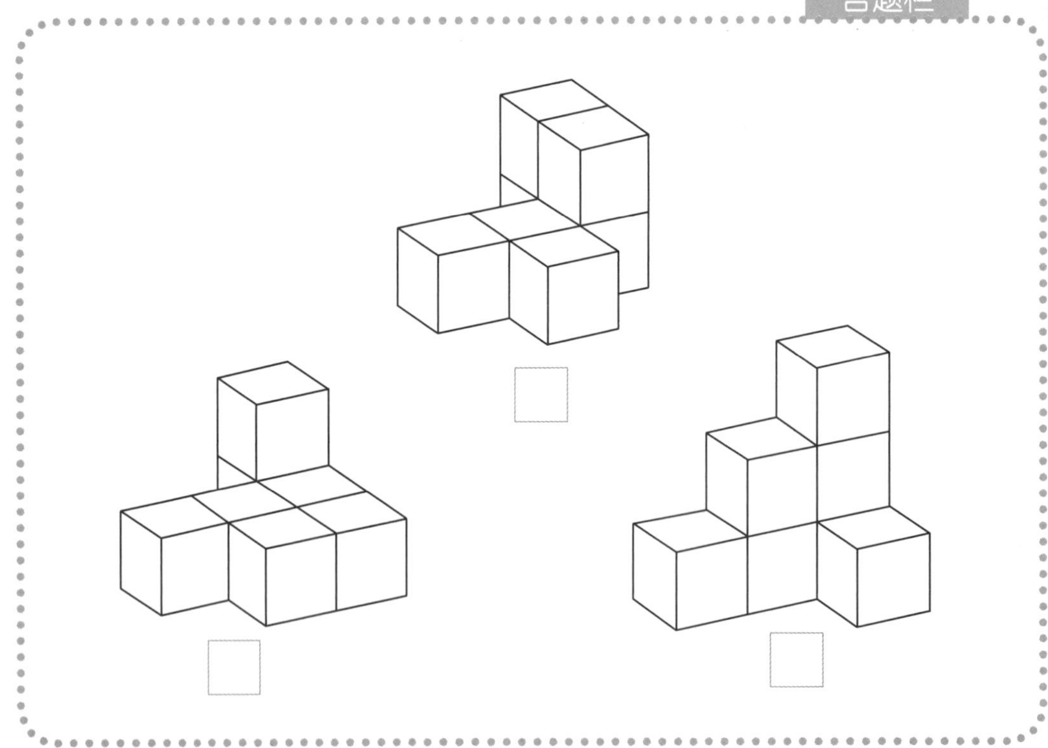

答案 149 页

粘一粘吧

把下面 2 个索玛立方体积木单元有颜色的面粘在一起，会变成什么样的立体图形呢？请勾选出来吧！

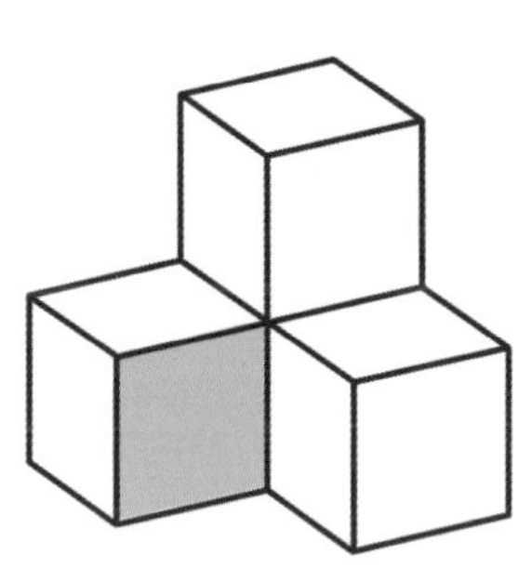

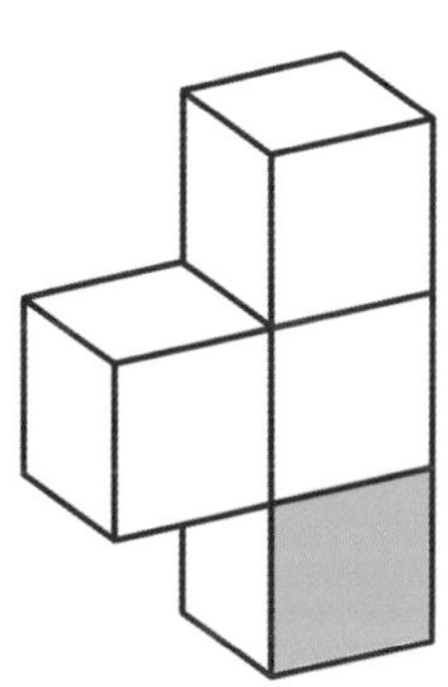

答题栏

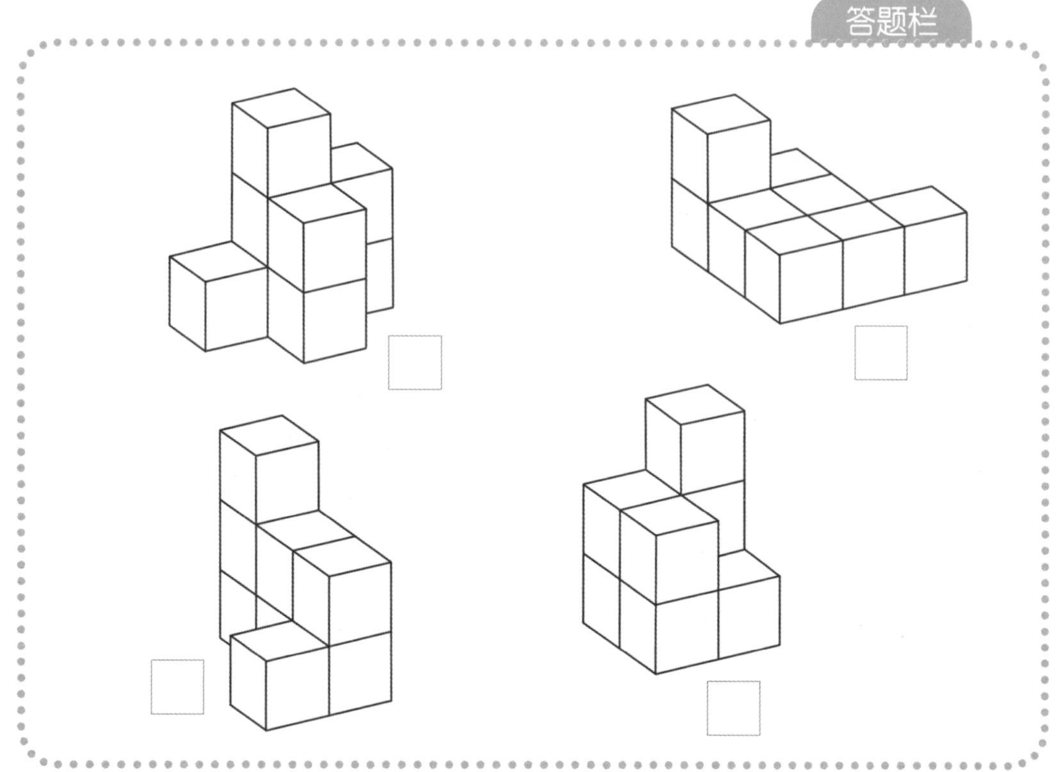

答案 149 页

58

嗨，积木掉下来了

★★★★★

索玛立方体积木单元 D 按照如下图所示的线路向积木单元 B 掉落，会形成一个什么样的立体图形呢？请在对应的方框中打钩。

D

B

答题栏

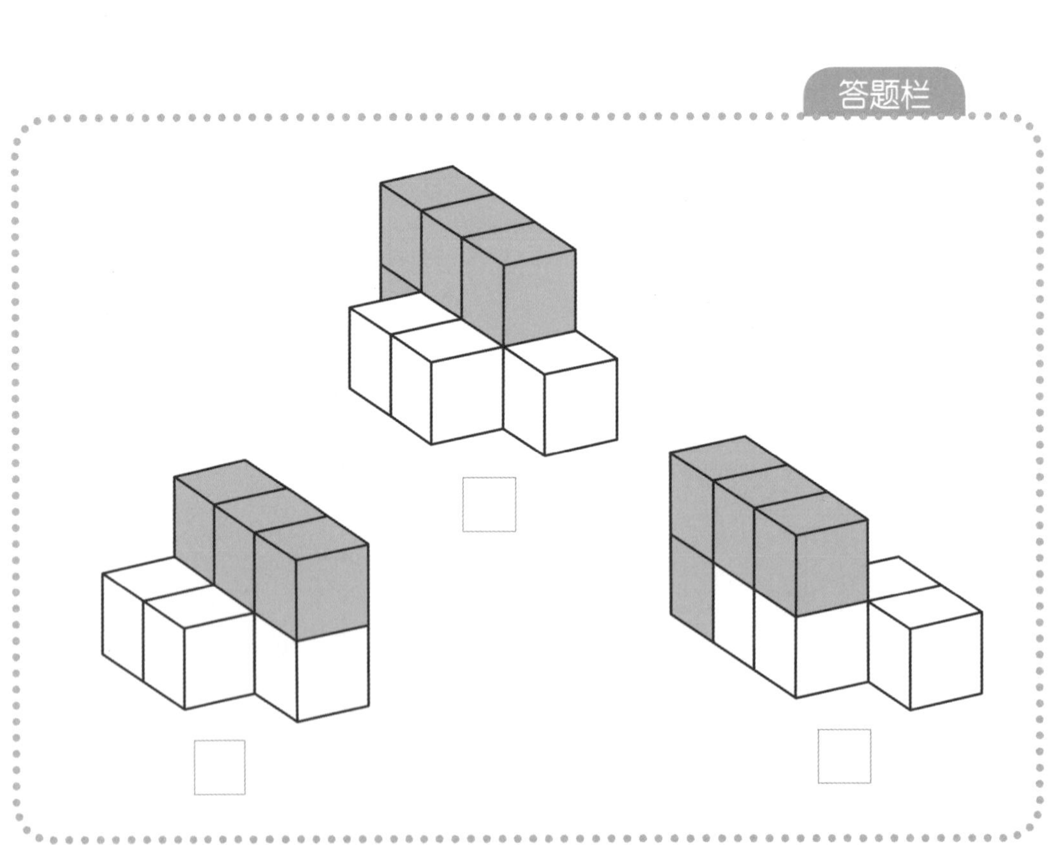

答案 ▶ 149 页

59

把积木拼在一起吧

将下面 2 个索玛立方体积木单元合体后，会变成哪个立体图形呢？从答题栏中选出来，打上钩吧！

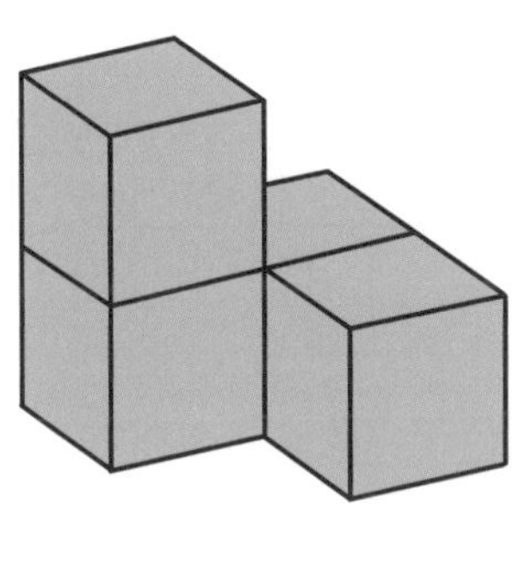

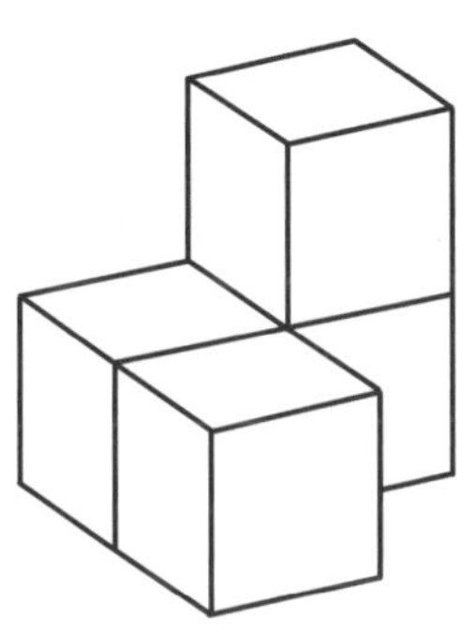

答题栏

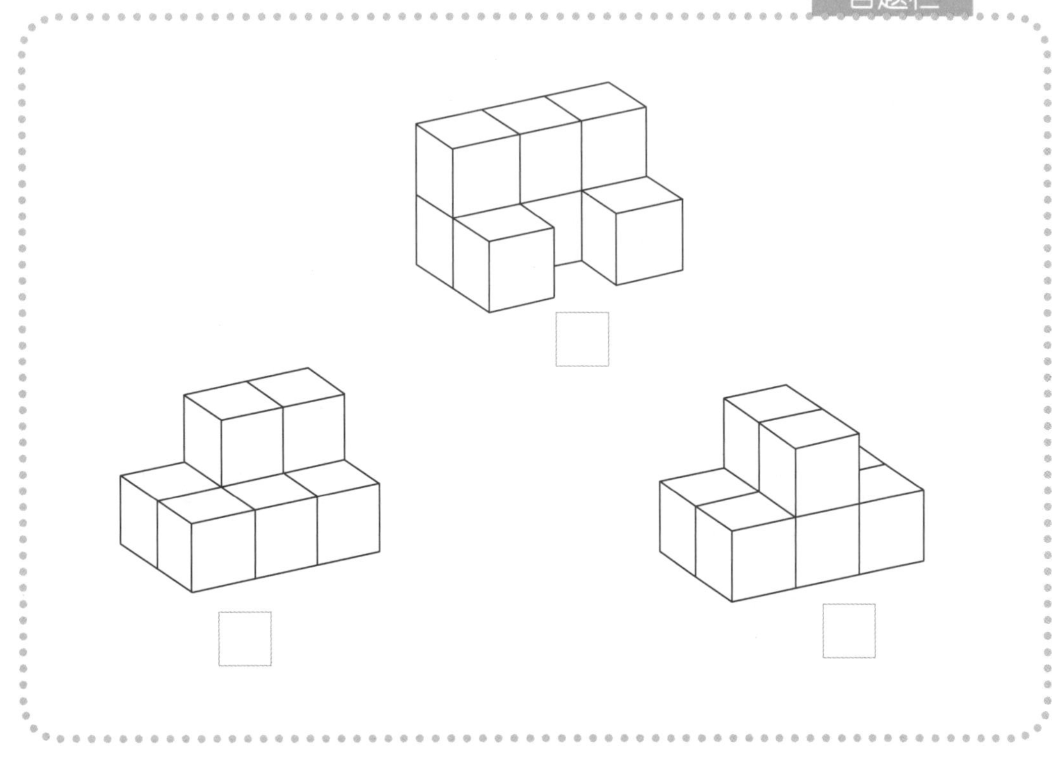

答案 149 页

60 看看能不能放进去吧

从下面答题栏中的 3 个索玛立方体积木单元中选 2 个，组成 1 个新的立体图形，看看能不能刚好放进下面的框框中。为你选中的积木单元打上钩吧！

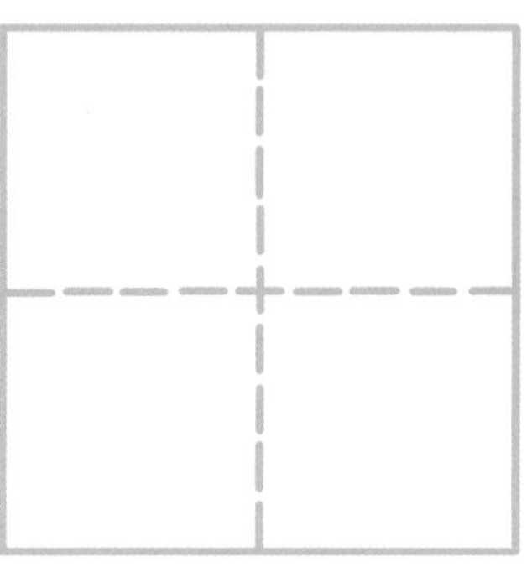

答题栏

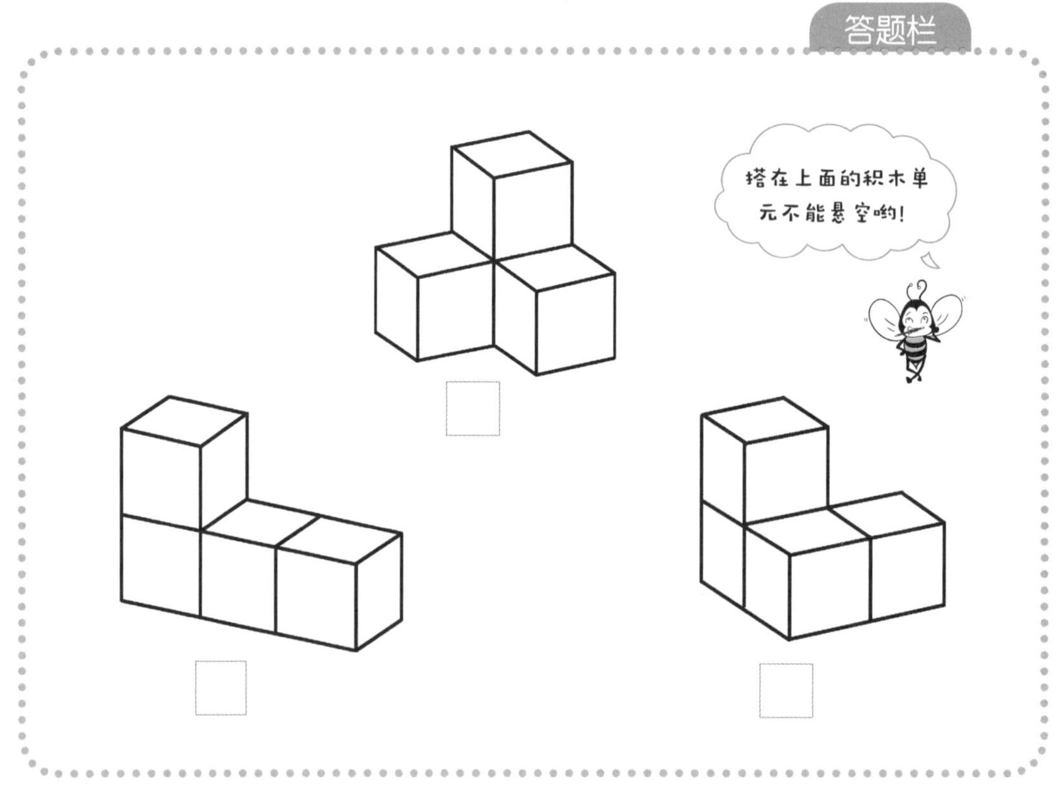

答案 149 页

粘一粘吧

把下面 2 个索玛立方体积木单元有颜色的面粘在一起，会变成什么样的立体图形呢？请勾选出来吧！

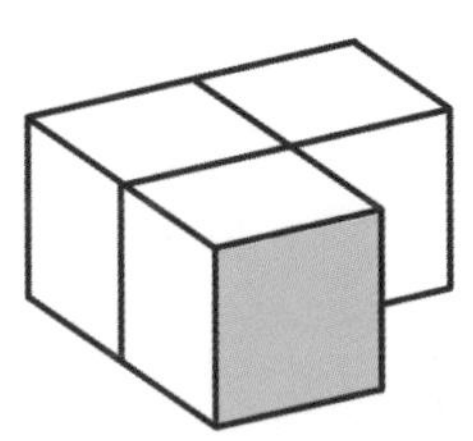

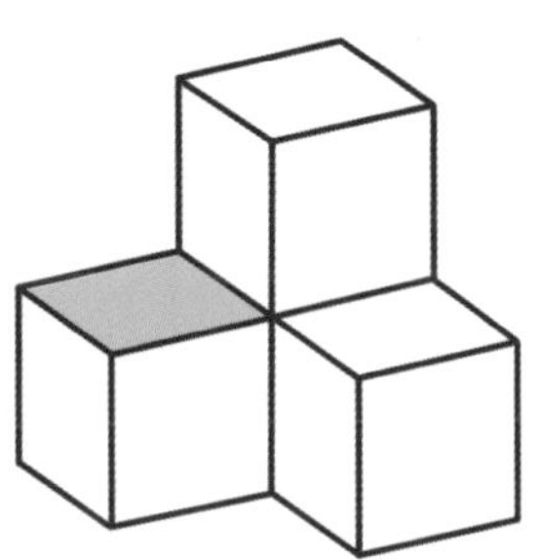

答题栏

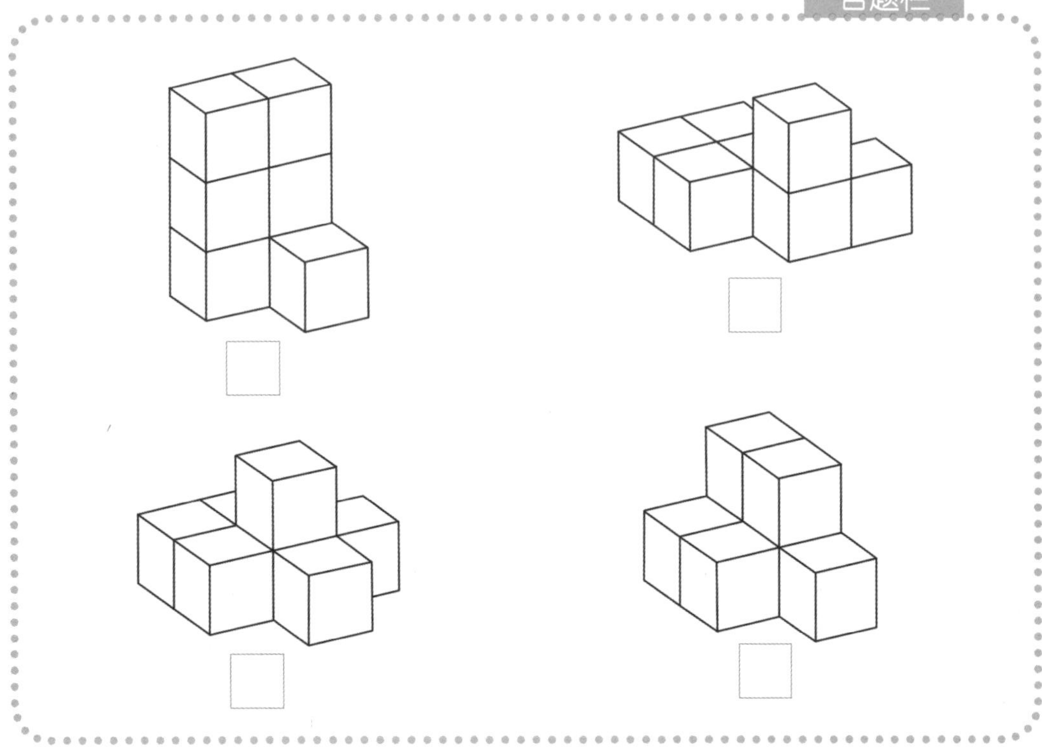

答案 150 页

把积木拼在一起吧

★★★★★

将下面 2 个索玛立方体积木单元合体后，会变成新的立体图形。哪个立体图形不是由这两个积木单元拼成的？请在对应的方框中打钩。

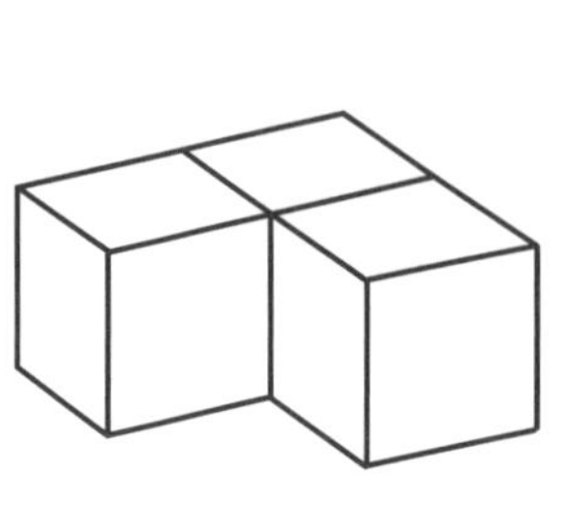

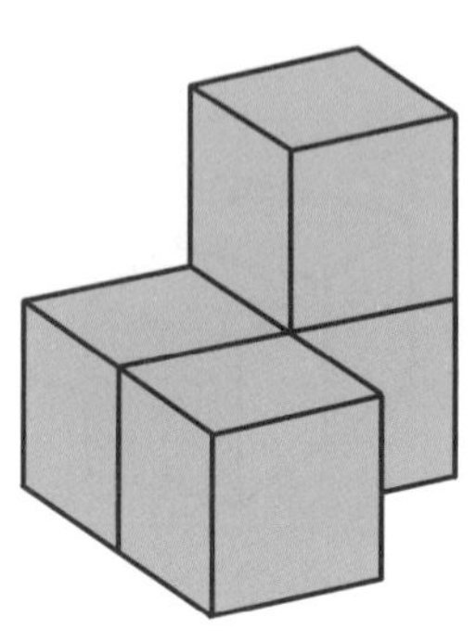

答题栏

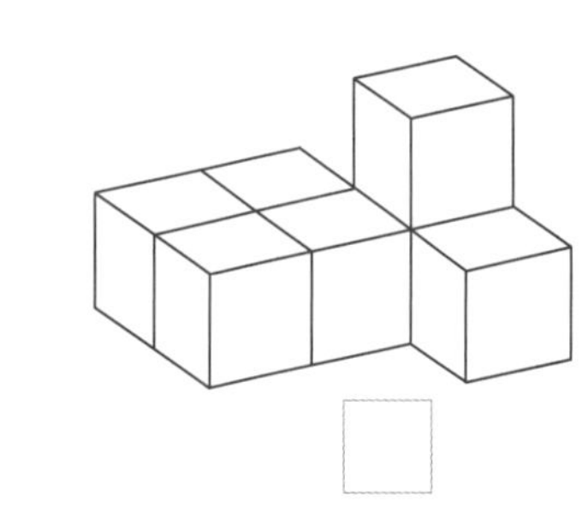

□

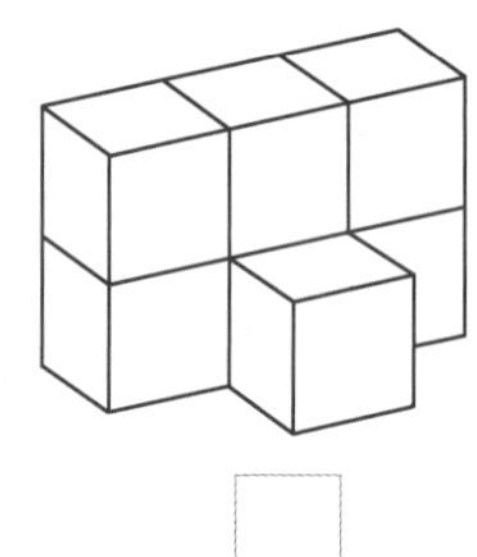

□

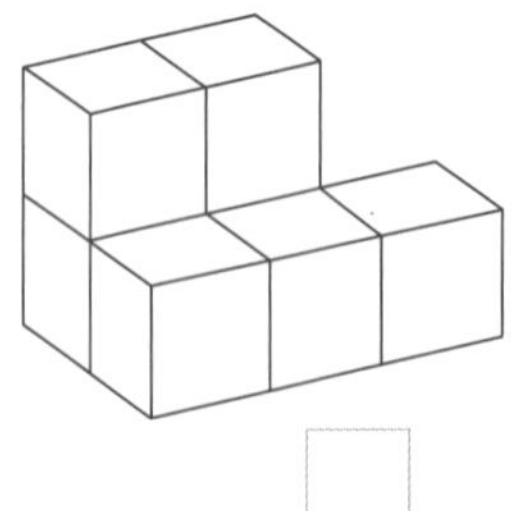

□

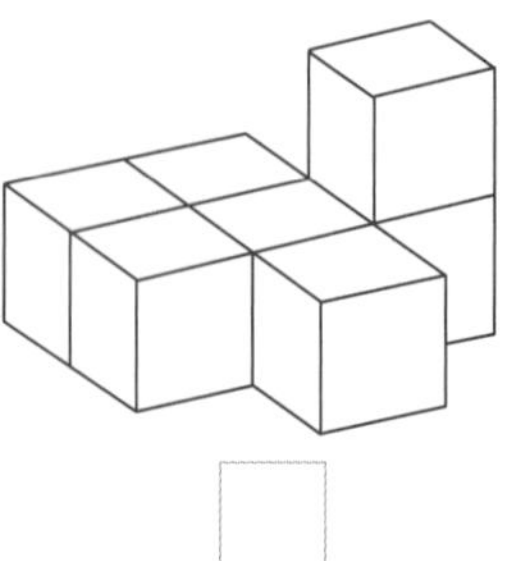

□

答案 ▶ 150页

63

看看能不能放进去吧

从下面答题栏中的 3 个索玛立方体积木单元中选 2 个，组成 1 个新的立体图形，看看能不能刚好放进下面的框框中。为你选中的积木单元打上钩吧！

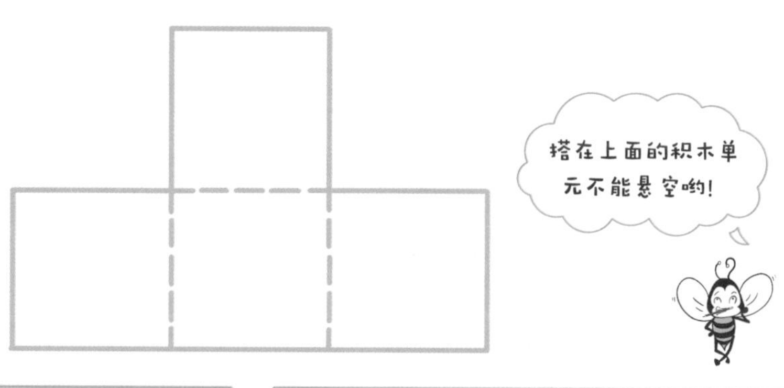

答题栏

□ □ □

答案 150 页

64

粘一粘吧

★★★★★

把下面 2 个索玛立方体积木单元有颜色的面粘在一起，会变成什么样的立体图形呢？请勾选出来吧！

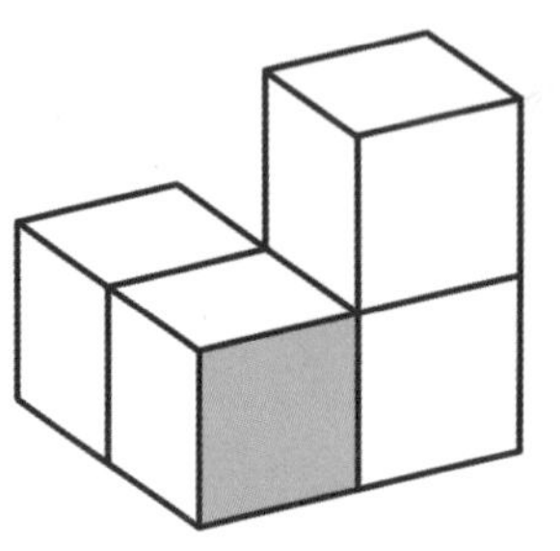

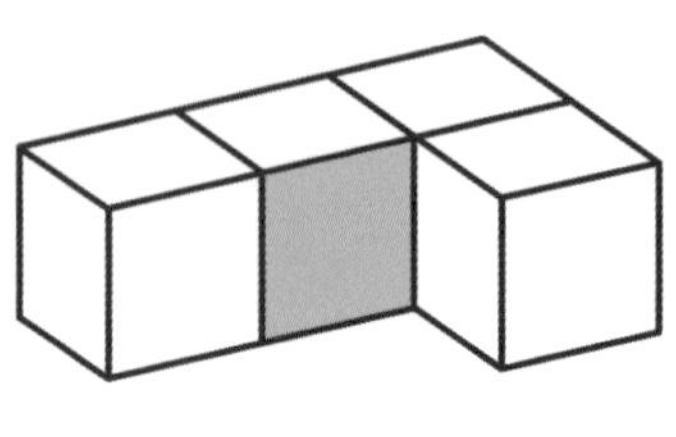

答题栏

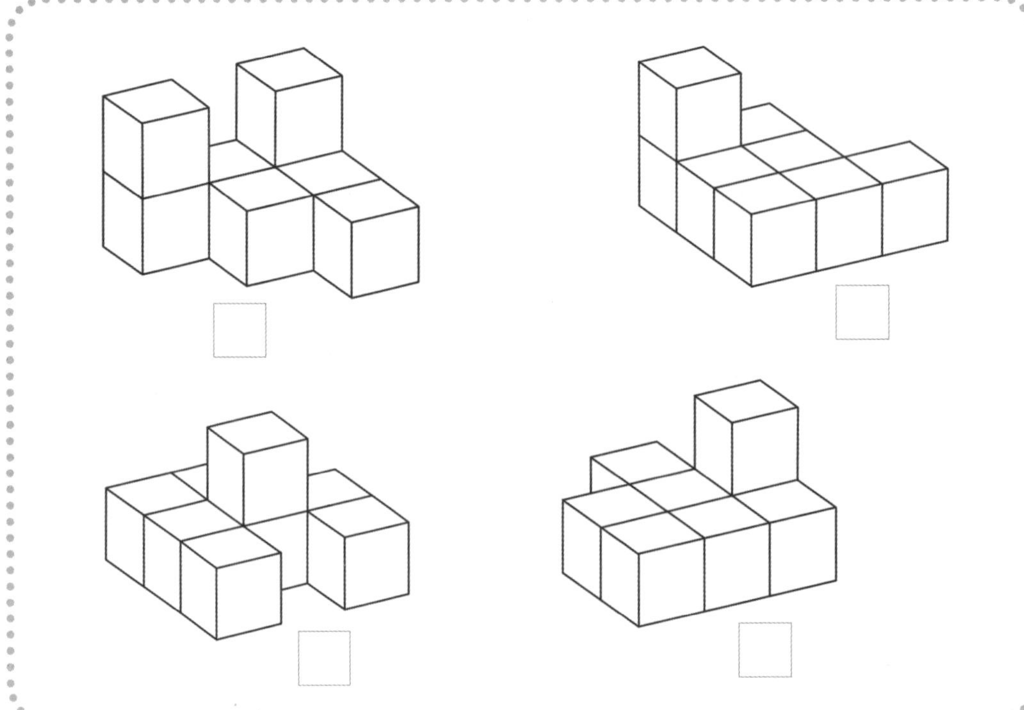

答案 150 页

65

把积木拼在一起吧

★★★★★

将下面 2 个索玛立方体积木单元合体后，会变成新的立体图形。答题栏中哪个立体图形不是由这两个积木单元拼成的？请在对应的方框中打钩。

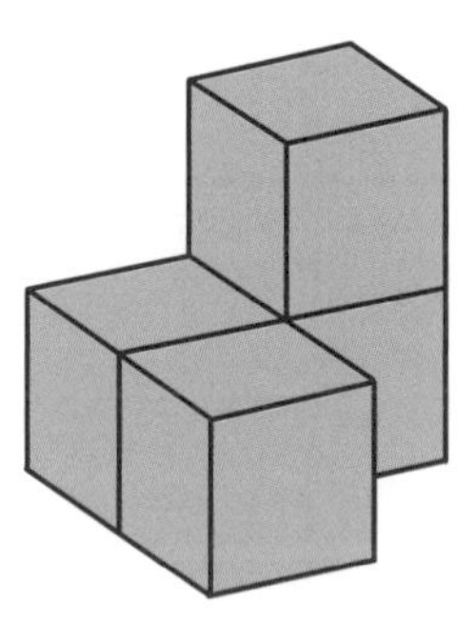

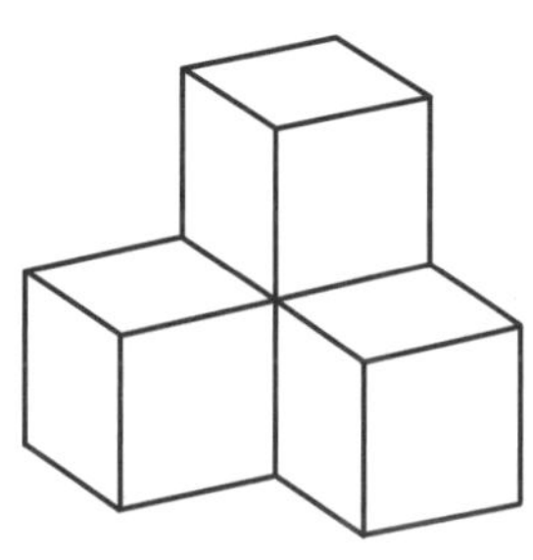

答题栏

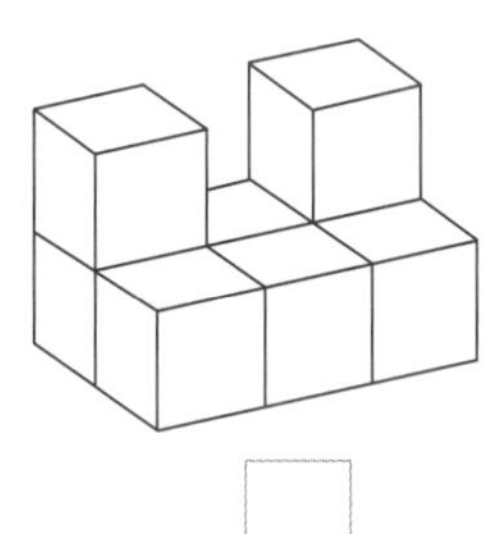

☐

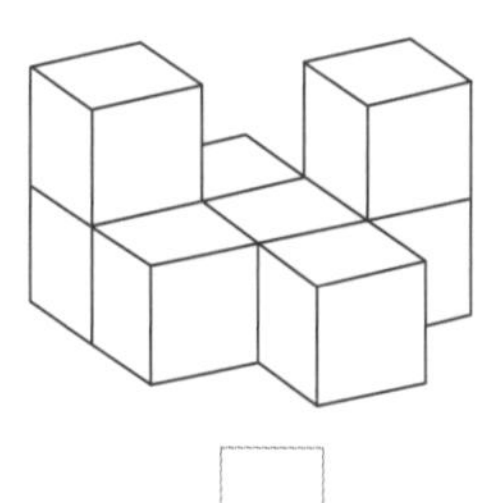

☐

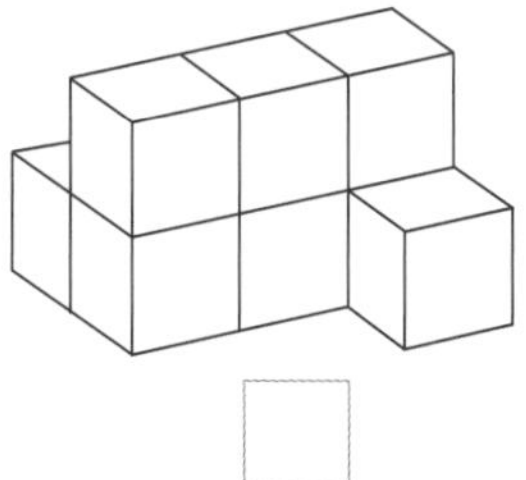

☐

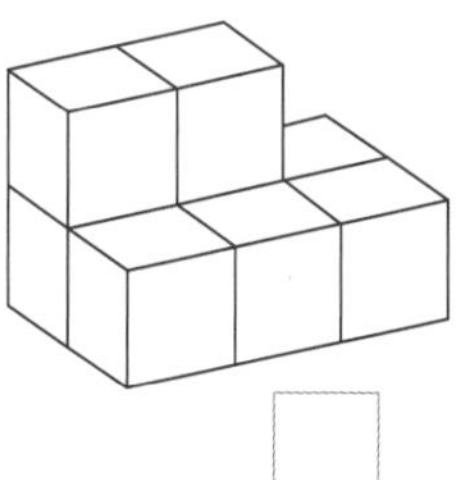

☐

答案 ▸ 150 页

66

看看能不能放进去吧

★★★★★

从下面答题栏中的 3 个索玛立方体积木单元中选 2 个，组成 1 个新的立体图形，看看能不能刚好放进下面的框框中。为你选中的积木单元打上钩吧！

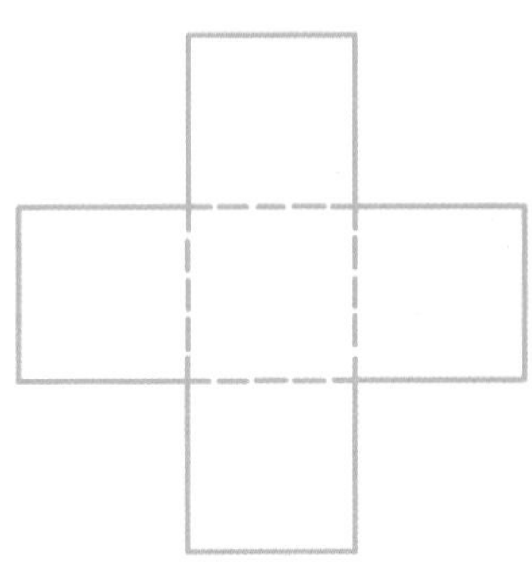

答题栏

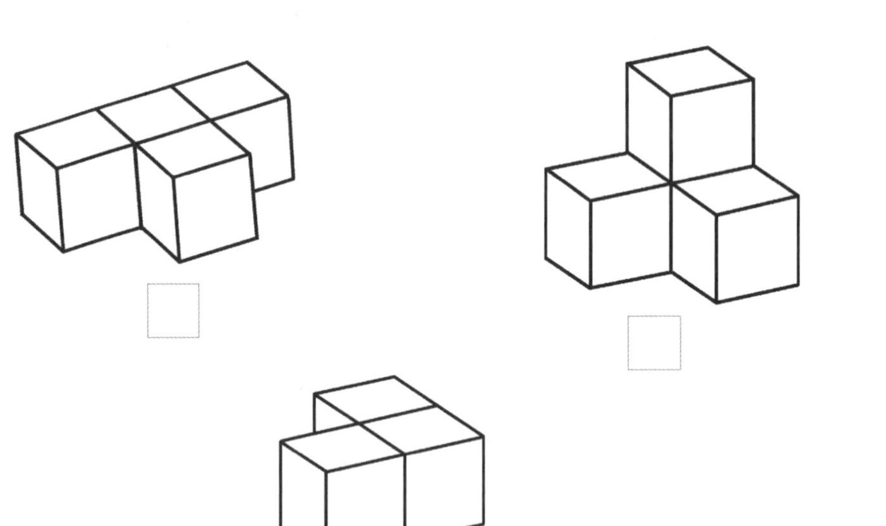

答案 150 页

粘一粘吧

把下面 2 个索玛立方体积木单元有颜色的面粘在一起，会变成什么样的立体图形呢？请把符合的答案勾选出来吧！

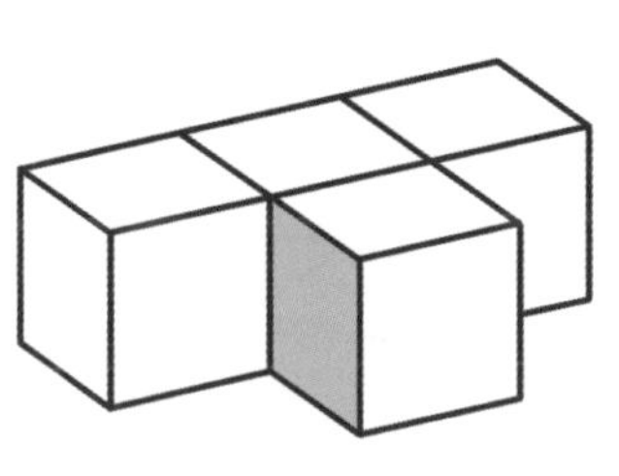

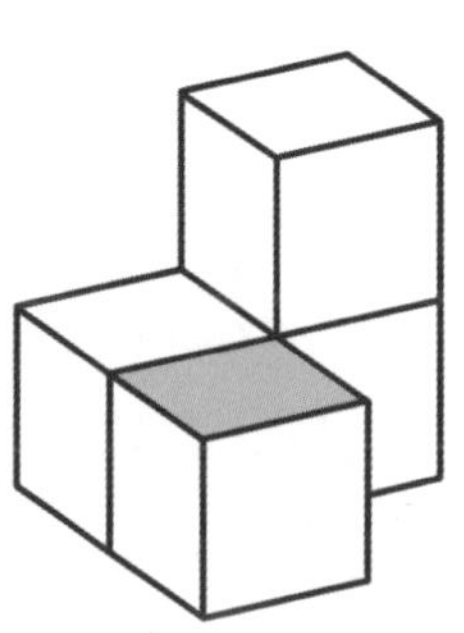

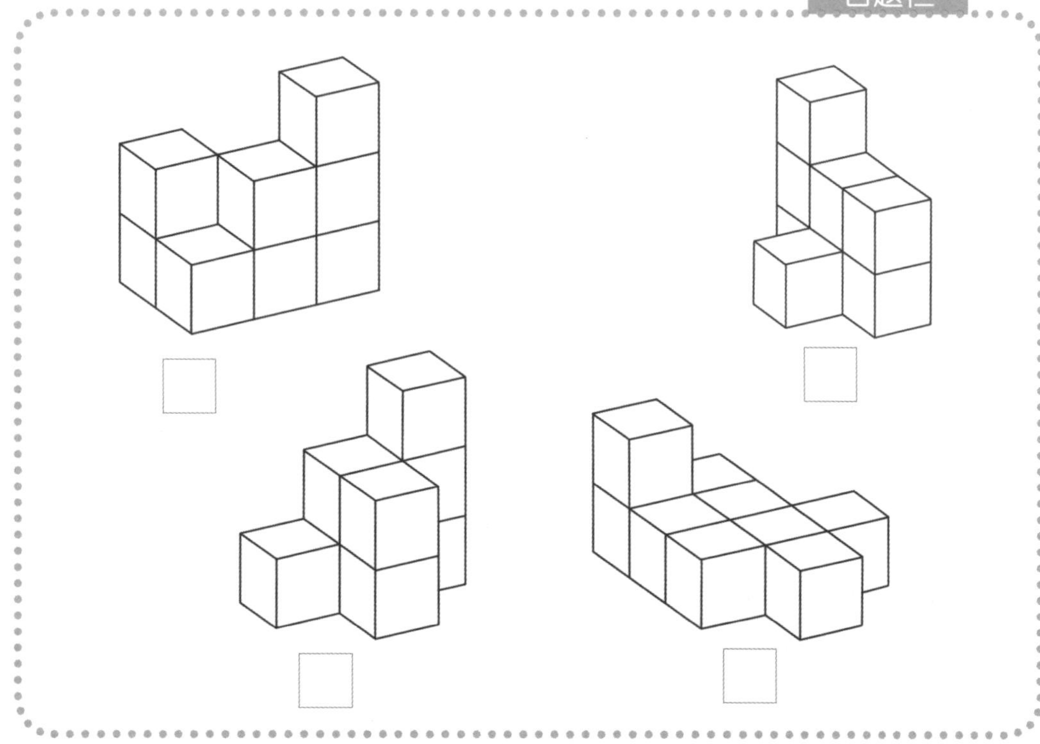

答案 150 页

68

把积木拼在一起吧

★★★★★

将下面 2 个索玛立方体积木单元合体后，会变成新的立体图形。答题栏中哪些立体图形不是由这两个积木单元拼成的？请在对应的方框中打钩。

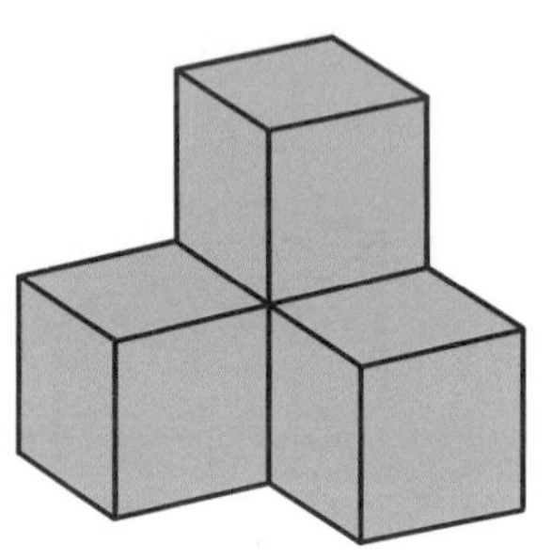

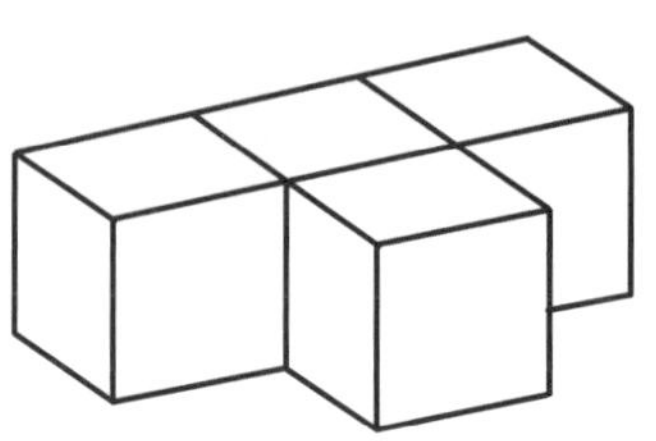

答题栏

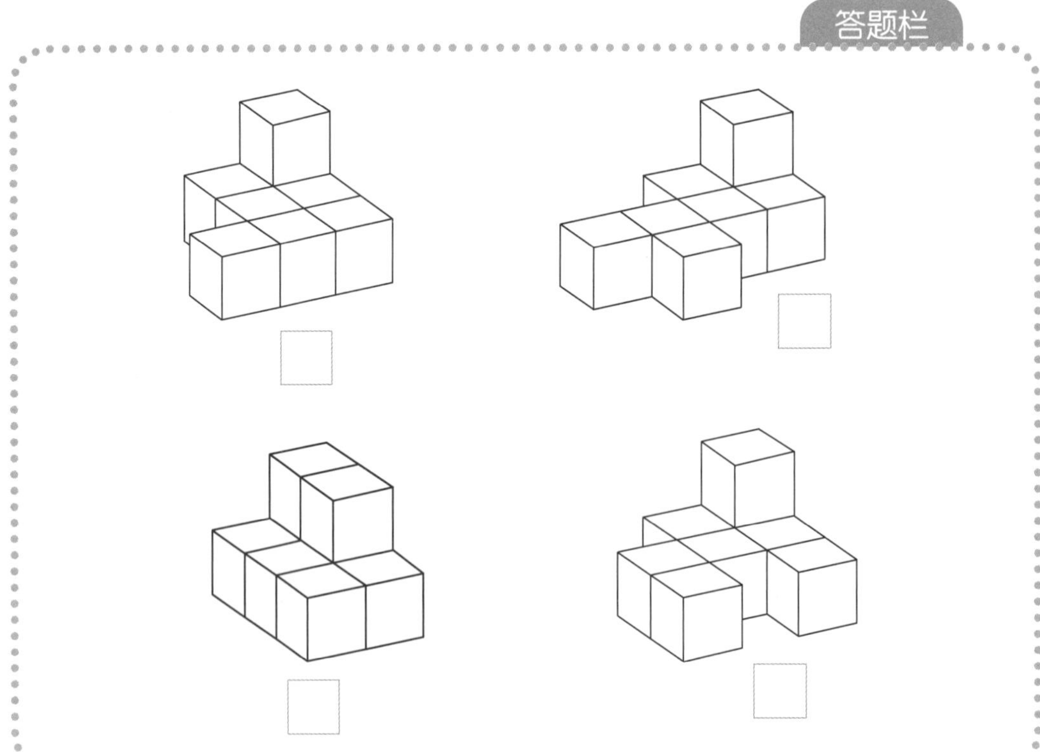

答案 150 页

69

看看能不能放进去吧

从下面答题栏中的 3 个索玛立方体积木单元中选 2 个，组成 1 个新的立体图形，看看能不能刚好放进下面的框框中。为你选中的积木单元打上钩吧！

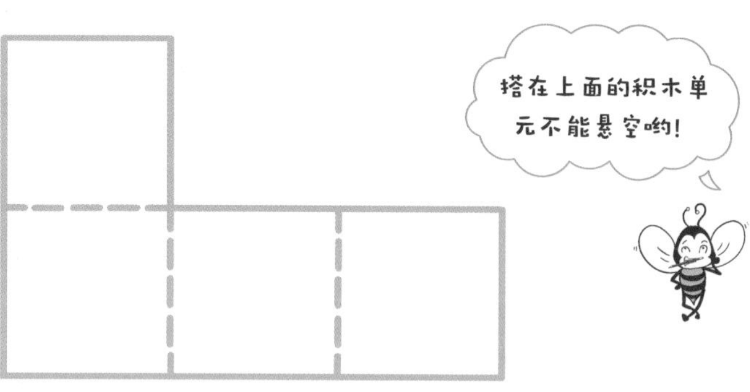

搭在上面的积木单元不能悬空哟！

答题栏

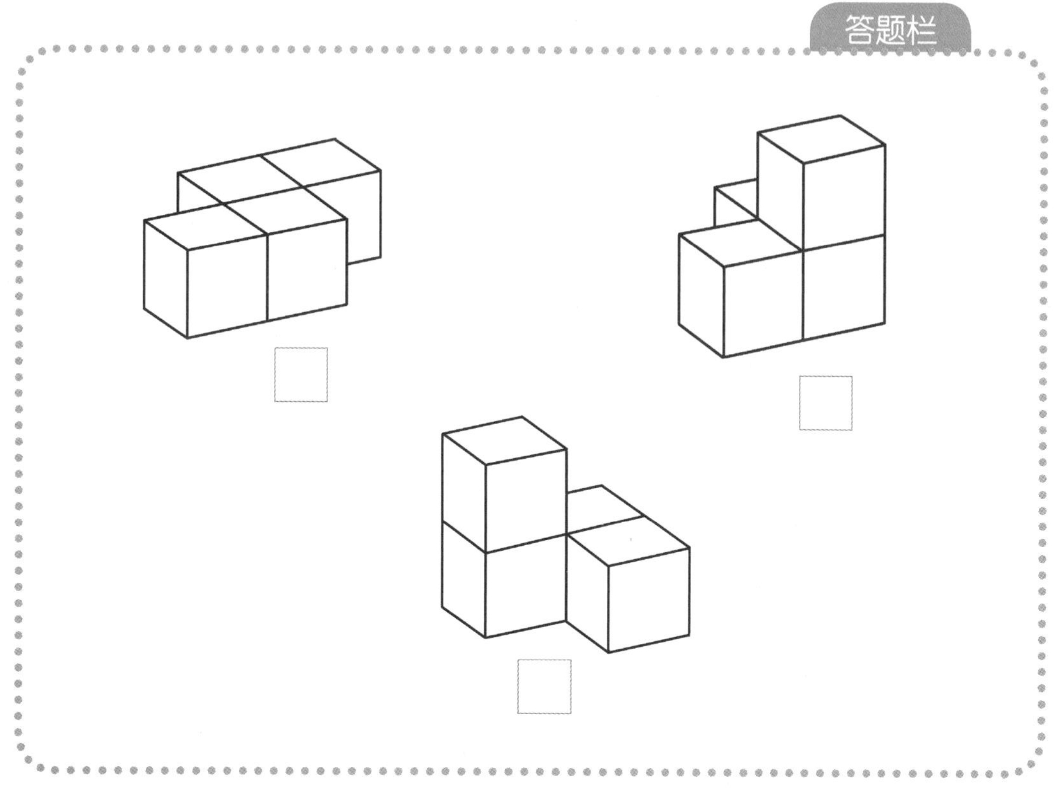

答案 150 页

70

粘一粘吧

把下面 2 个索玛立方体积木单元有颜色的面粘在一起，会变成什么样的立体图形呢？请将符合的答案勾选出来吧！

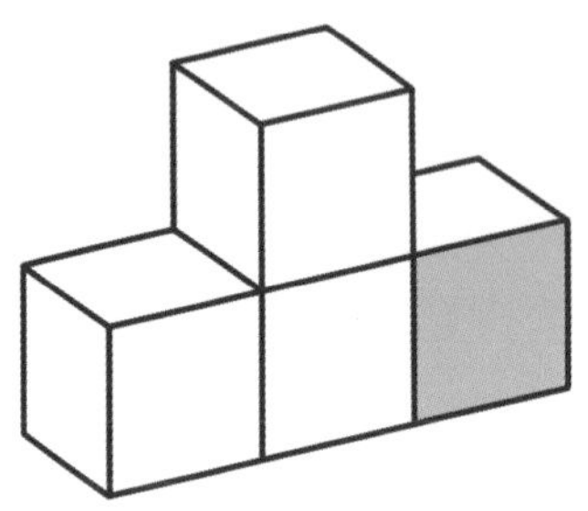

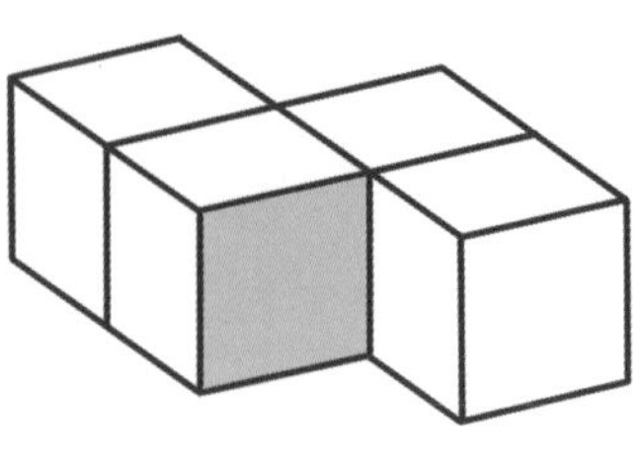

答题栏

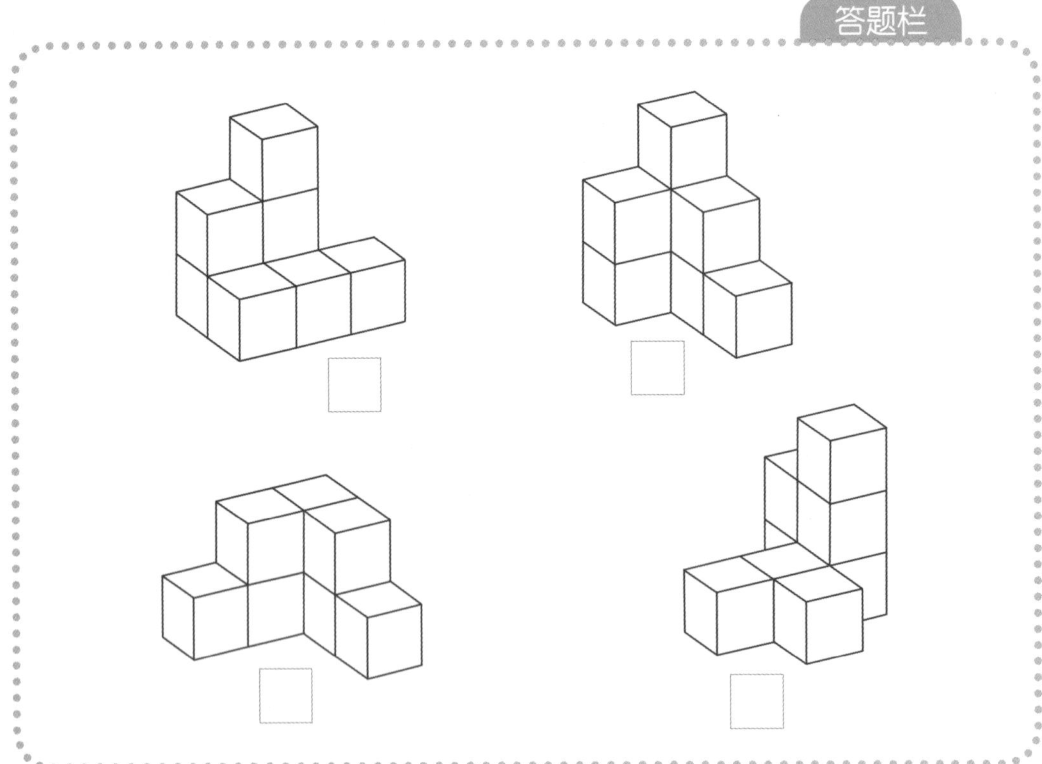

答案 150页

71

把积木拼在一起吧

★★★★★

将下面 2 个索玛立方体积木单元合体后，会变成新的立体图形。答题栏中哪些立体图形不是由这两个积木单元拼成的？请在对应的方框中打钩。

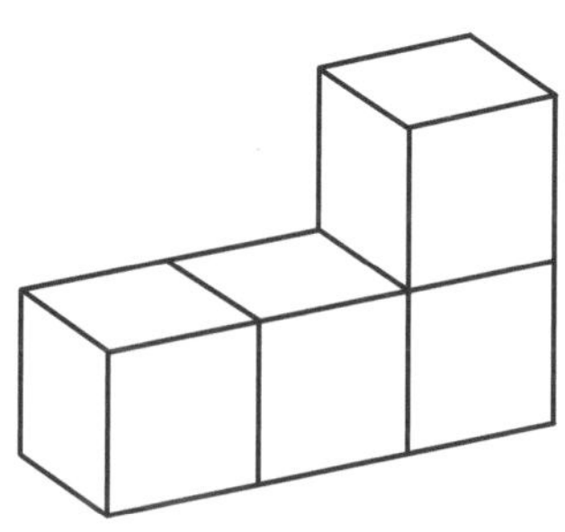

答题栏

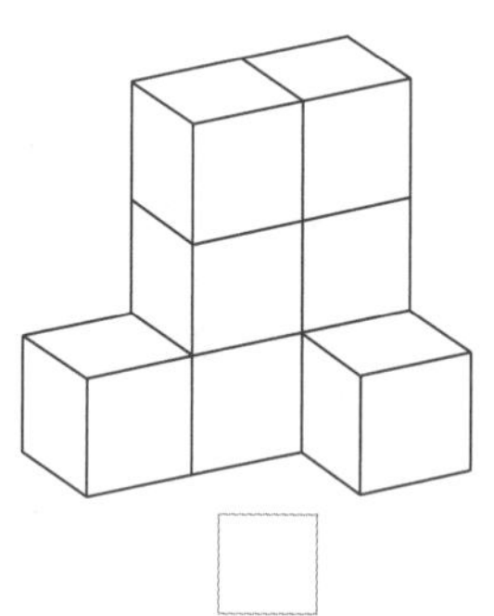

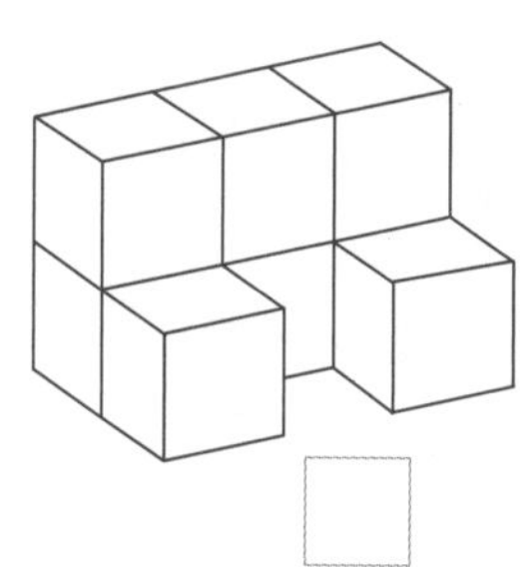

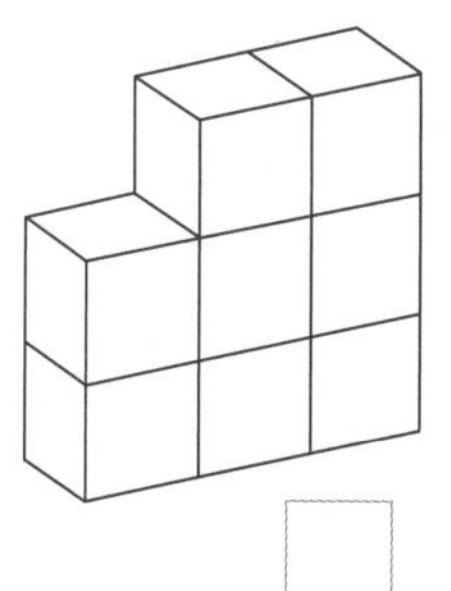

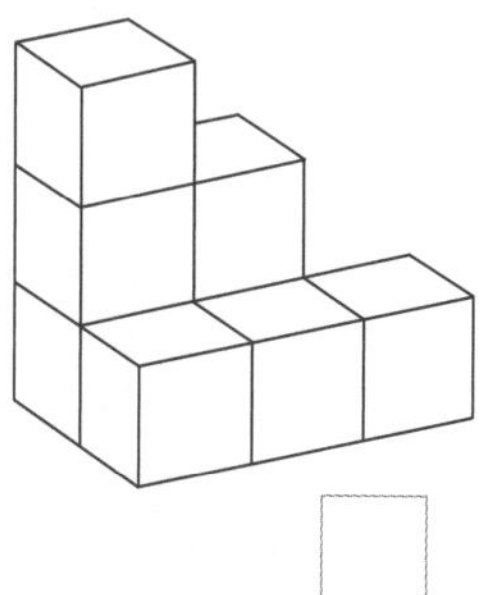

答案 150 页

72

看看能不能放进去吧

★★★★★

从下面答题栏中的 3 个索玛立方体积木单元中选 2 个，组成 1 个立体图形，看看能不能刚好放进下面的框框中。为你选中的积木单元打上钩吧！

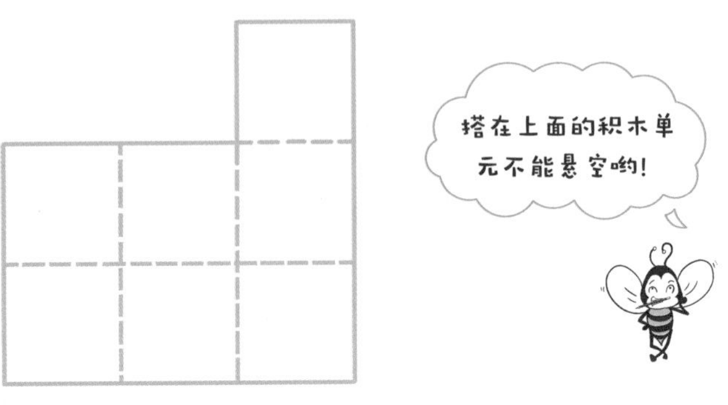

答题栏

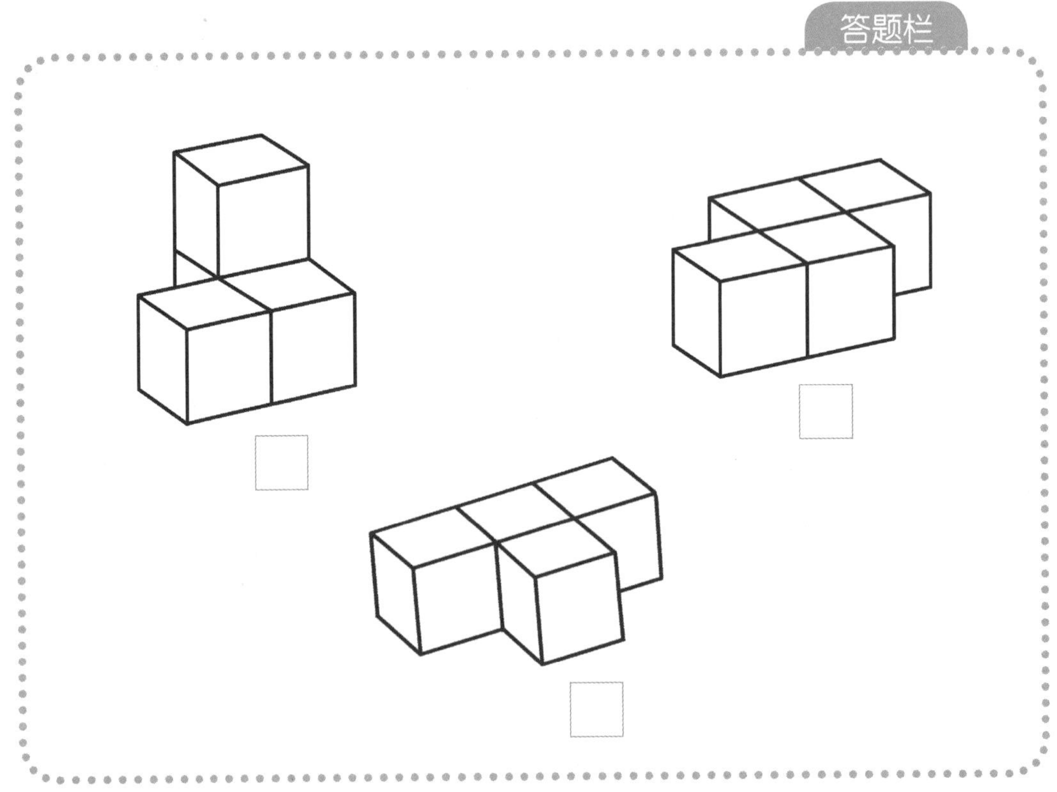

答案 ▶ 150 页

73

看看会不会倒呢

★★★★★

用下面 2 个索玛立方体积木单元拼搭立体图形。拼搭好的 4 个立体图形，哪些不会倒呢？给不会倒的打上钩吧！

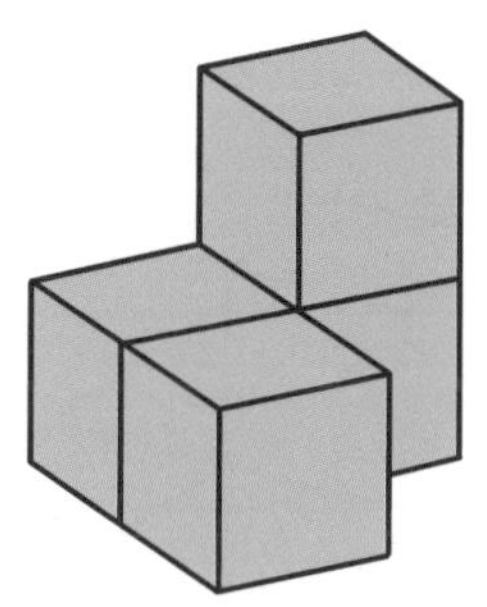

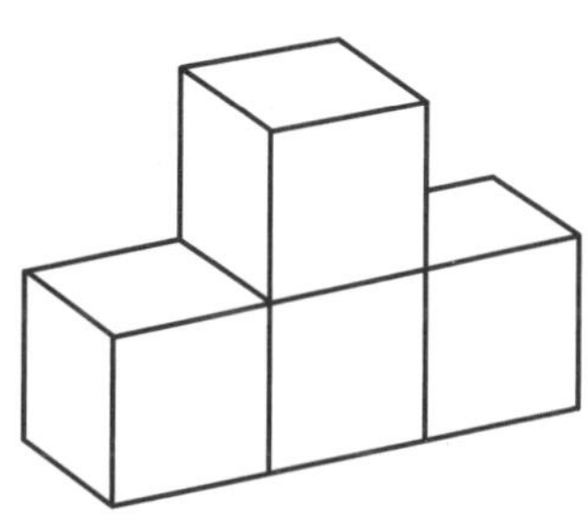

答题栏

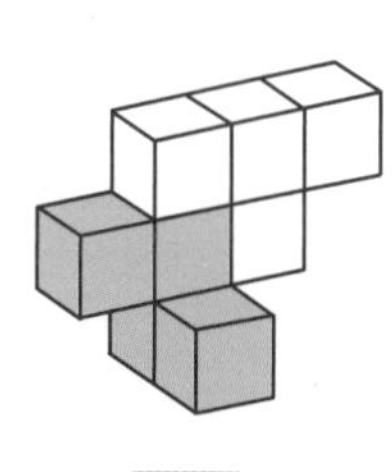 □

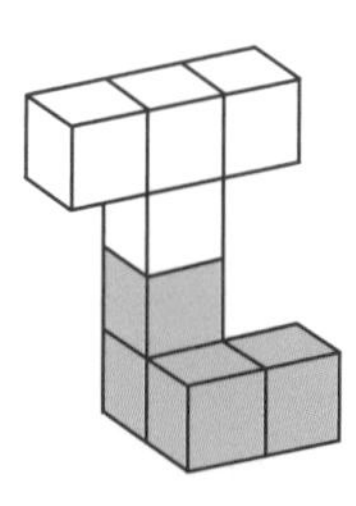 □

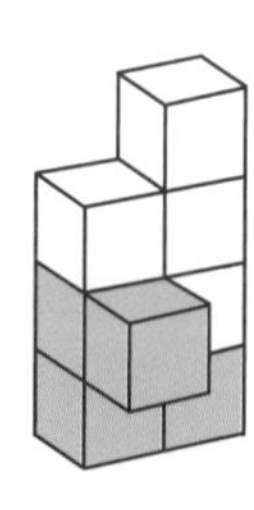 □

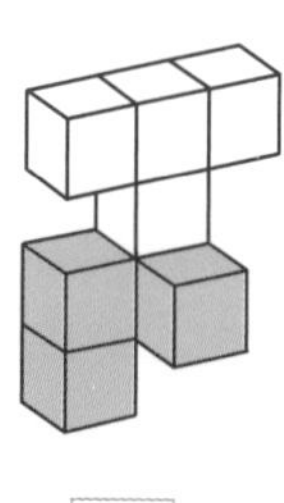 □

请小朋友再试试拼搭下面的立体图形，给不会倒的打上钩吧！

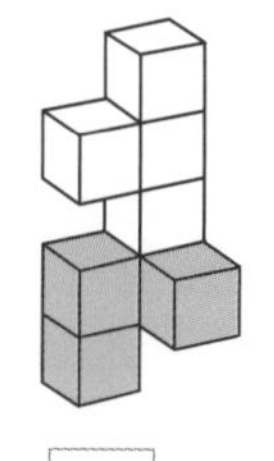 □

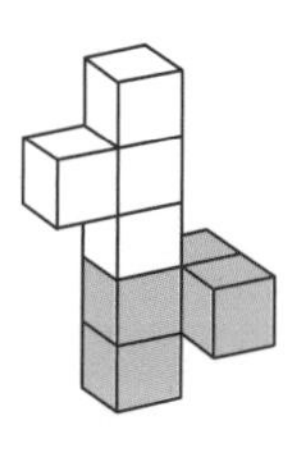 □

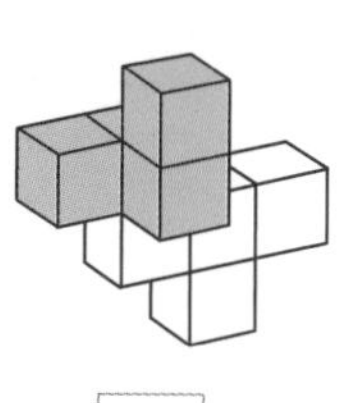 □

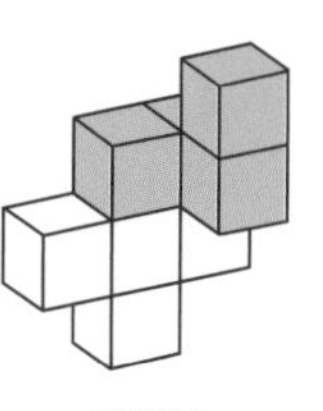 □

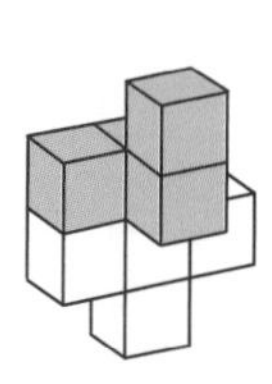 □

答案 ▶ 150 页

74

把积木拼在一起吧

★★★★★

将下面 2 个索玛立方体积木单元合体后，会变成新的立体图形。答题栏中哪些立体图形不是由这两个积木单元拼成的？请在对应的方框中打钩。

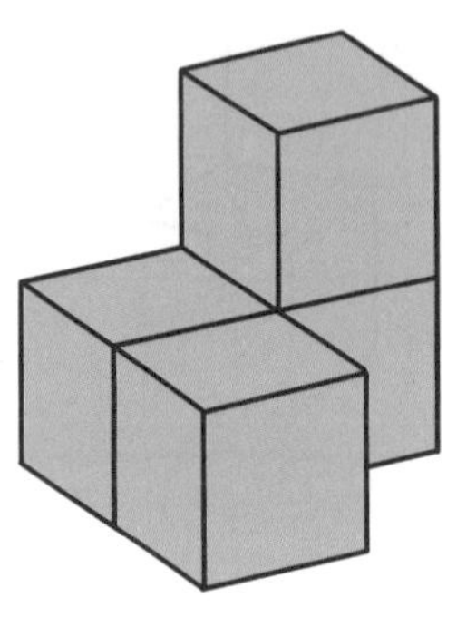

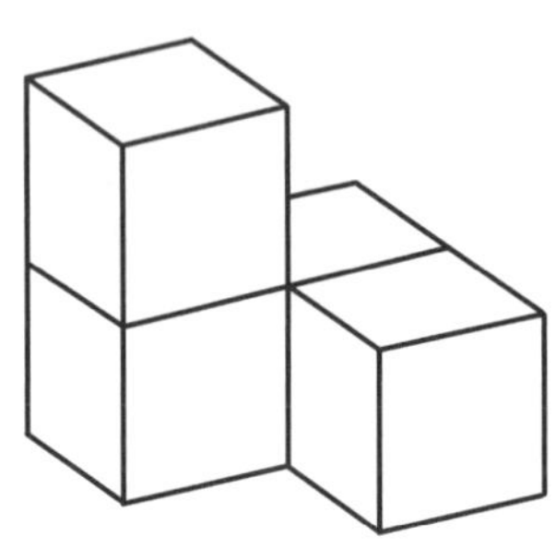

答题栏

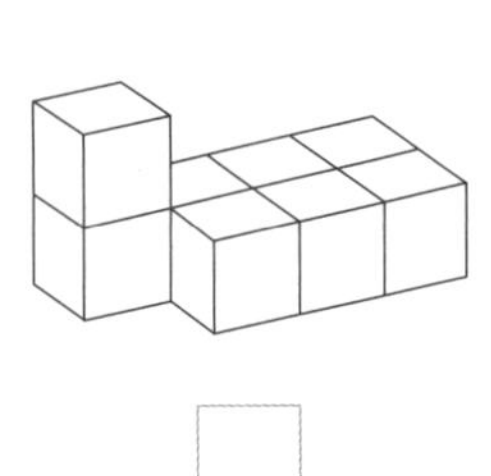

□

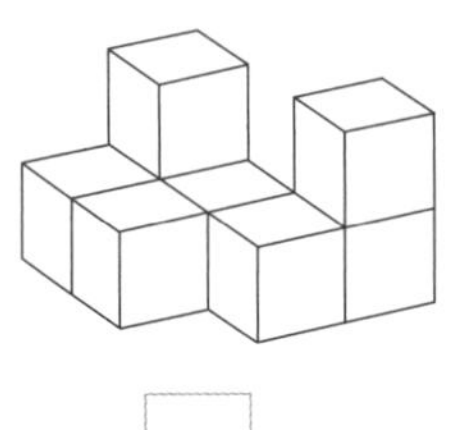

□

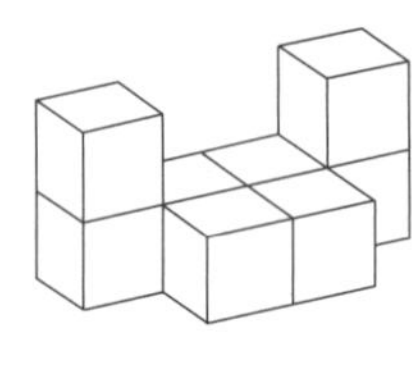

□

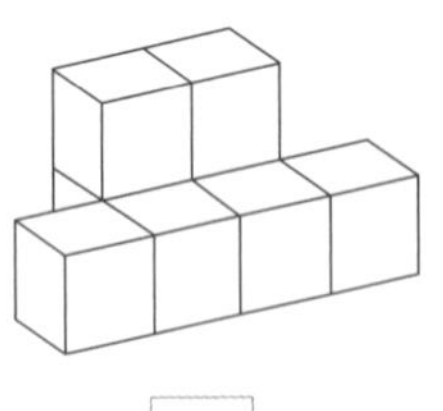

□

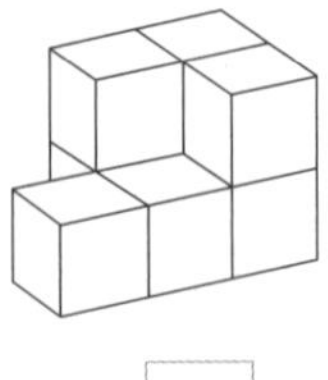

□

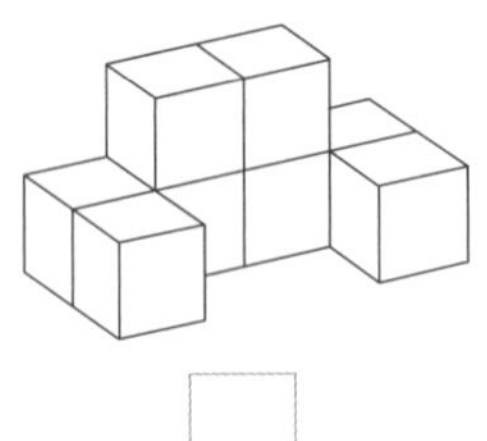

□

答案 ▶ 150 页

75

看看能不能放进去吧

从下面答题栏中的 3 个索玛立方体积木单元中选 2 个，组成 1 个新的立体图形，看看能不能刚好放进下面的框框中。为你选中的积木单元打上钩吧！

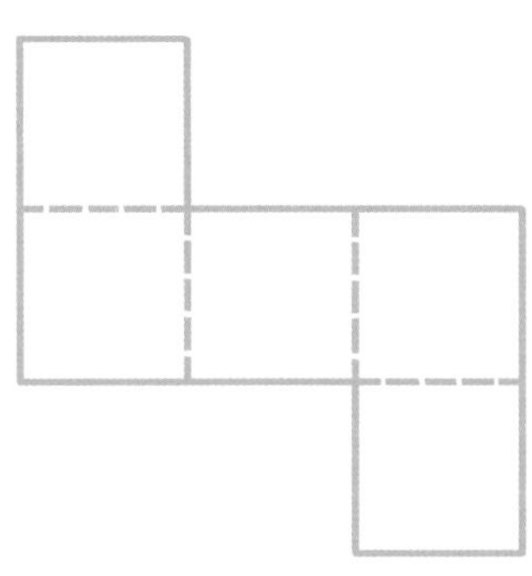

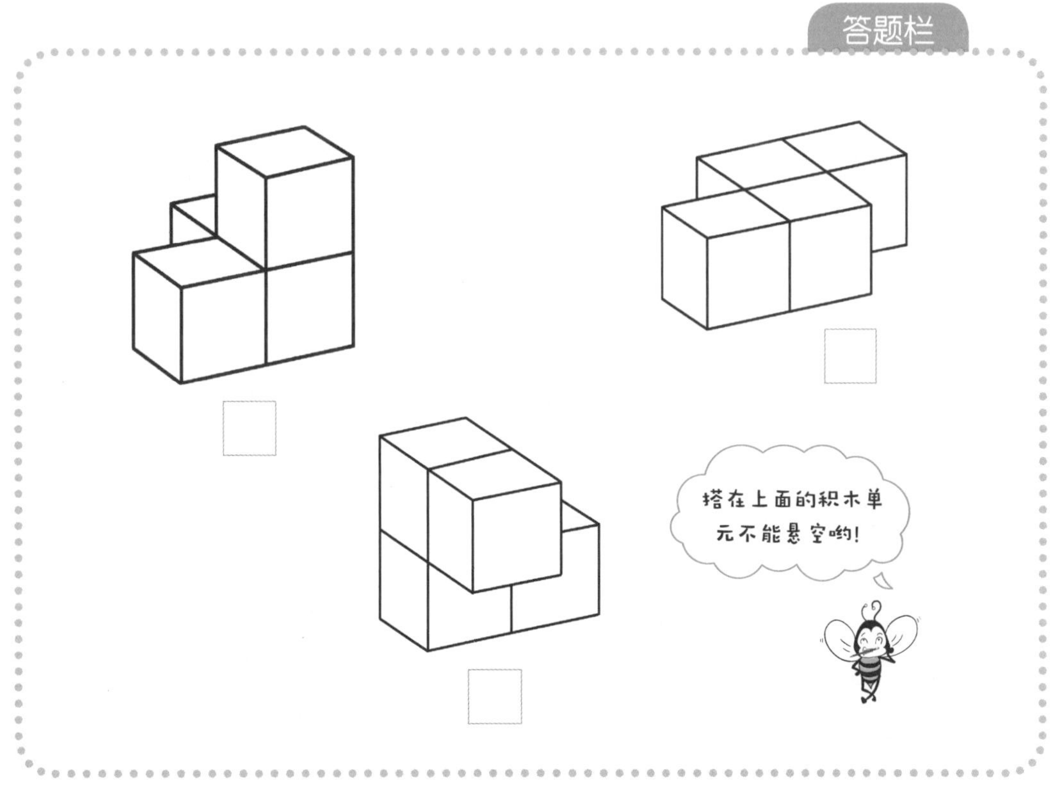

答案 150 页

看看会不会倒呢

用下面 2 个索玛立方体积木单元拼搭立体图形。拼搭好的 4 个立体图形，哪些不会倒呢？给不会倒的打上钩吧！

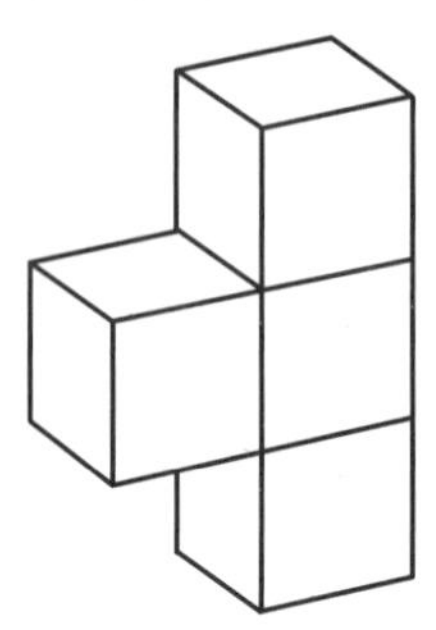

答题栏

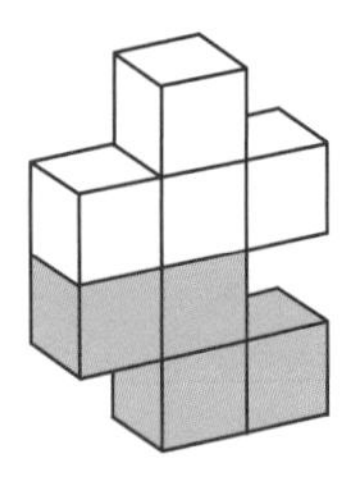

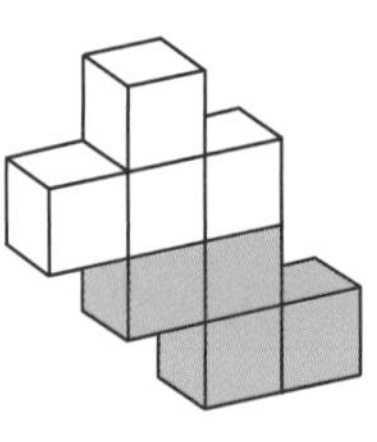

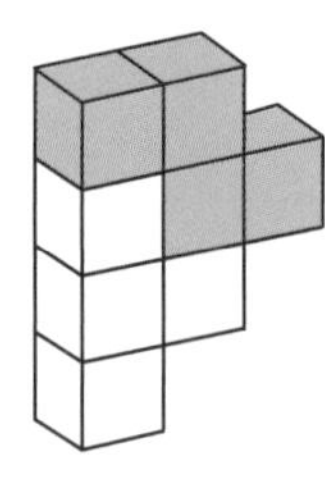

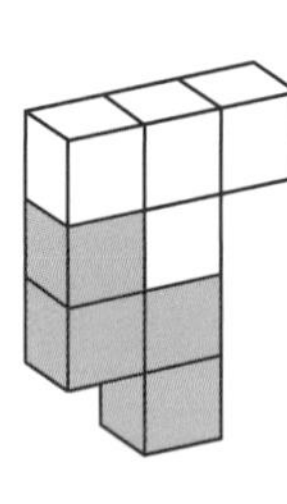

请小朋友再试试拼搭下面的立体图形，给不会倒的打上钩吧！

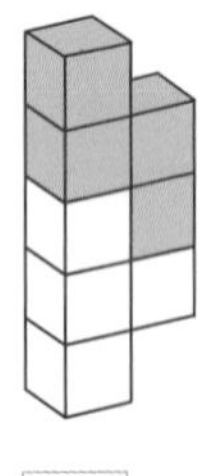

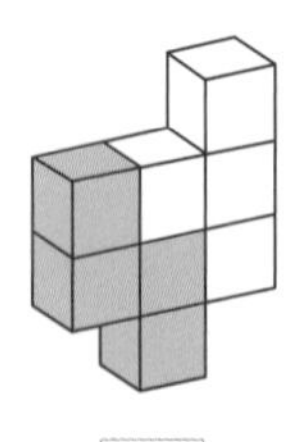

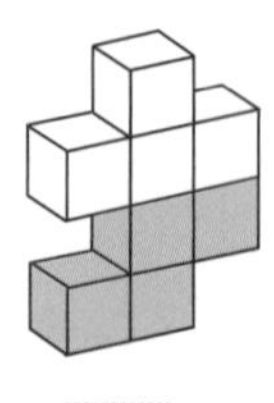

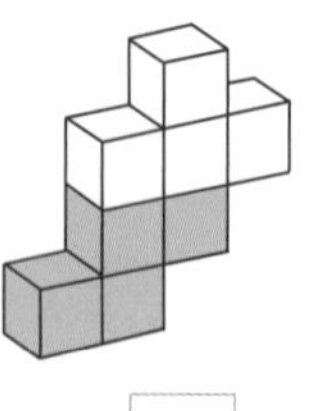

答案 151 页

77

把积木拼在一起吧

★★★★★

将下面 2 个索玛立方体积木单元合体后，会变成新的立体图形。答题栏中哪些立体图形不是由这两个积木单元拼成的？请在对应的方框中打钩。

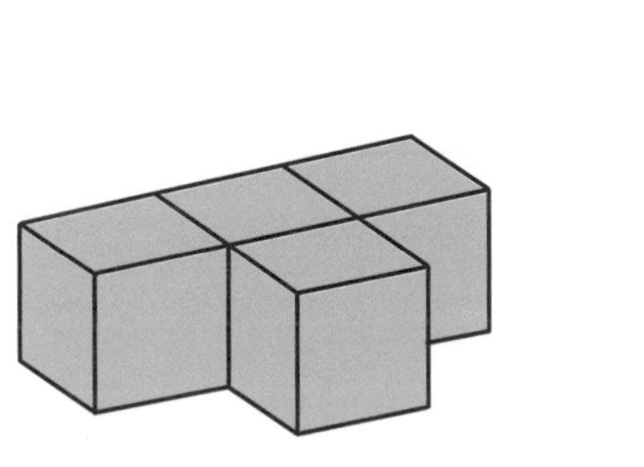

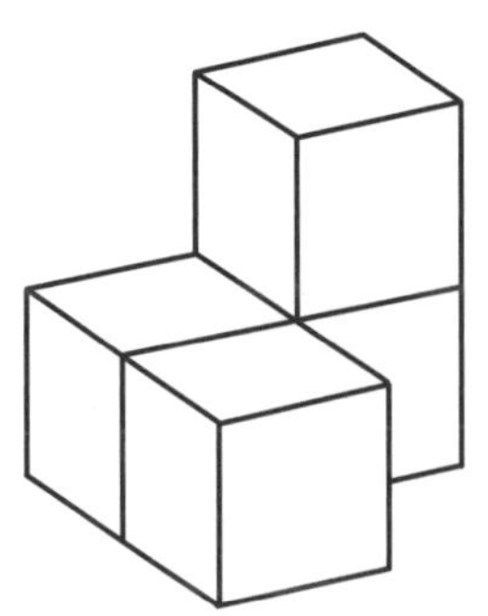

答题栏

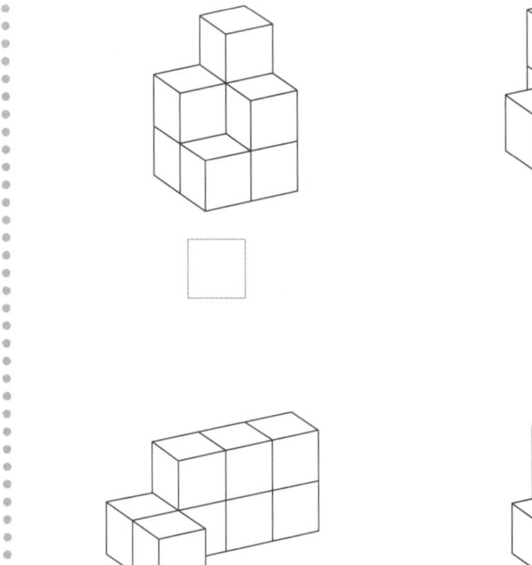

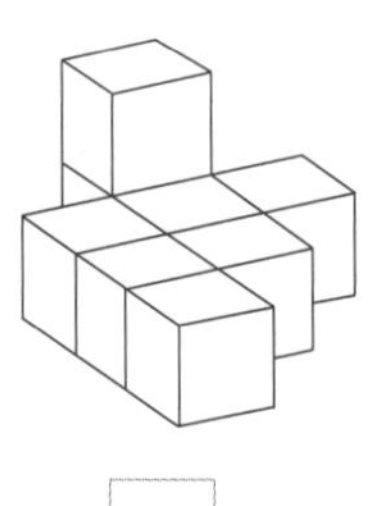

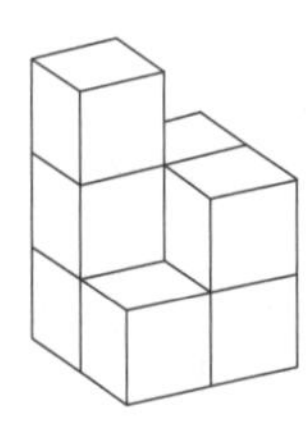

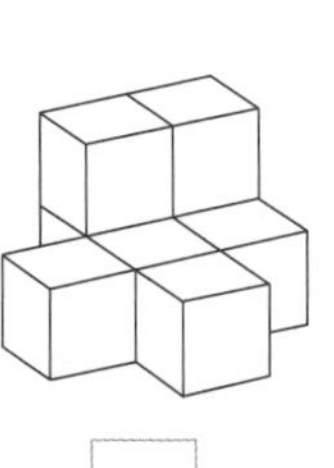

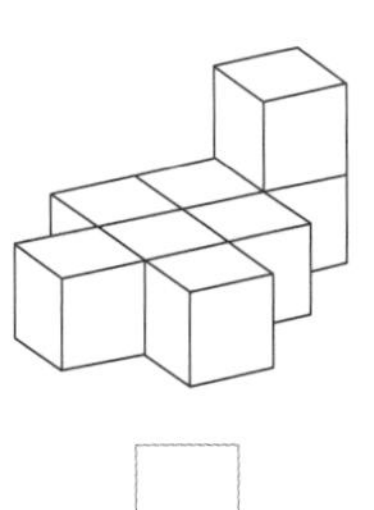

答案 ▶ 151 页

78

看看能不能放进去吧

★★★★★

从下面答题栏中的 3 个索玛立方体积木单元中选 2 个，组成 1 个新的立体图形，看看能不能刚好放进下面的框框中。为你选中的积木单元打上钩吧！

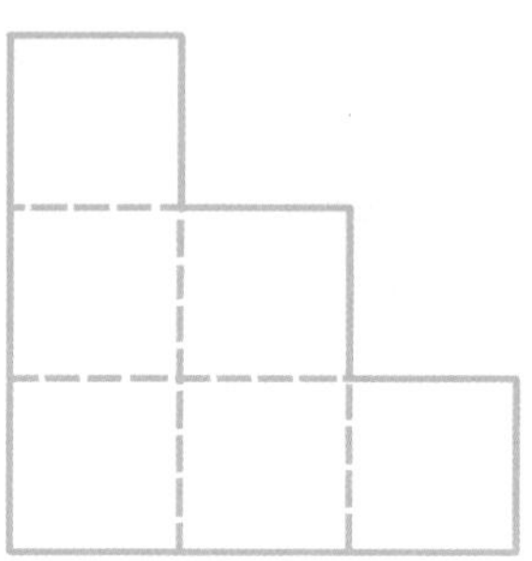

答题栏

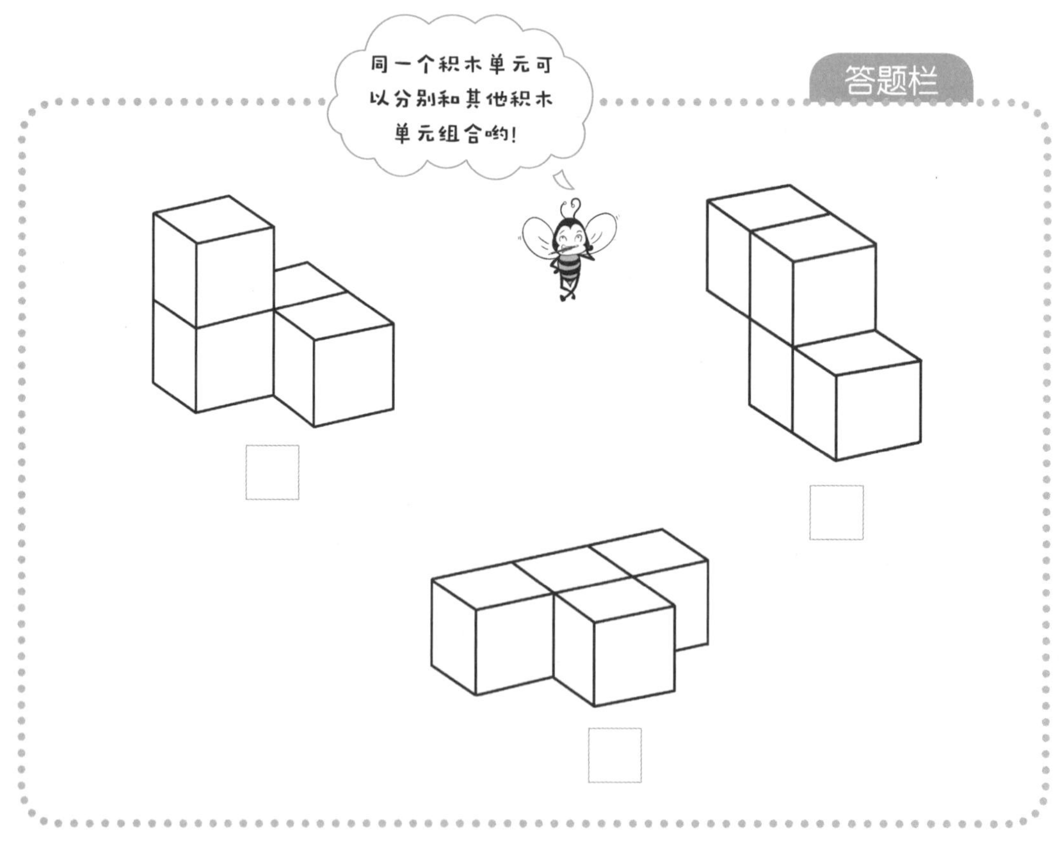

答案 151 页

79

看看会不会倒呢

★★★★★

用下面 2 个索玛立方体积木单元拼搭立体图形。在拼搭好的 4 个立体图形中，哪些不会倒呢？给不会倒的打上钩吧！

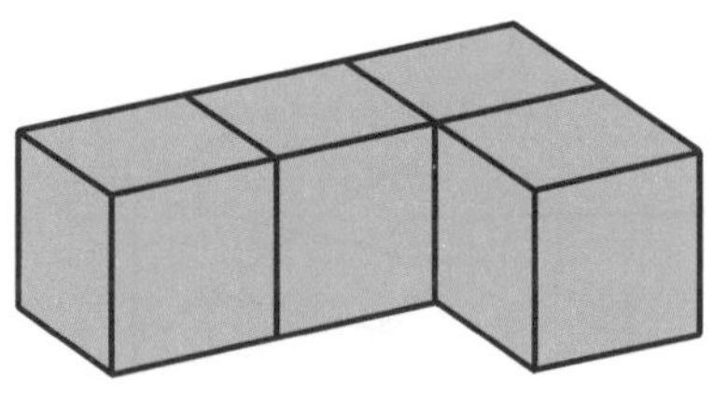

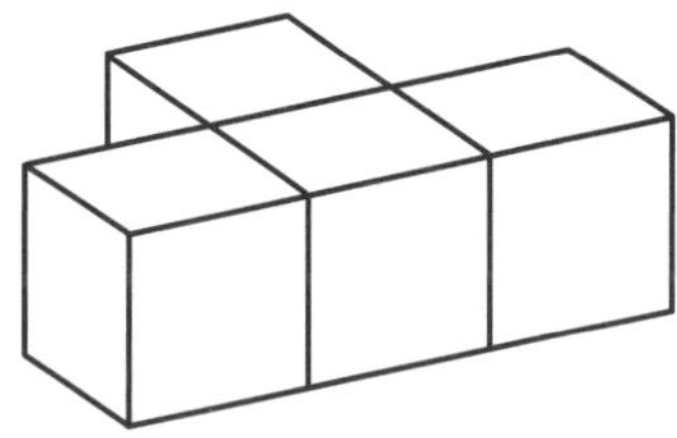

答题栏

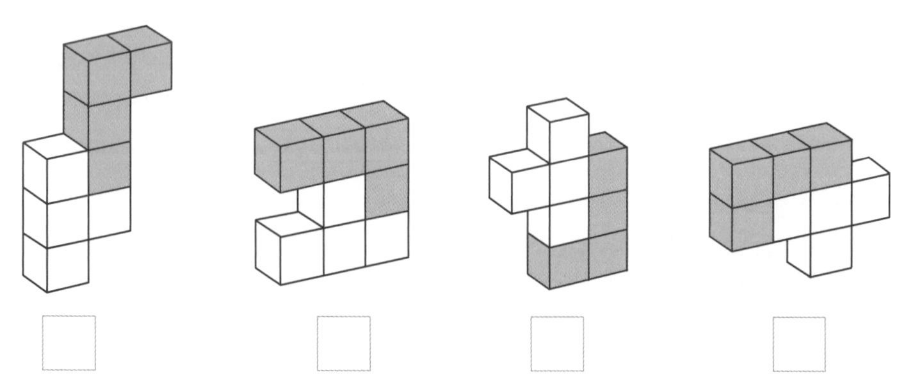

请小朋友再试试拼搭下面的立体图形，给不会倒的打上钩吧！

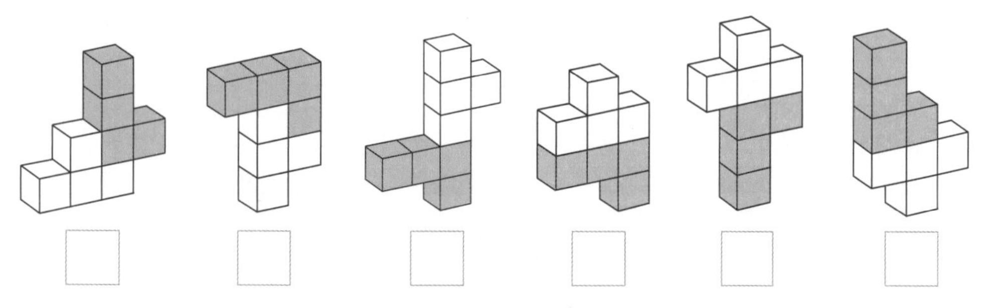

答案 151 页

80

把积木拼在一起吧

★★★★★

将下面 2 个索玛立方体积木单元合体后，会变成新的立体图形。答题栏中哪些立体图形不是由这两个积木单元拼成的？请在对应的方框中打钩。

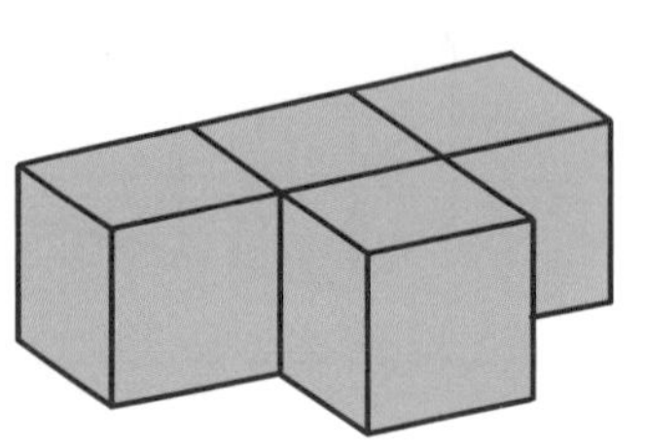
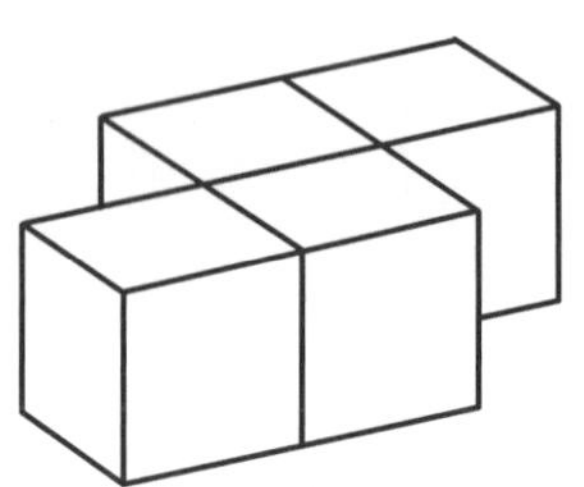

答题栏

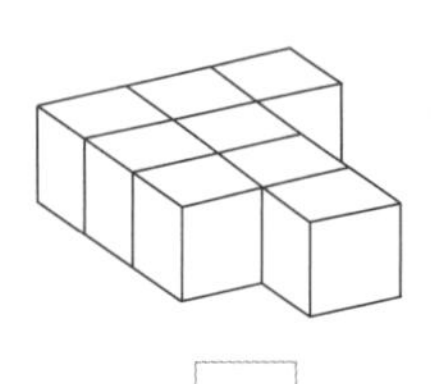
□

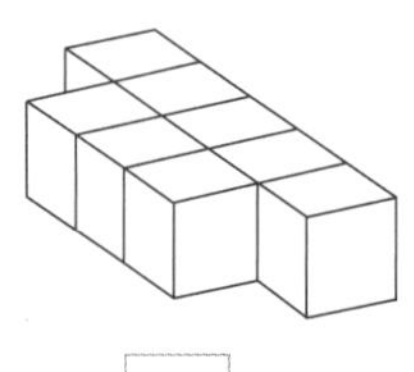
□

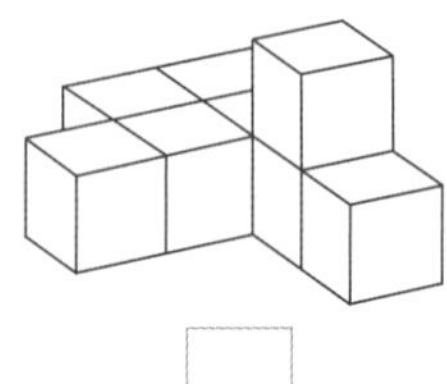
□

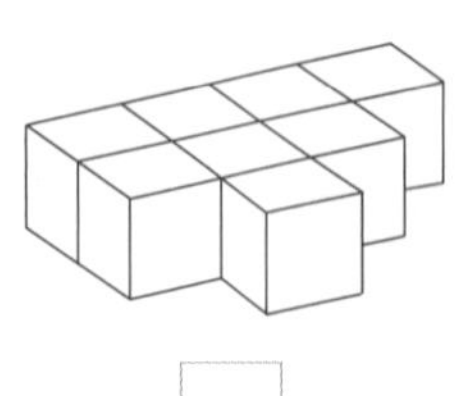
□

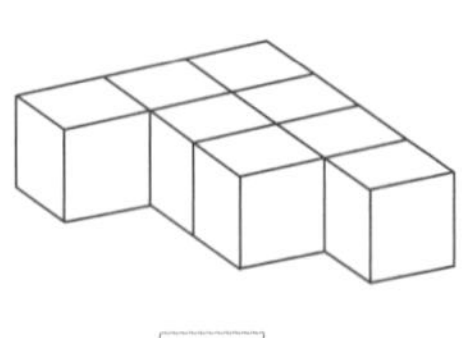
□

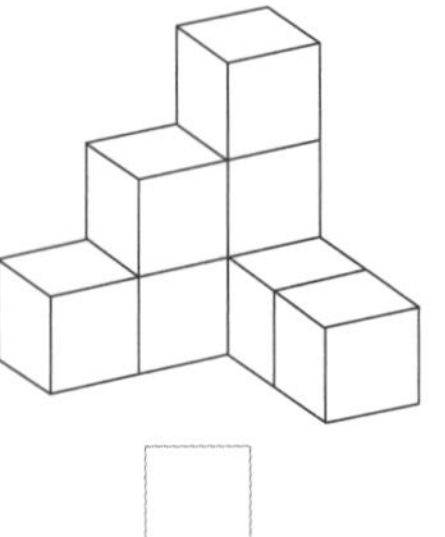
□

答案 ▶ 151 页

81

看看能不能放进去吧

★★★★★

从下面答题栏中的 3 个索玛立方体积木单元中选 2 个，组成 1 个新的立体图形，看看能不能刚好放进下面的框框中。为你选中的积木单元打上钩吧！

搭在上面的积木单元不能悬空哟！

答题栏

答案 151 页

82

看看会不会倒呢

★★★★★

用下面 2 个索玛立方体积木单元拼搭立体图形。拼搭好的 4 个立体图形，哪些不会倒呢？给不会倒的打上钩吧！

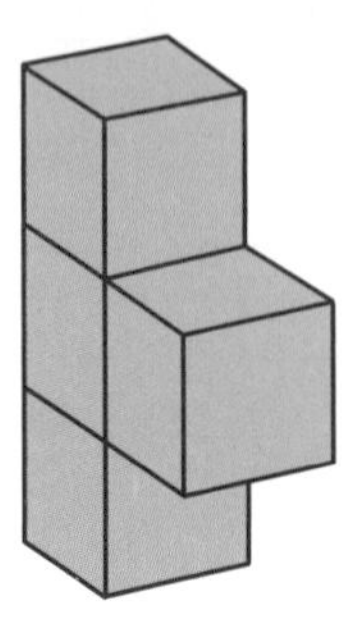

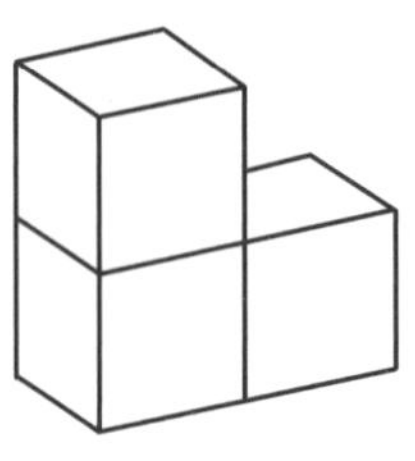

答题栏

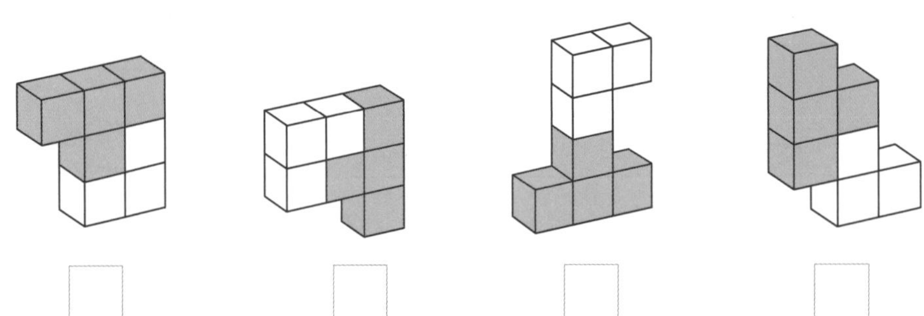

请小朋友再试试拼搭下面的立体图形，给不会倒的打上钩吧！

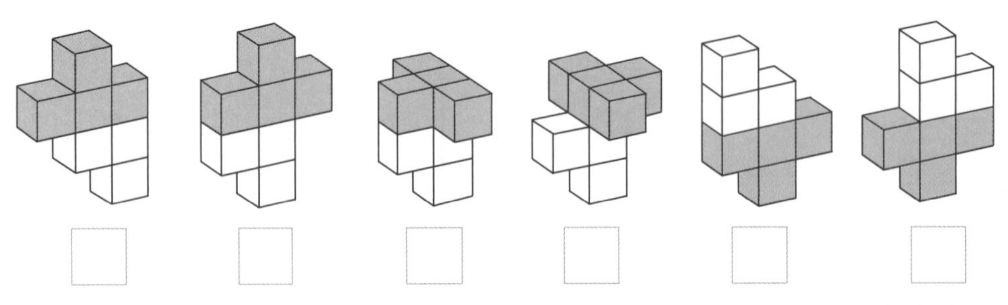

答案 ▶ 151 页

83

把积木拼在一起吧

★★★★★

将下面 2 个索玛立方体积木单元合体后，会变成新的立体图形。答题栏中哪些立体图形不是由这两个积木单元拼成的？请在对应的方框中打钩。

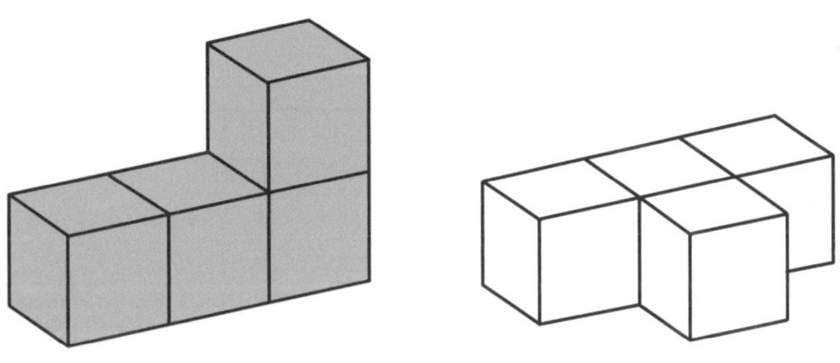

答题栏

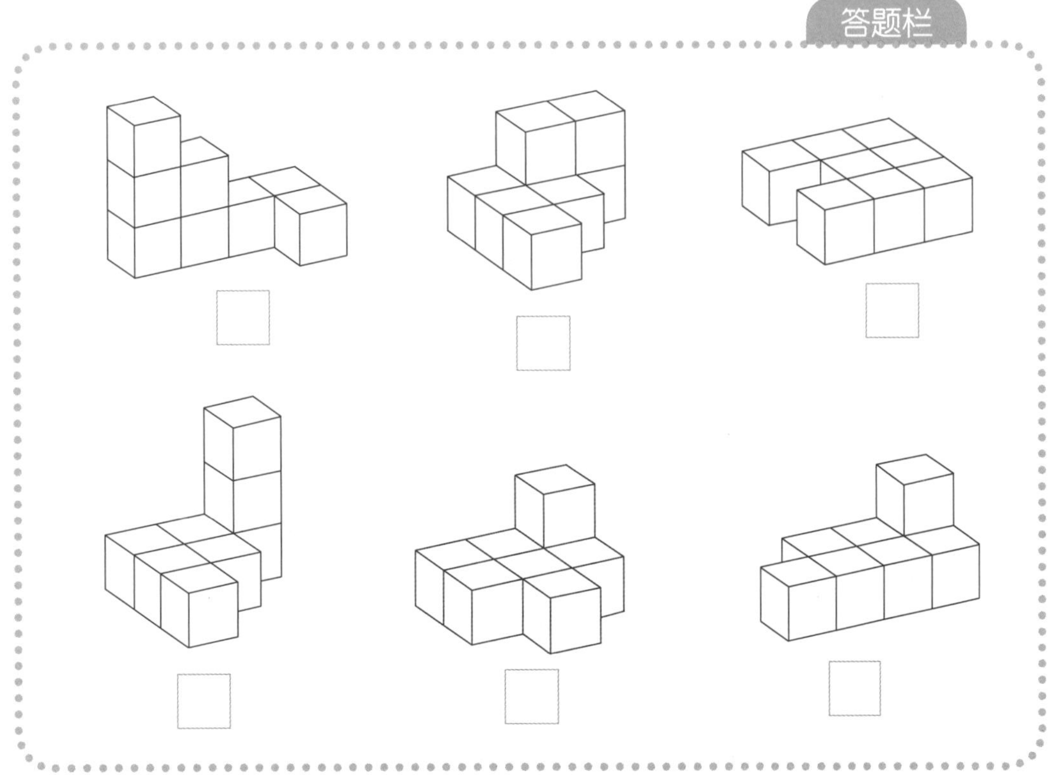

答案 ▶ 151 页

84

看看能不能放进去吧

★★★★★

从下面答题栏中的 3 个索玛立方体积木单元中选 2 个，组成 1 个新的立体图形，看看能不能刚好放进下面的框框中。为你选中的积木单元打上钩吧！

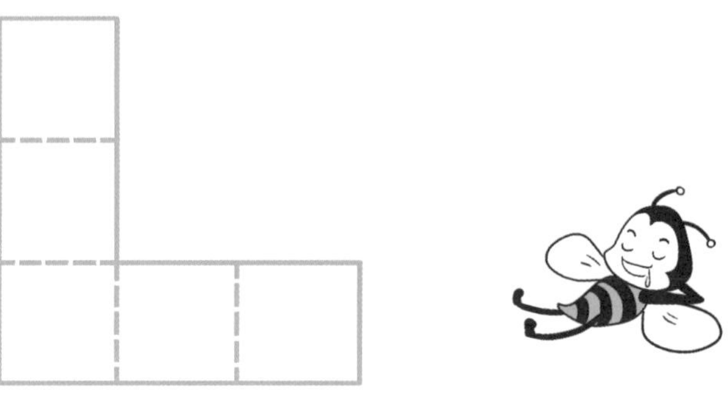

答题栏

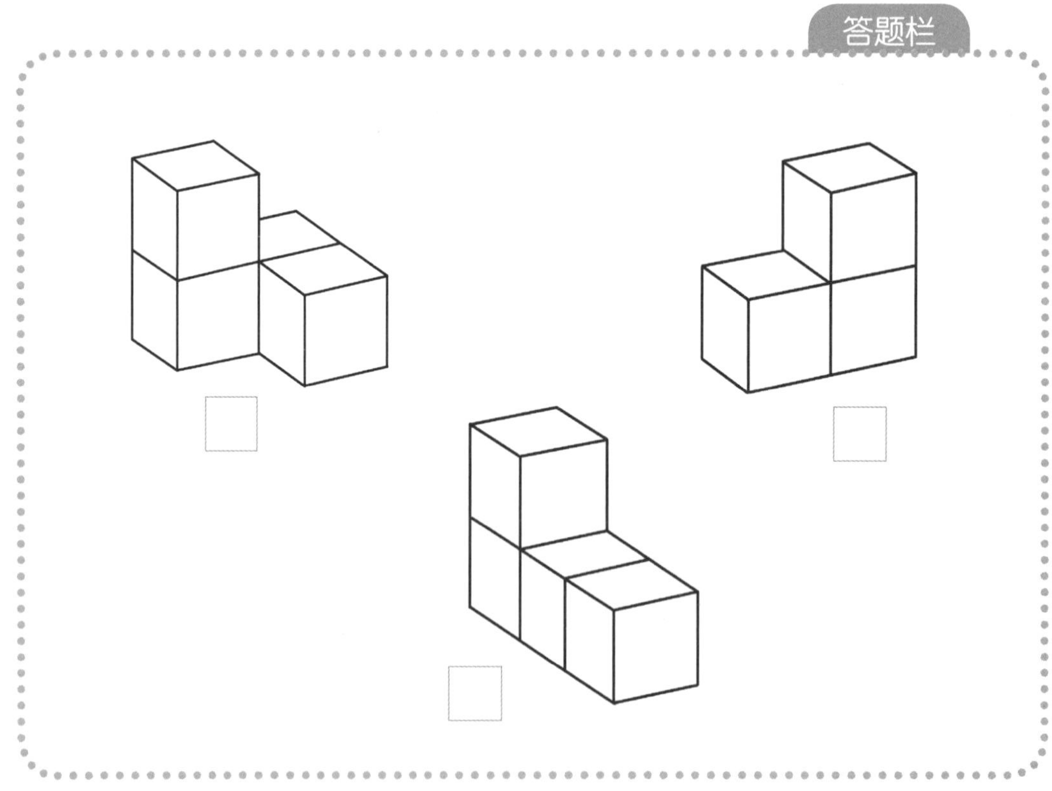

答案 151 页

85 看看会不会倒呢

★★★★★

用下面 2 个索玛立方体积木单元拼搭立体图形。拼搭好的 4 个立体图形，哪些不会倒呢？给不会倒的打上钩吧！

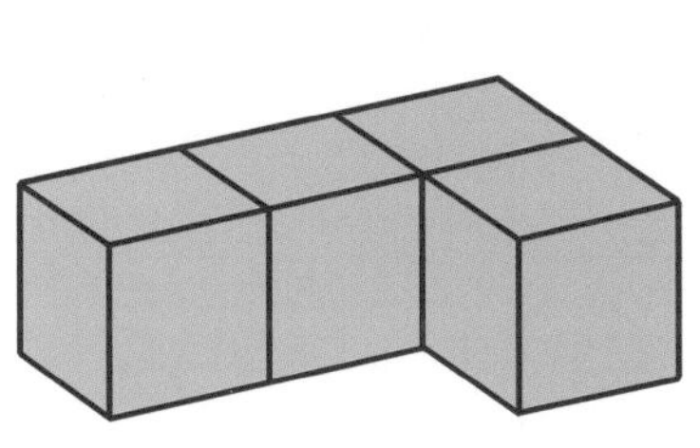

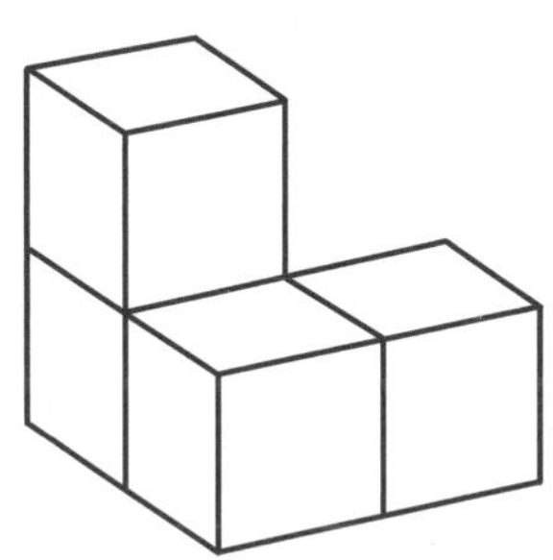

答题栏

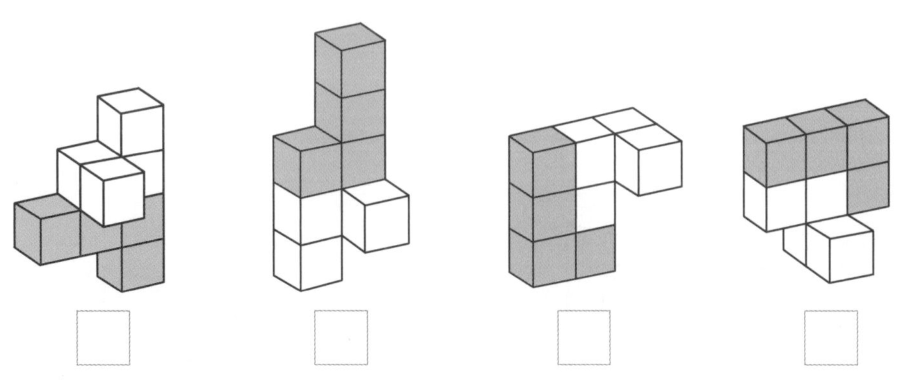

请小朋友再试试拼搭下面的立体图形，给不会倒的打上钩吧！

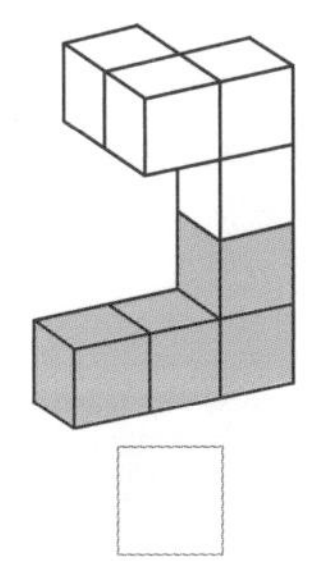

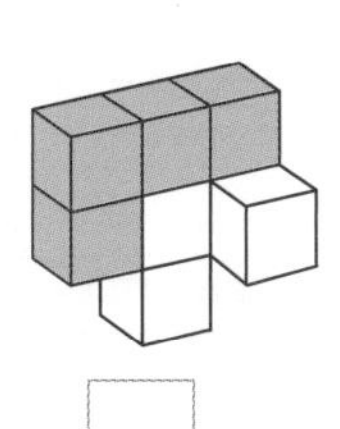

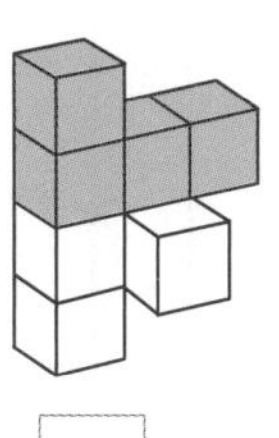

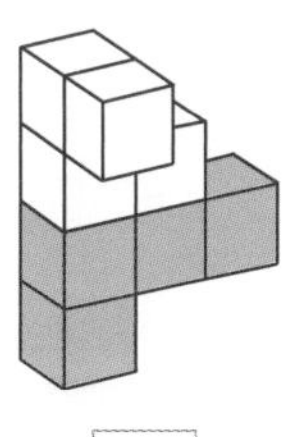

答案 ▶ 151 页

86

看看能不能放进去吧

★★★★★

从下面答题栏中的 3 个索玛立方体积木单元中选 2 个，组成 1 个新的立体图形，看看能不能刚好放进下面的框框中。为你选中的积木单元打上钩吧！

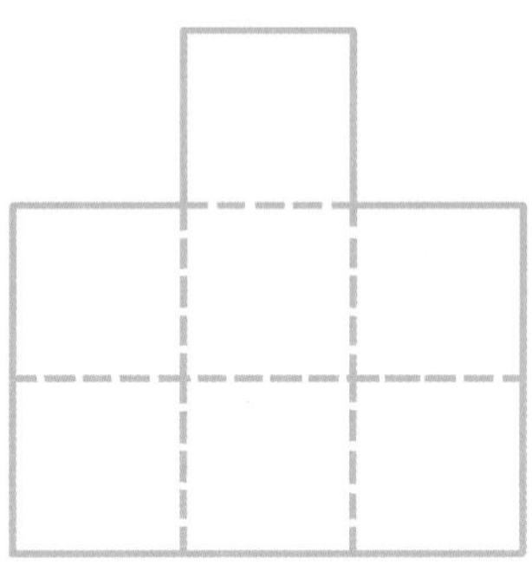

答题栏

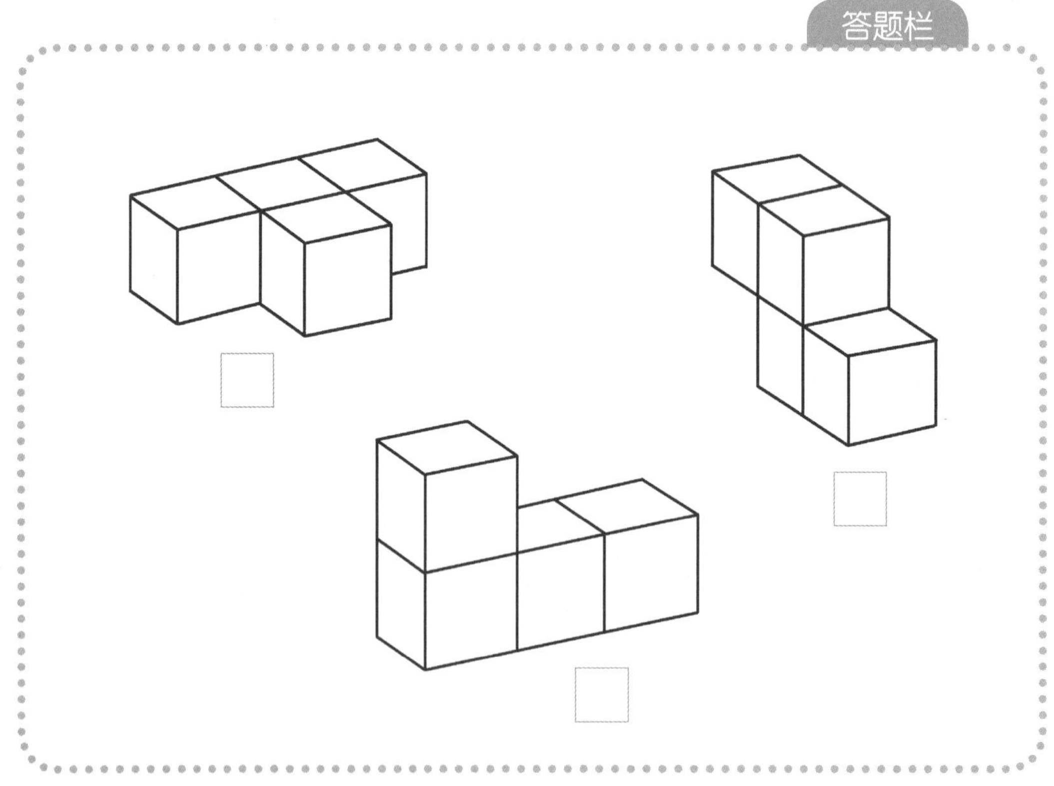

答案 ▸ 151 页

3 百尺竿头

现在，我们要利用第二阶段完成的索玛立方体积木单元（A~G），来解答第三阶段的游戏题。

索玛立方体 7 个积木单元如下：

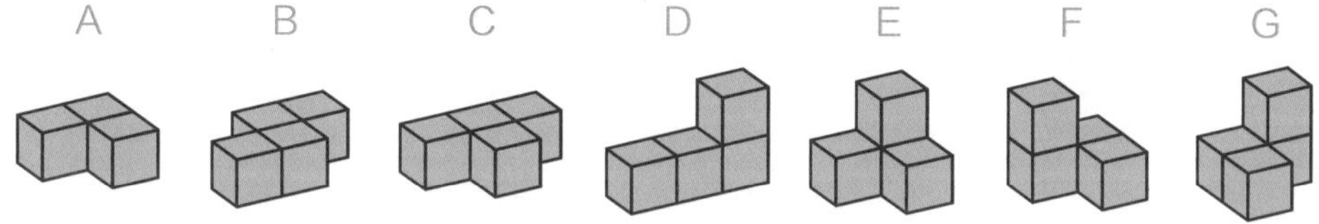

在这一阶段，游戏题主要有：一个积木单元从上面掉落到另一个积木单元上，组成一个立体图形；两个积木单元组合在一起，放进一个给定的框框里；把积木拼搭在一起，看看会不会倒；等等。

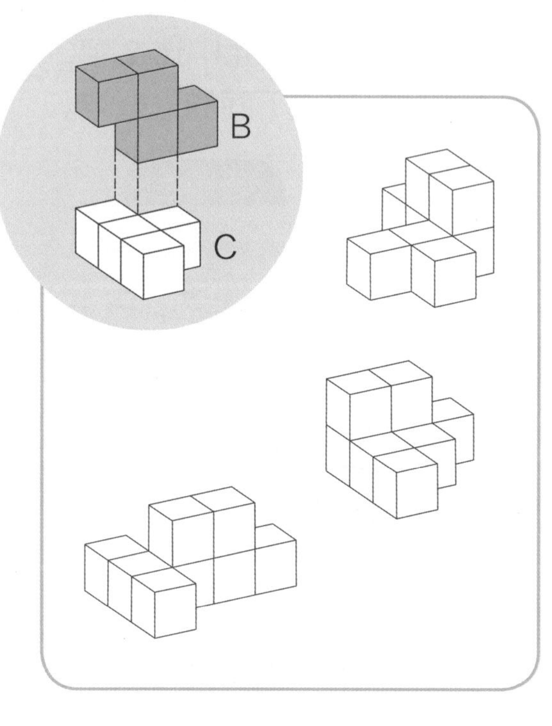

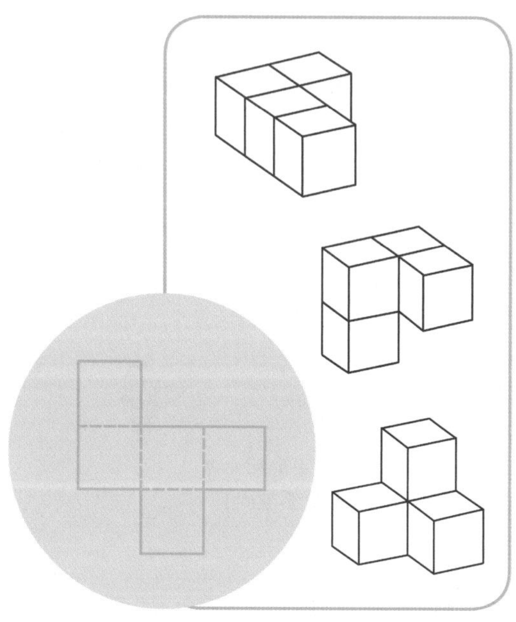

87

嗨，积木掉下来了

★★★★★

索玛立方体积木单元 C 按照下图所示的线路向积木单元 A 掉落，会形成一个什么样的立体图形呢？请在对应的方框中打钩。

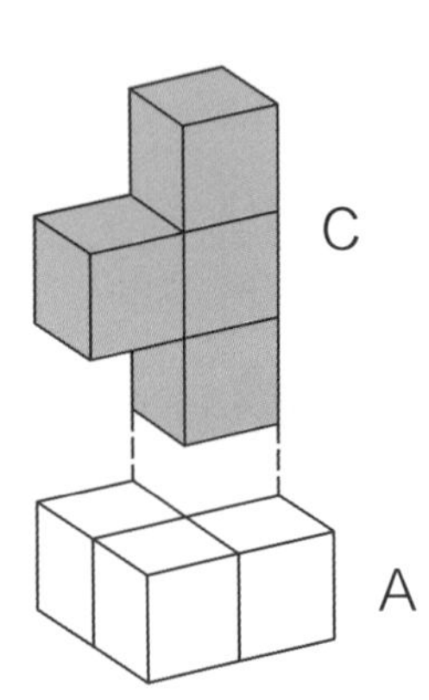

答题栏

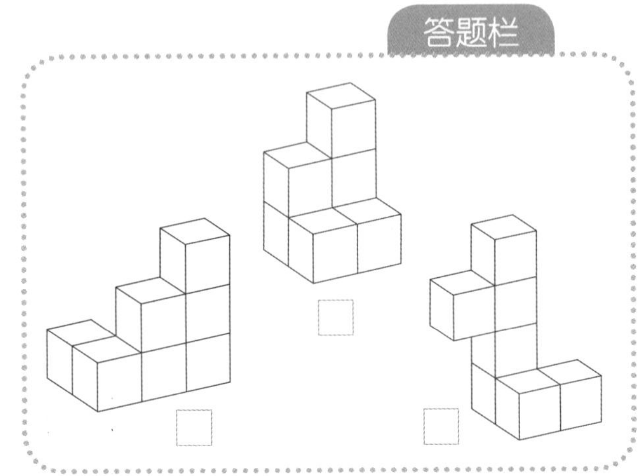

88

看看能不能放进去吧

★★★★★

从下面答题栏中的 3 个索玛立方体积木单元中选 2 个，组成 1 个新的立体图形，看看能不能刚好放进下面的框框中。在你选中的积木单元下面打上钩吧！

答题栏

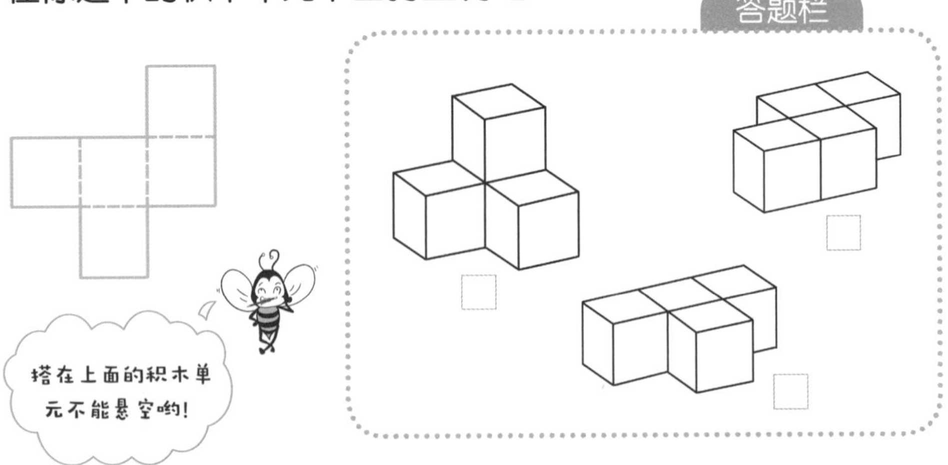

答案 ▶ 151 页

89

粘一粘吧

★★★★★

把 2 个索玛立方体积木单元有颜色的面粘在一起，会变成什么样的立体图形呢？请勾选出来吧！

答案 151 页

90

嗨，积木掉下来了

★★★★★

索玛立方体积木单元 A 按照下图所示的线路向积木单元 G 掉落，会形成一个什么样的立体图形呢？请在对应的方框中打钩。

答题栏

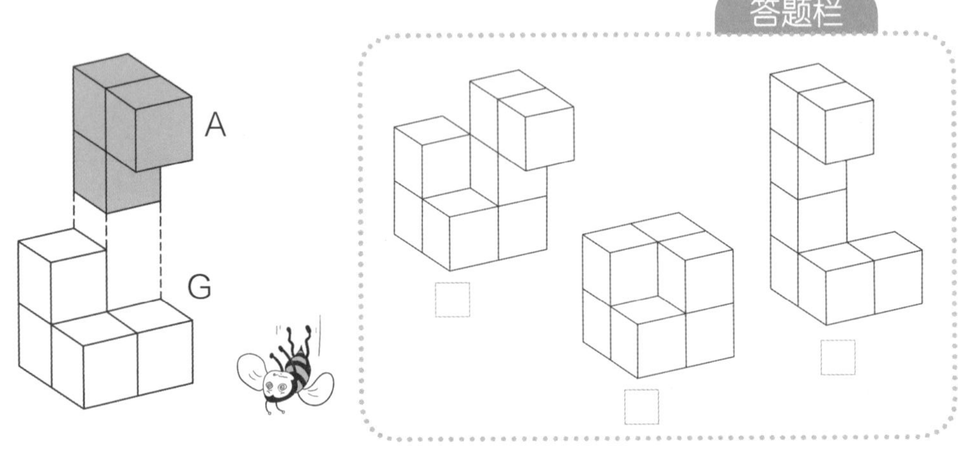

91

看看能不能放进去吧

★★★★★

从下面答题栏中的 3 个索玛立方体积木单元中选 2 个，组成 1 个新的立体图形，看看能不能刚好放进下面的框框中。在你选中的积木单元下面打上钩吧！

答题栏

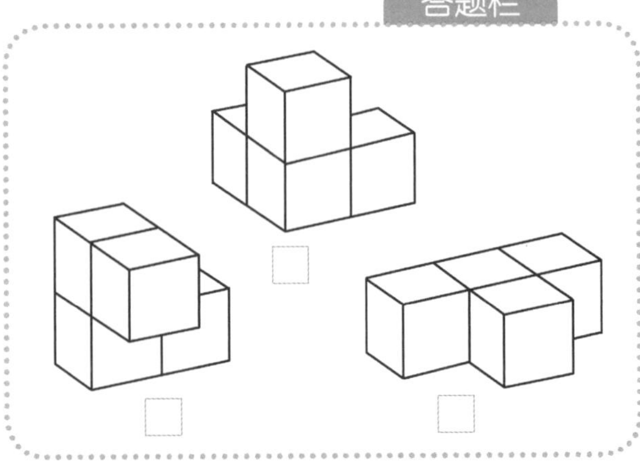

答案 ▶ 152 页

92

粘一粘吧

★★★★★

把 2 个索玛立方体积木单元有颜色的面粘在一起，会变成什么样的立体图形呢？请勾选出来吧！

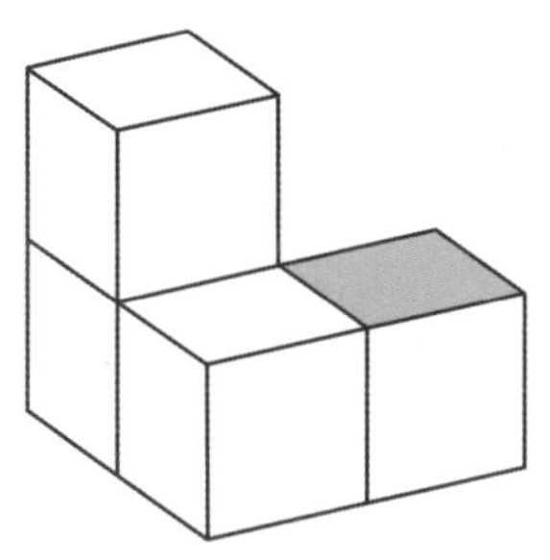

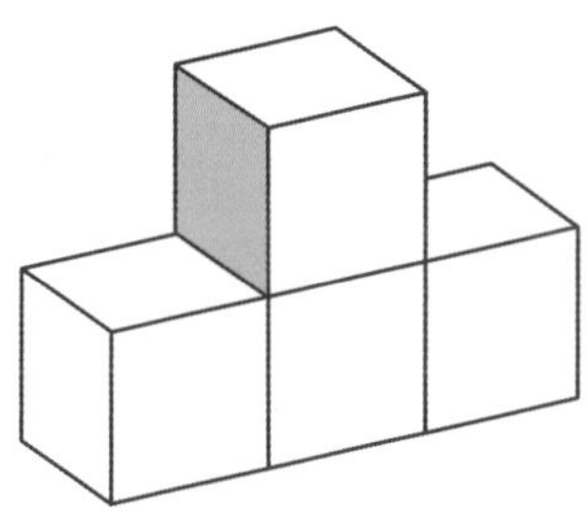

答题栏

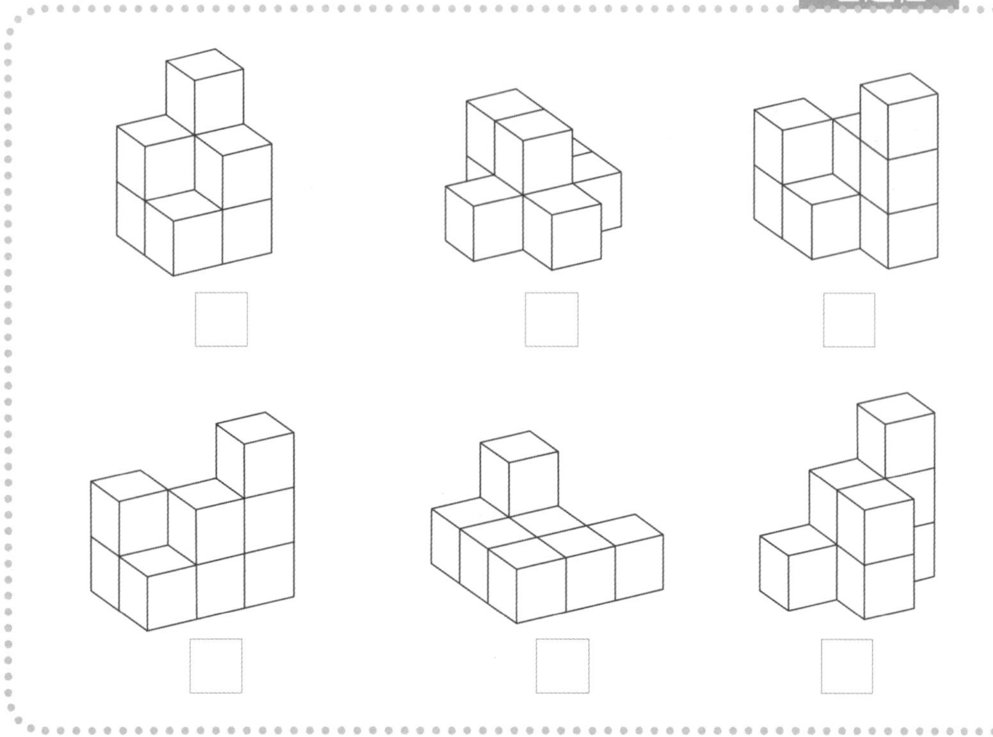

答案 ▶ 152 页

93

嗨，积木掉下来了

★★★★★

索玛立方体积木单元 B 按照下图所示的线路向积木单元 C 掉落，会形成一个什么样的立体图形呢？请在对应的方框中打钩。

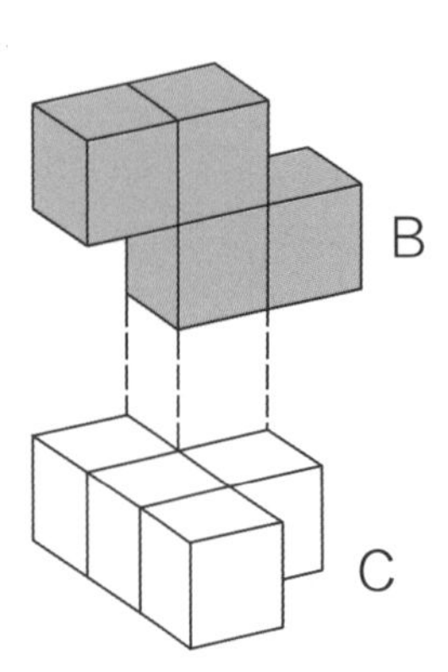

答题栏

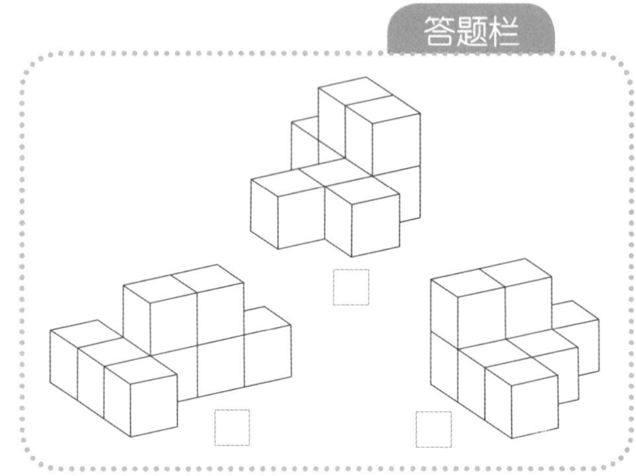

94

看看能不能放进去吧

★★★★★

从下面答题栏中的 3 个索玛立方体积木单元中选 2 个，组成 1 个新的立体图形，看看能不能刚好放进下面的框框中。在你选中的积木单元下面打上钩吧！

答题栏

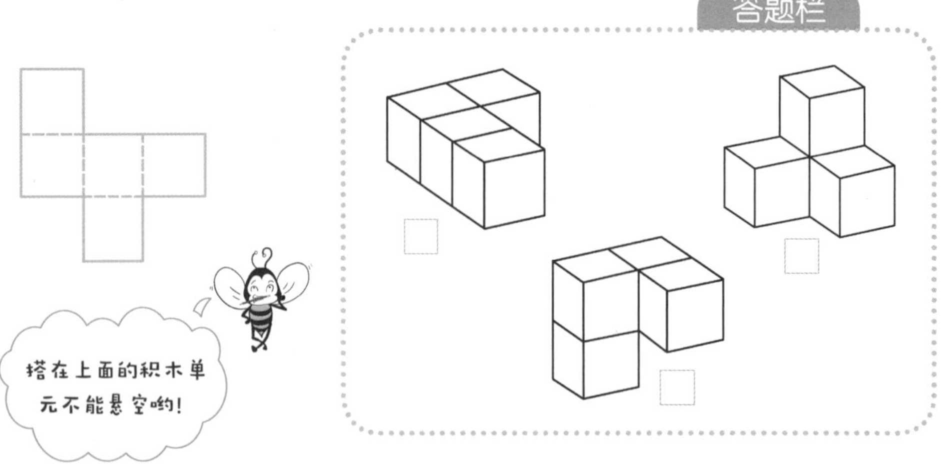

答案 152 页

95

粘一粘吧

★★★★★

把 2 个索玛立方体积木单元有颜色的面粘在一起，会变成什么样的立体图形呢？请勾选出来吧！

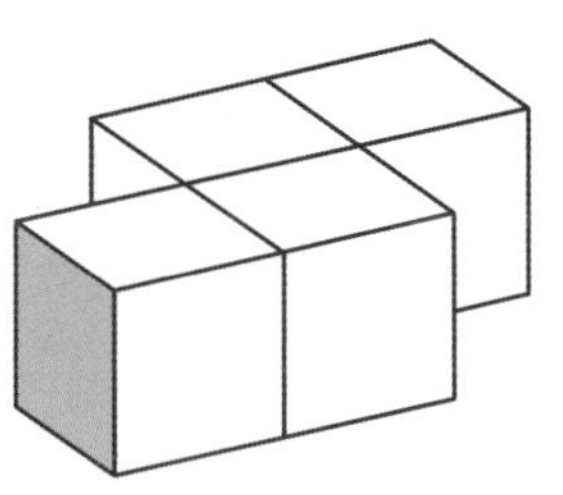

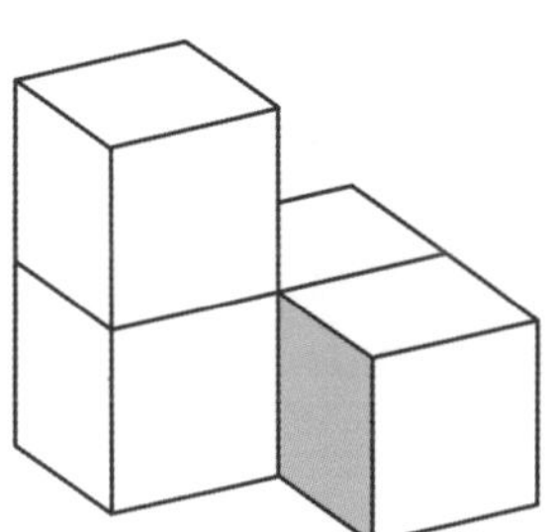

答题栏

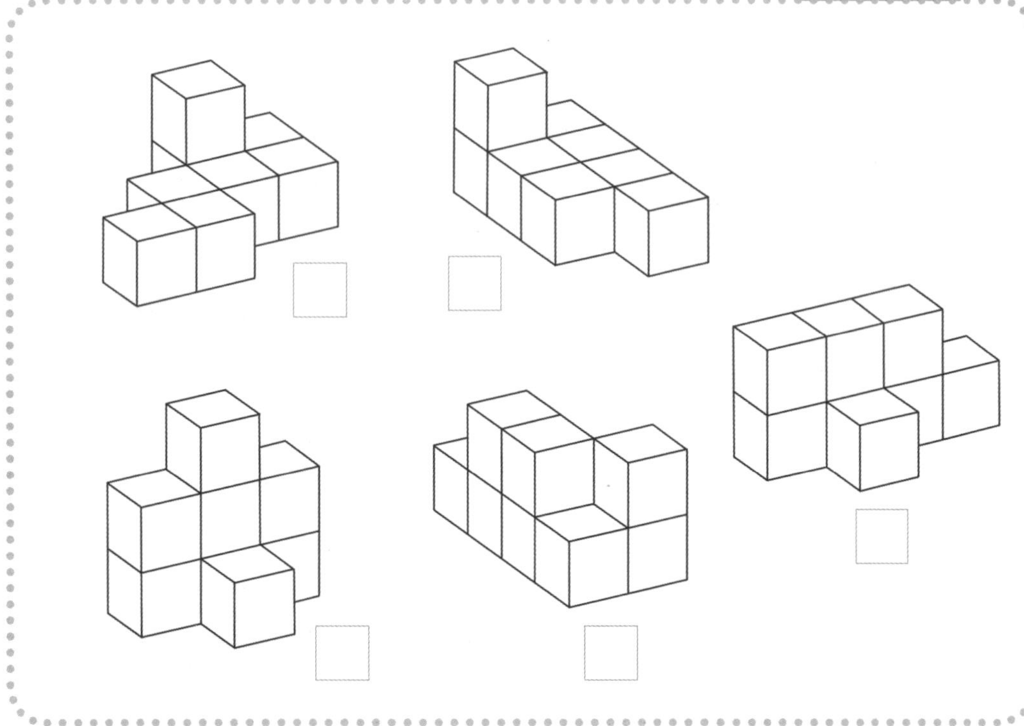

答案 ▶ 152 页

96

嗨，积木掉下来了

索玛立方体积木单元 C 按照下图所示的线路向积木单元 B 掉落，会形成一个什么样的立体图形呢？请在对应的方框中打钩。

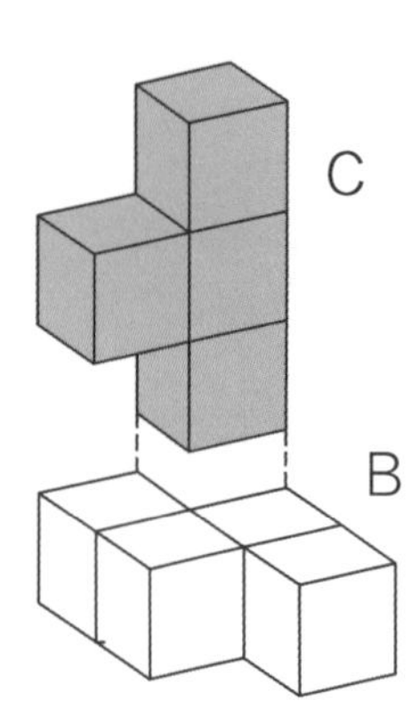

答题栏

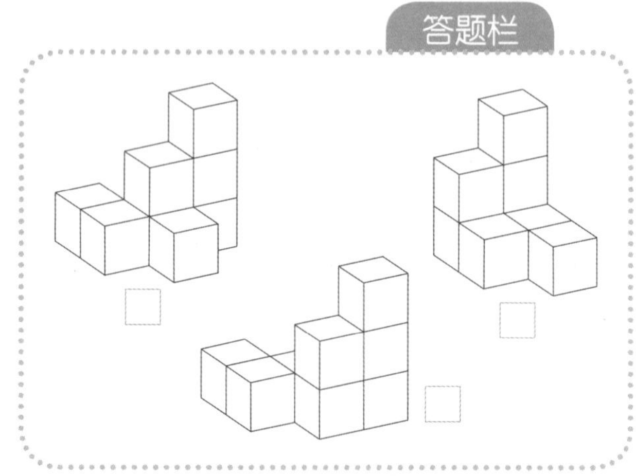

97

看看能不能放进去吧

从下面答题栏中的 3 个索玛立方体积木单元中选 2 个，组成 1 个新的立体图形，看看能不能刚好放进下面的框框中。在你选中的积木单元下面打上钩吧！

答题栏

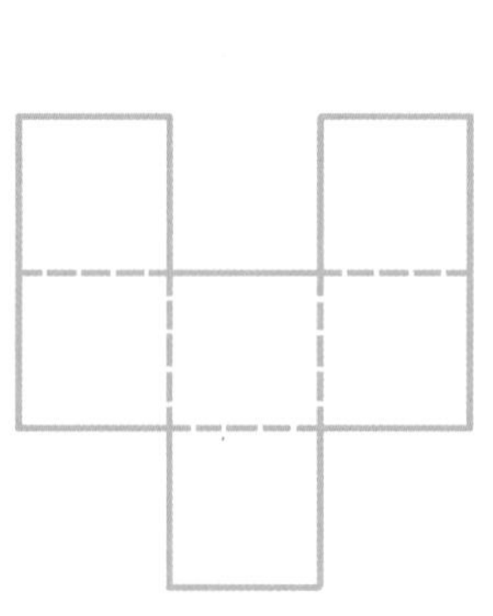

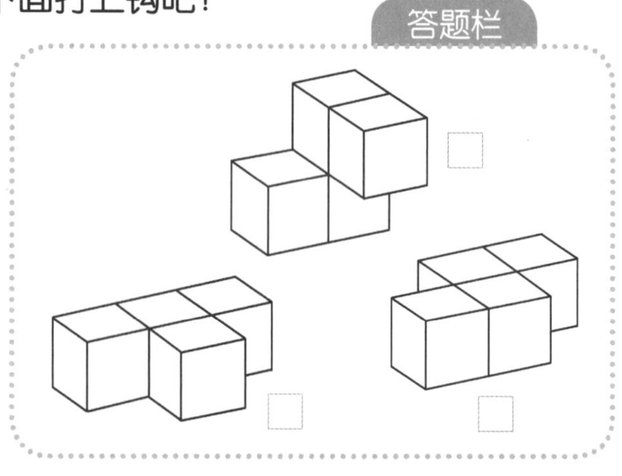

答案 152 页

粘一粘吧

★★★★★

把 2 个索玛立方体积木单元有颜色的面粘在一起，会变成什么样的立体图形呢？请勾选出来吧！

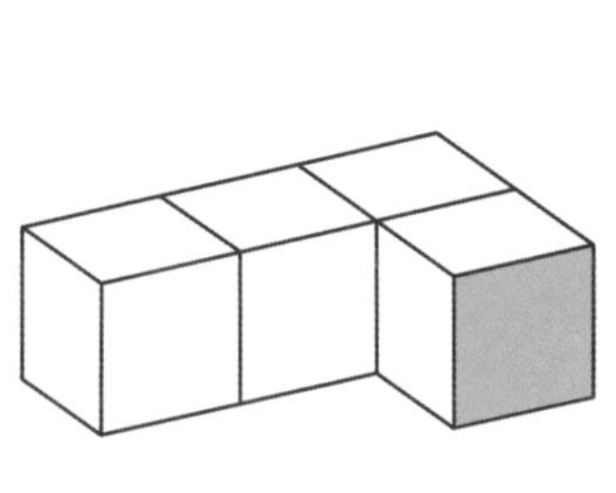

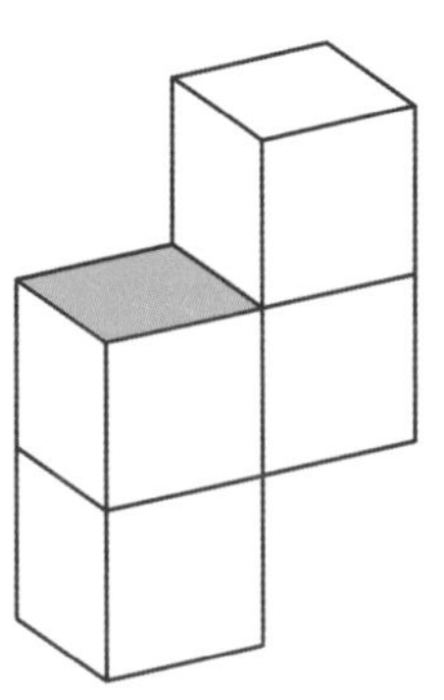

答题栏

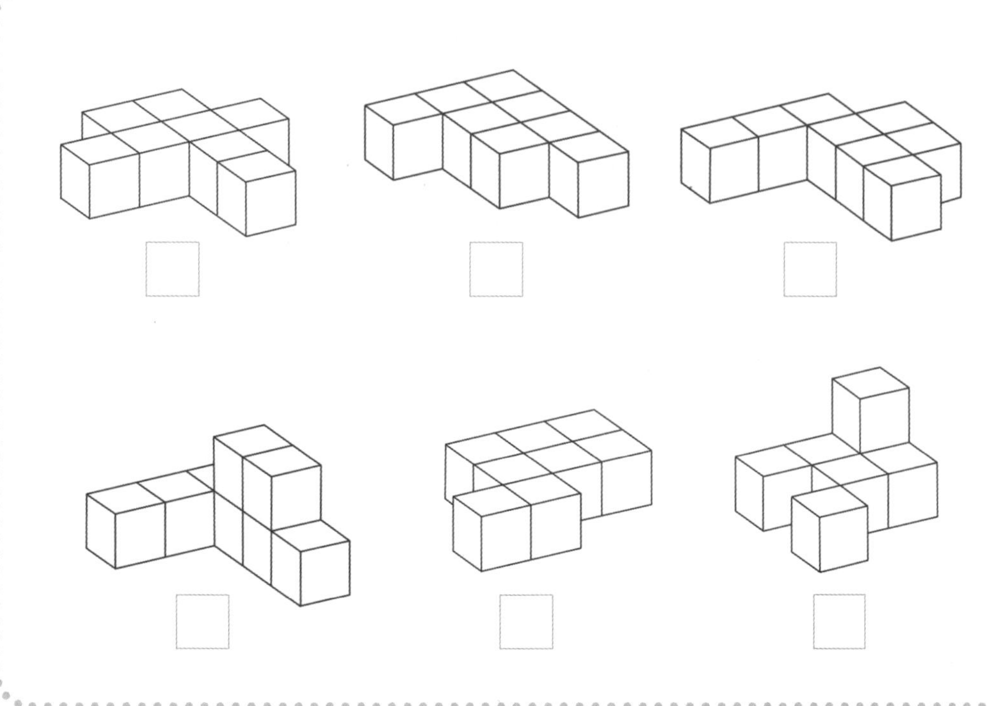

答案 ▶ 152 页

99

嗨，积木掉下来了

索玛立方体积木单元 G 按照下图所示的线路向积木单元 F 掉落，会形成一个什么样的立体图形呢？请在对应的方框中打钩。

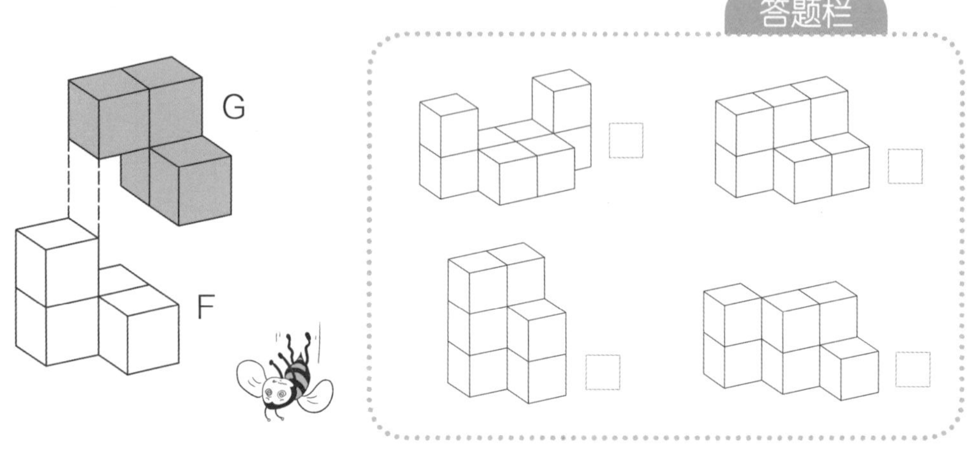

100

看看能不能放进去吧

从下面答题栏中的 3 个索玛立方体积木单元中选 2 个，组成 1 个新的立体图形，看看能不能刚好放进下面的框框中。在你选中的积木单元下面打上钩吧！

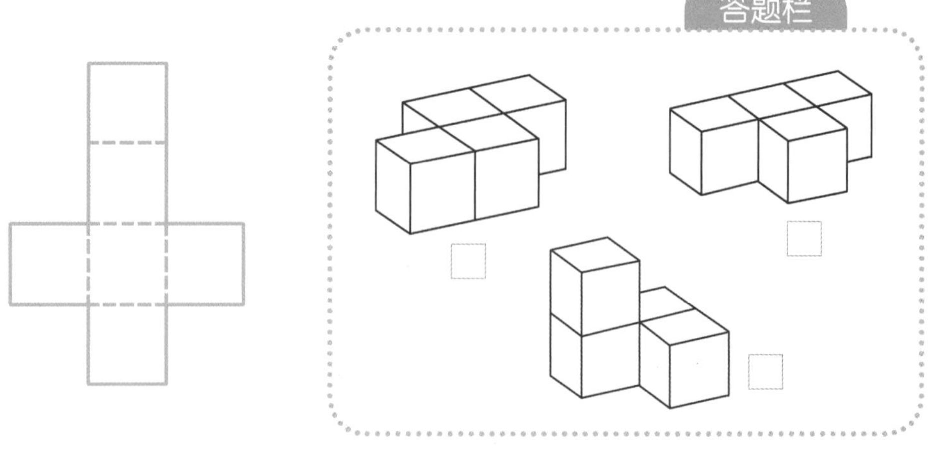

答案 152 页

101

粘一粘吧

★★★★★

把 2 个索玛立方体积木单元有颜色的面粘在一起，会变成什么样的立体图形呢？请勾选出来吧！

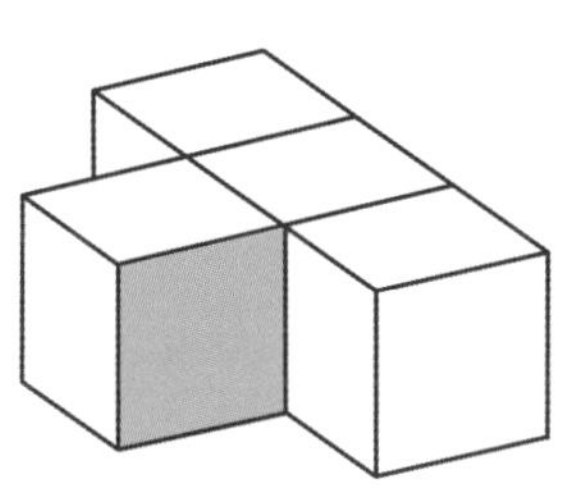

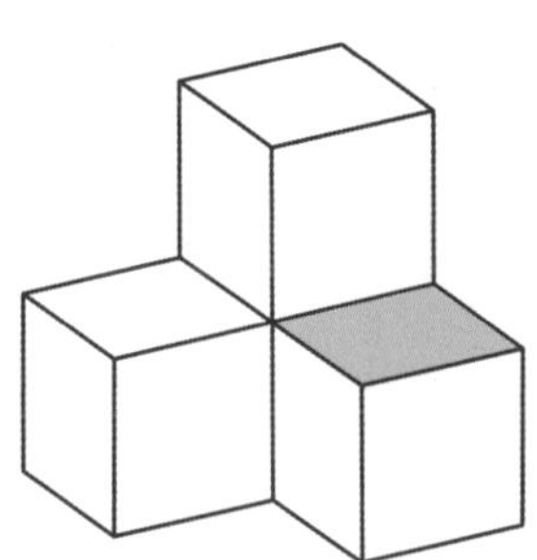

答题栏

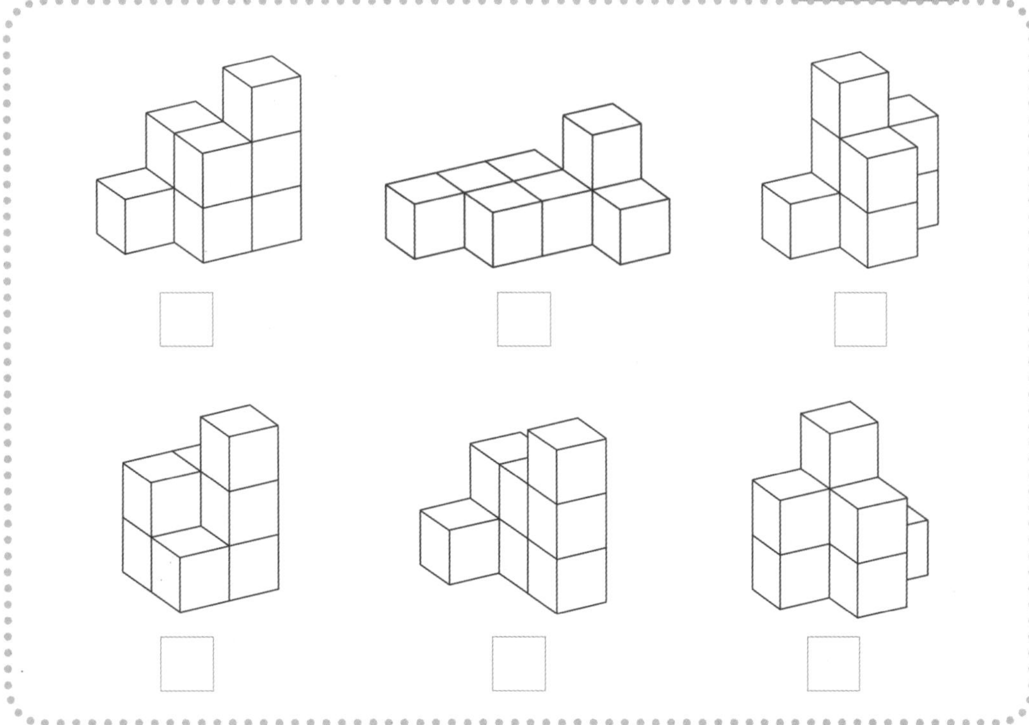

答案 ▶ 152 页

102

嗨，积木掉下来了

★★★★★

索玛立方体积木单元 F 按照下图所示的线路向积木单元 E 掉落，会形成一个什么样的立体图形呢？请在对应的方框中打钩。

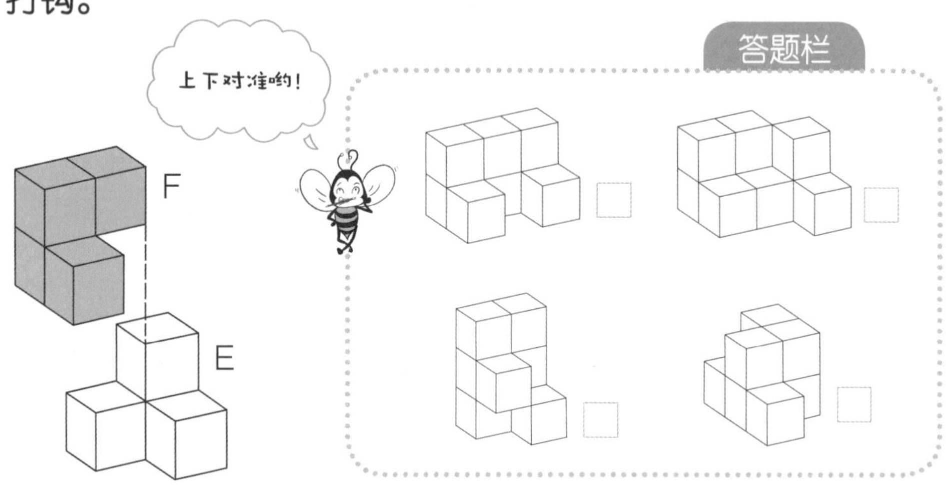

103

看看能不能放进去吧

★★★★★

从下面答题栏中的 3 个索玛立方体积木单元中选 2 个，组成 1 个新的立体图形，看看能不能刚好放进下面的框框中。在你选中的积木单元下面打上钩吧！

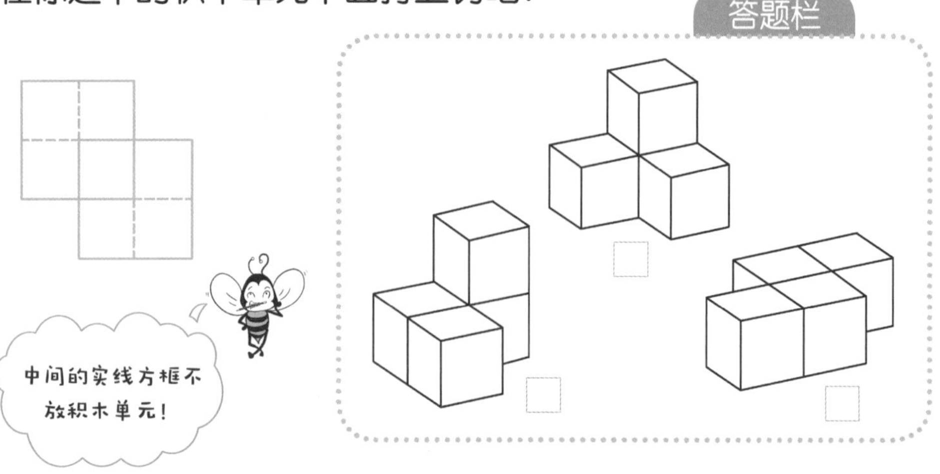

答案 152 页

粘一粘吧

★★★★★

把 2 个索玛立方体积木单元有颜色的面粘在一起，会变成什么样的立体图形呢？请勾选出来吧！

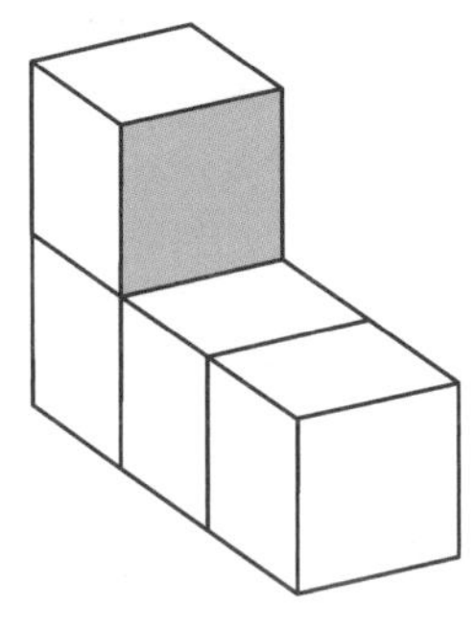

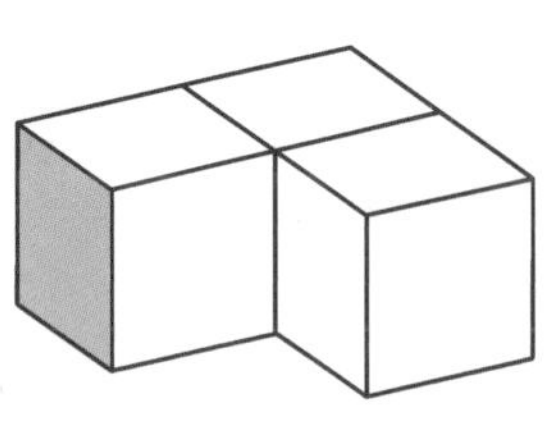

答题栏

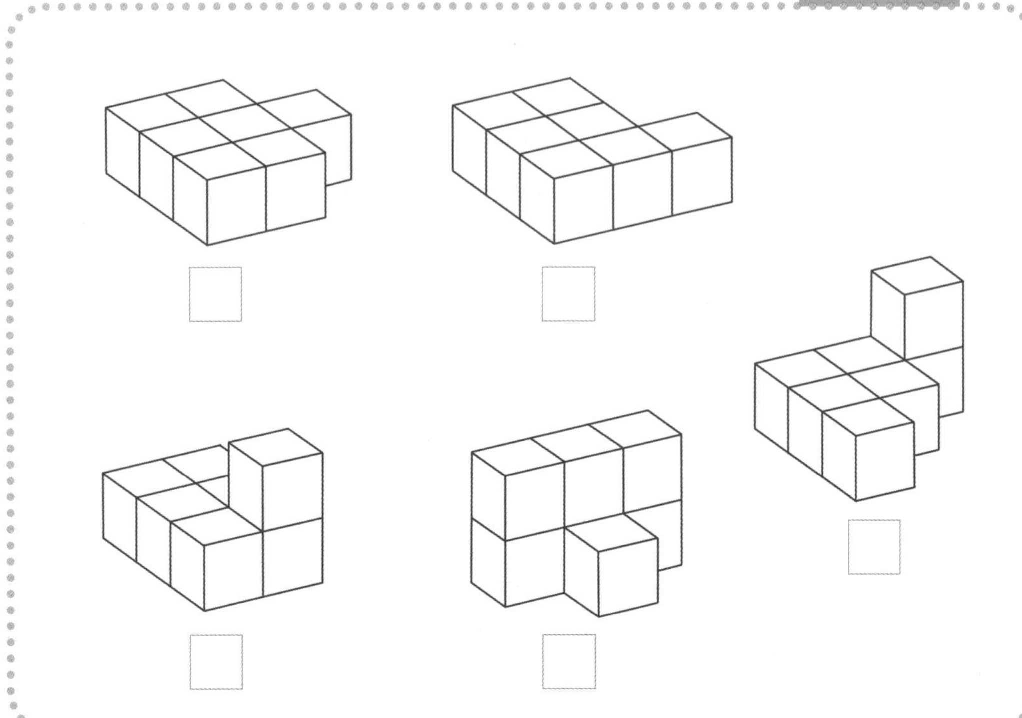

答案 ▶ 152 页

105

嗨，积木掉下来了

★★★★★

索玛立方体积木单元 F 按照下图所示的线路向积木单元 B 掉落，会形成一个什么样的立体图形呢？请在对应的方框中打钩。

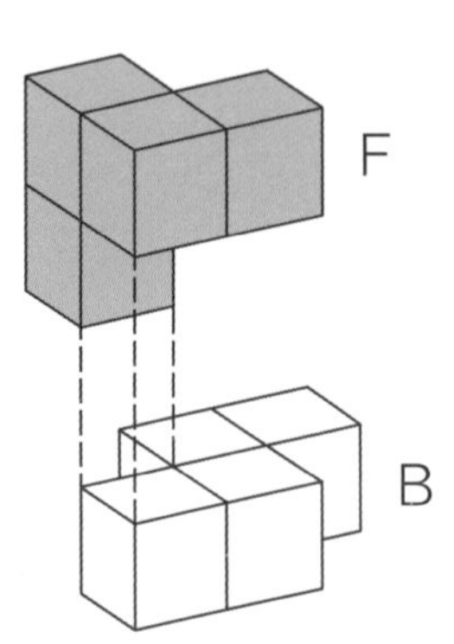

答题栏

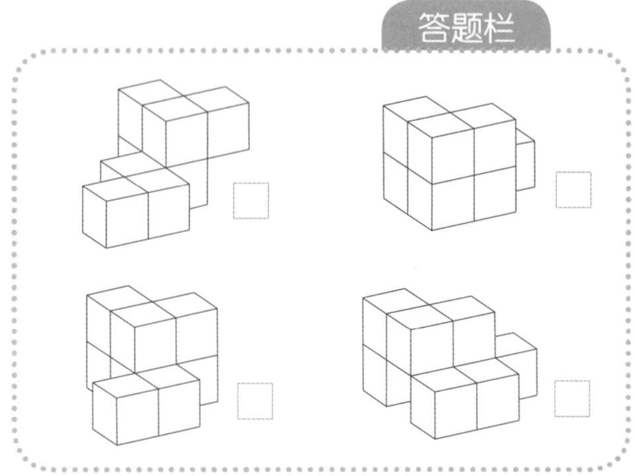

106

看看能不能放进去吧

★★★★★

从下面答题栏中的 3 个索玛立方体积木单元中选 2 个，组成 1 个新的立体图形，看看能不能刚好放进下面的框框中。在你选中的积木单元下面打上钩吧！

答题栏

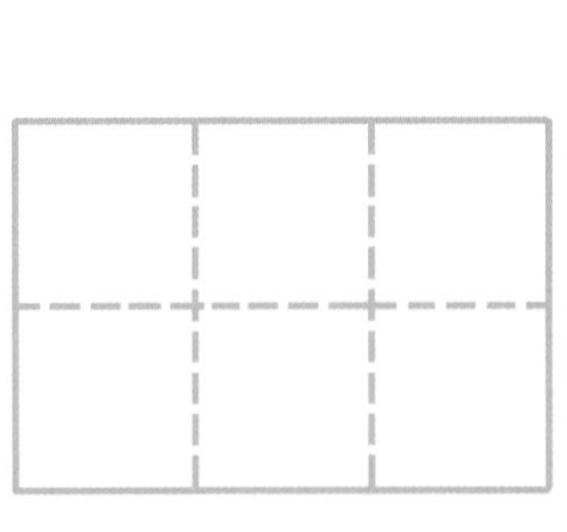

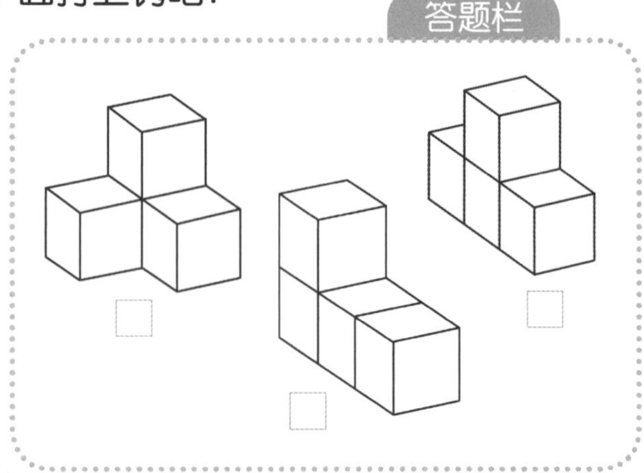

答案 153 页

107

粘一粘吧

★★★★★

把 2 个索玛立方体积木单元有颜色的面粘在一起，会变成什么样的立体图形呢？请勾选出来吧！

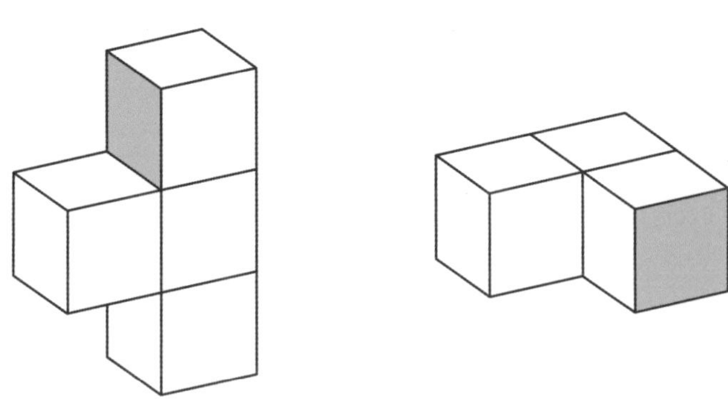

答题栏

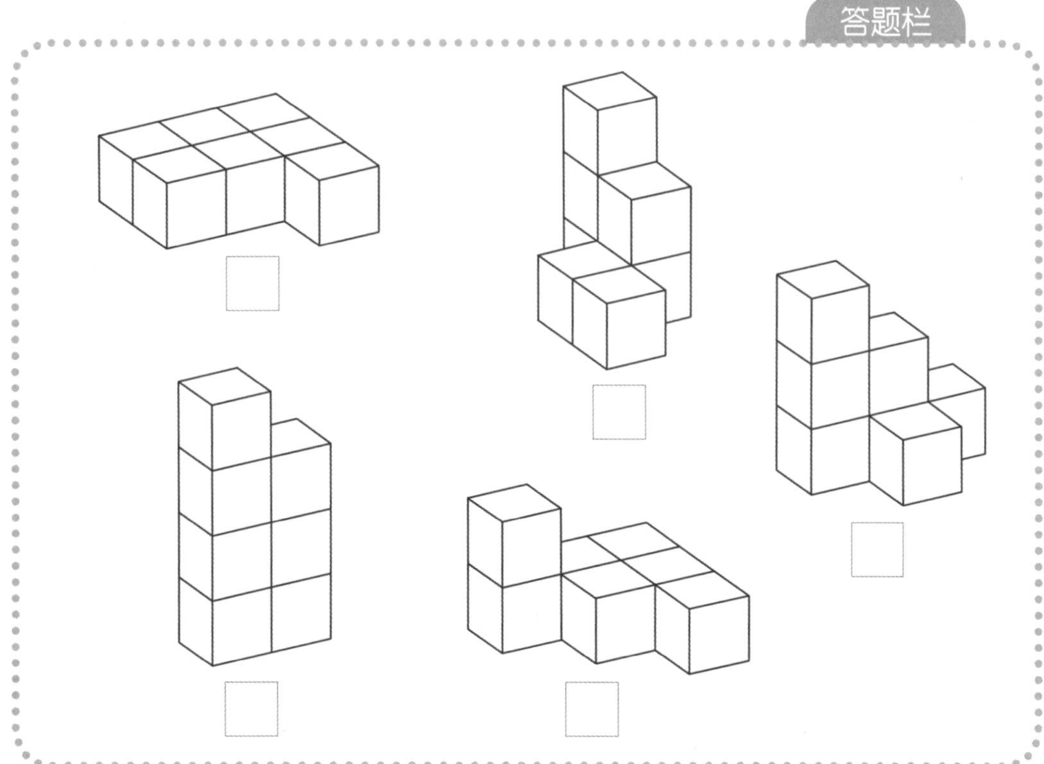

答案 ▶ 153 页

108

嗨，积木掉下来了

★★★★★

索玛立方体积木单元 F 按照下图所示的线路向积木单元 D 掉落，会形成一个什么样的立体图形呢？请在对应的方框中打钩。

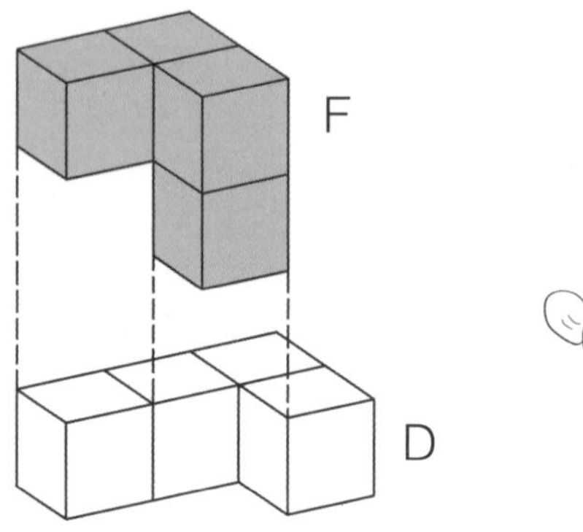

答题栏

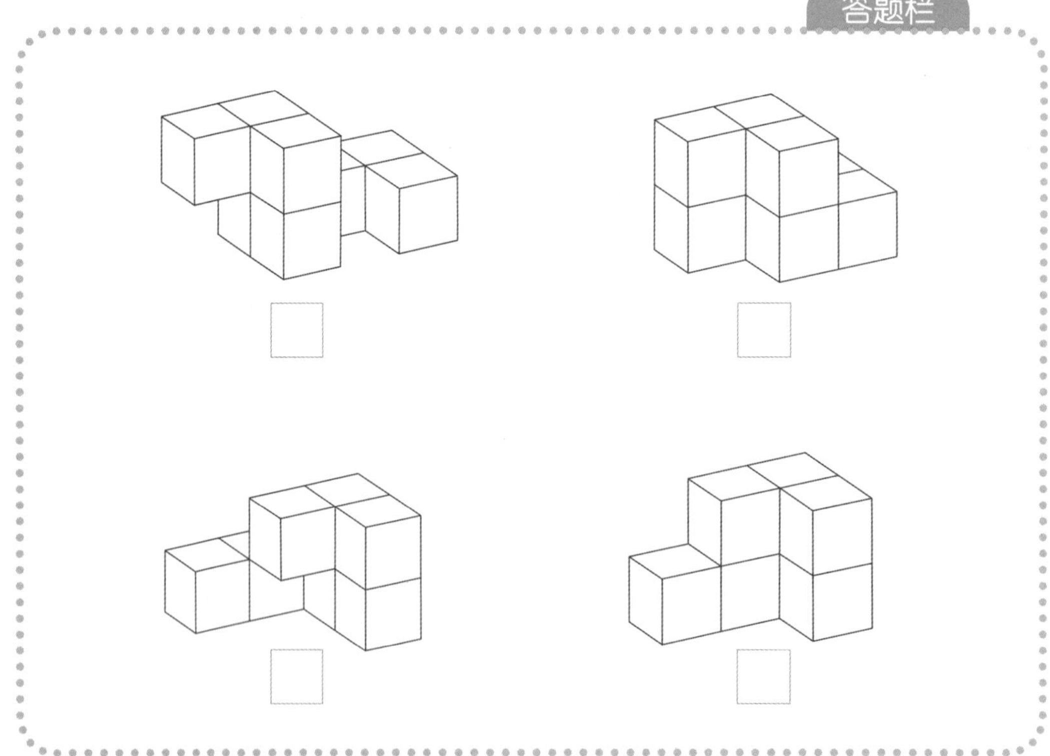

答案 153 页

109

看看能不能放进去吧

★★★★★

从下面答题栏中的 3 个索玛立方体积木单元中选 2 个，组成 1 个新的立体图形，看看能不能刚好放进下面的框框中。在你选中的积木单元下面打上钩吧！

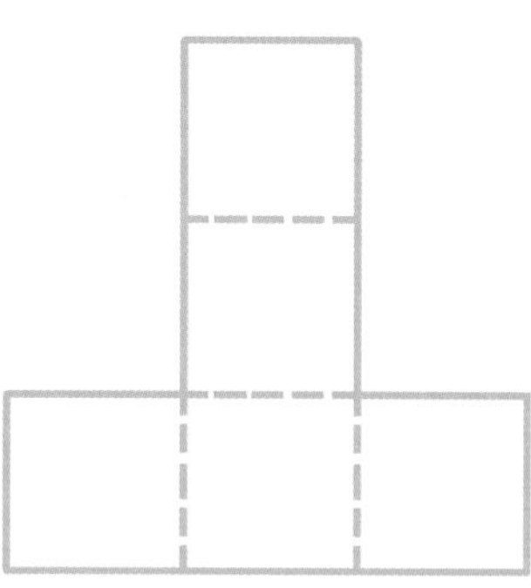

答题栏

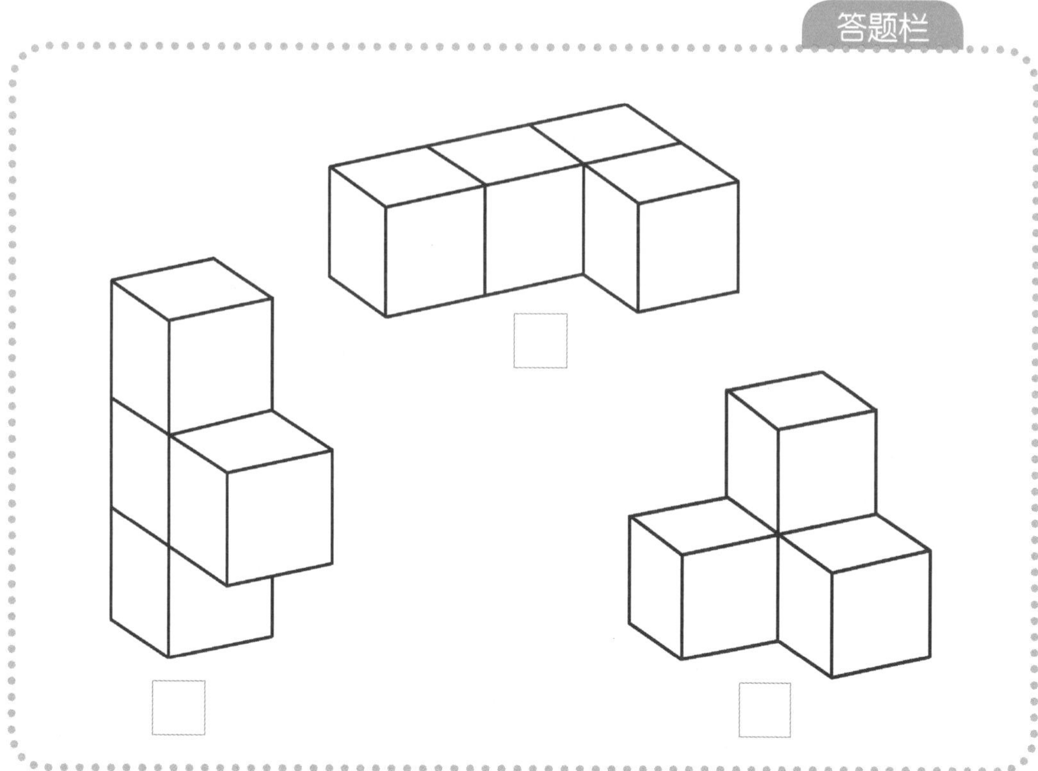

答案 153 页

110

粘一粘吧

★★★

把 2 个索玛立方体积木单元有颜色的面粘在一起，会变成什么样的立体图形呢？请勾选出来吧！

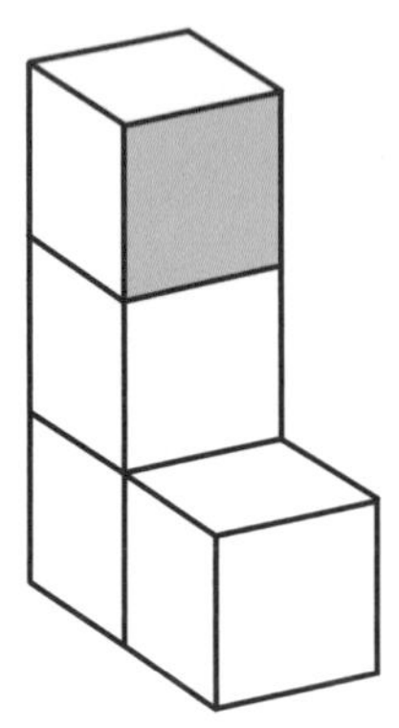

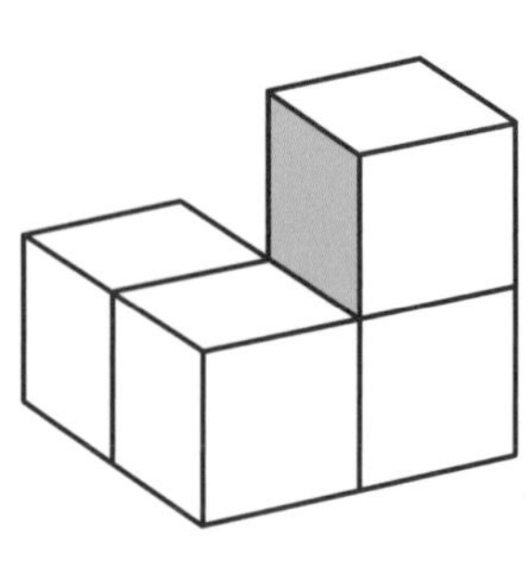

答题栏

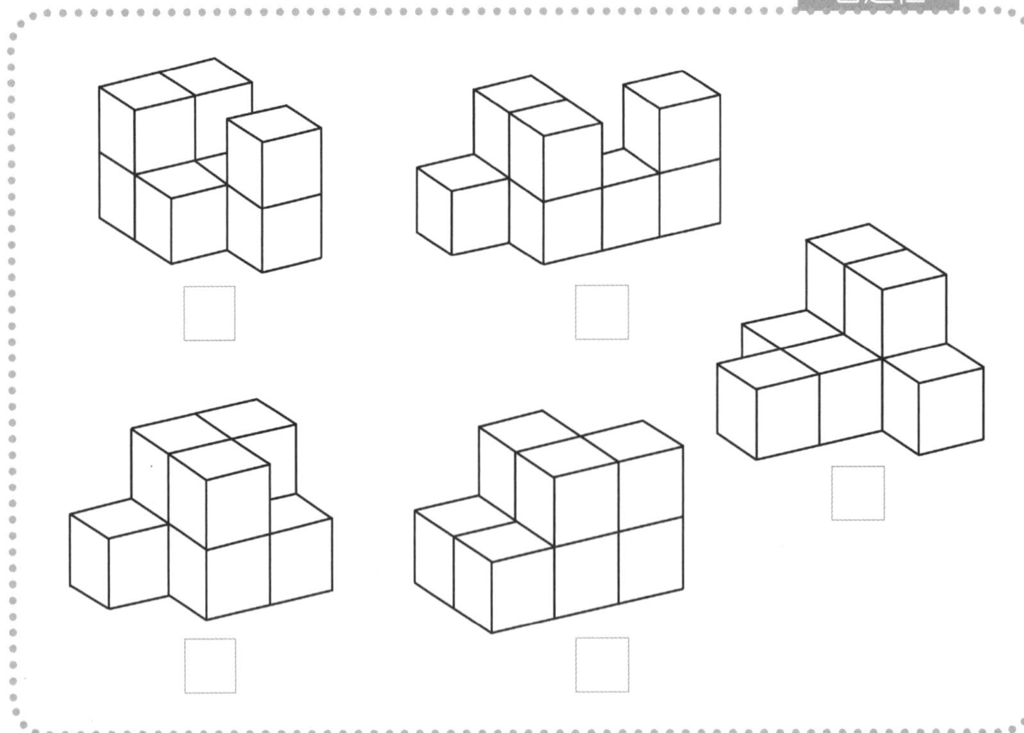

答案 153 页

拼 1 个一模一样的立体图形吧 ★★★★★

从下面答题栏中的 4 个索玛立方体积木单元中选择 2 个，拼成和下面的立体图形一模一样的图形吧！请在对应的方框中打钩。

答题栏

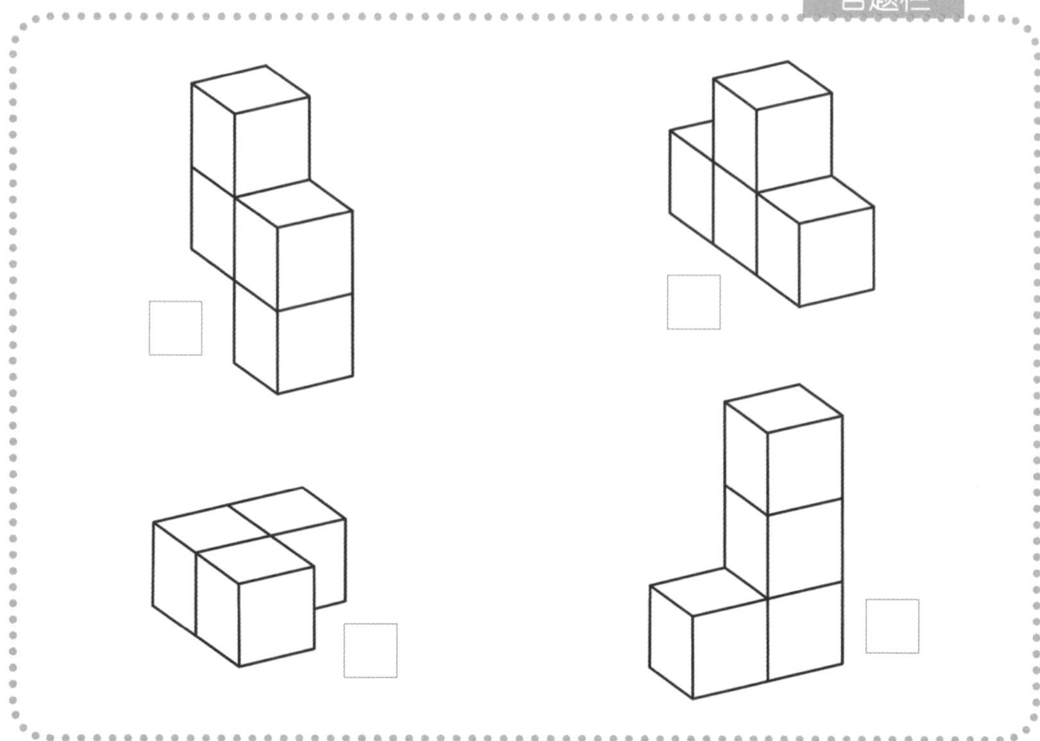

答案 153 页

112

把积木拼在一起吧

★★★★★

将下面 2 个索玛立方体积木单元合体后，会变成新的立体图形。答题栏中哪些立体图形是由这两个积木单元拼成的？选出来打上钩吧！

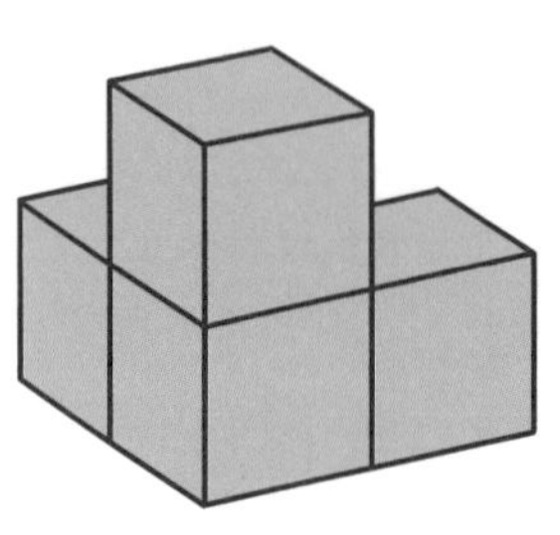

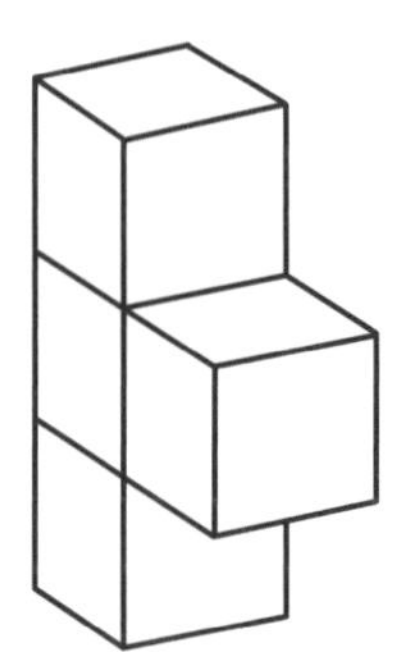

答题栏

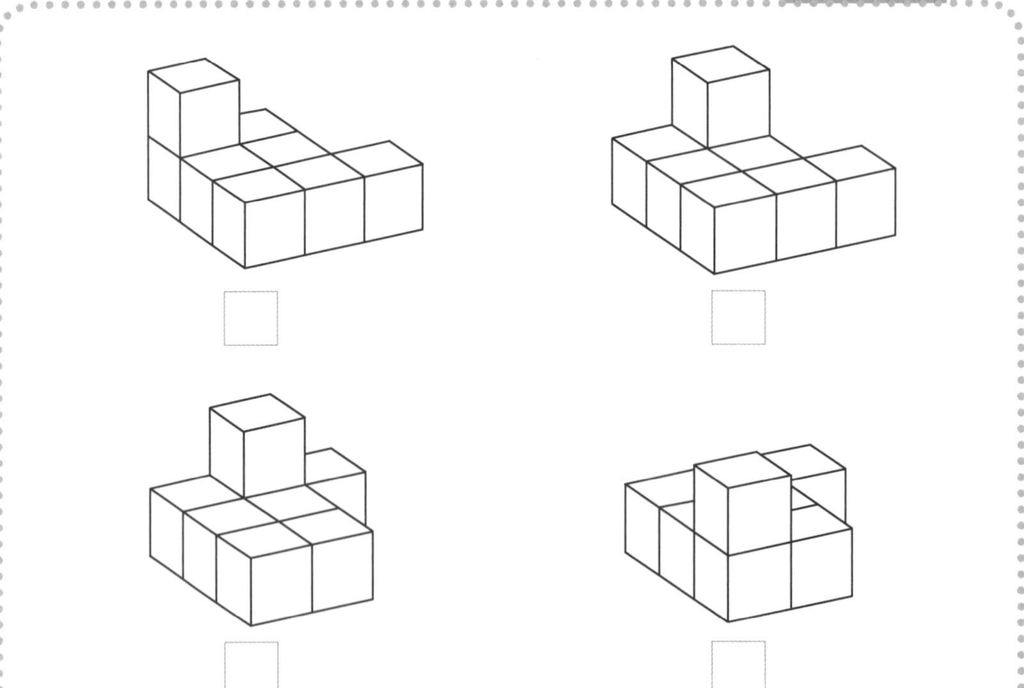

答案 153 页

113

粘一粘吧

★★★★★

把 2 个索玛立方体积木单元有颜色的面粘在一起，会变成什么样的立体图形呢？请勾选出来吧！

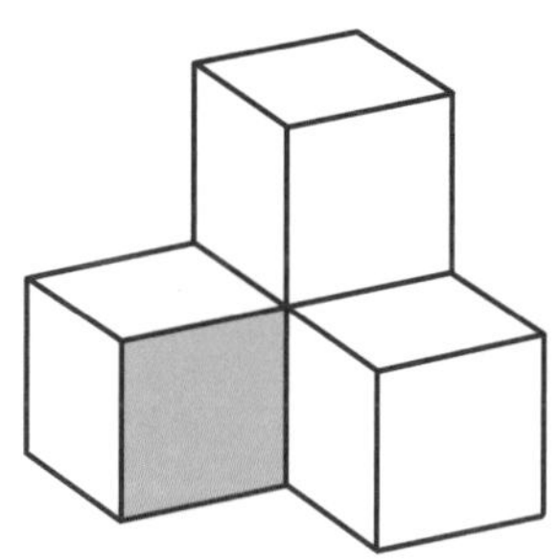

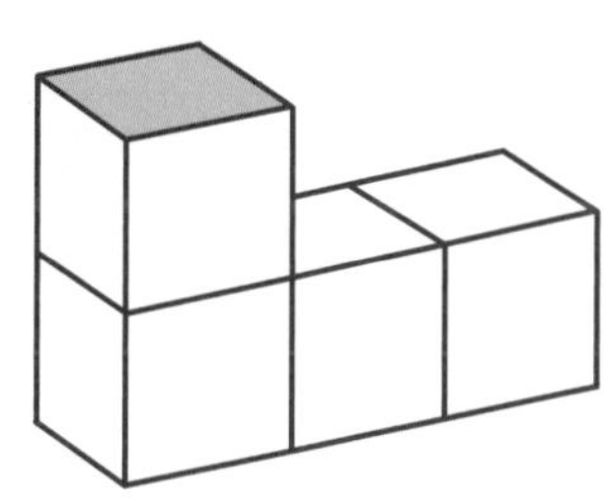

答题栏

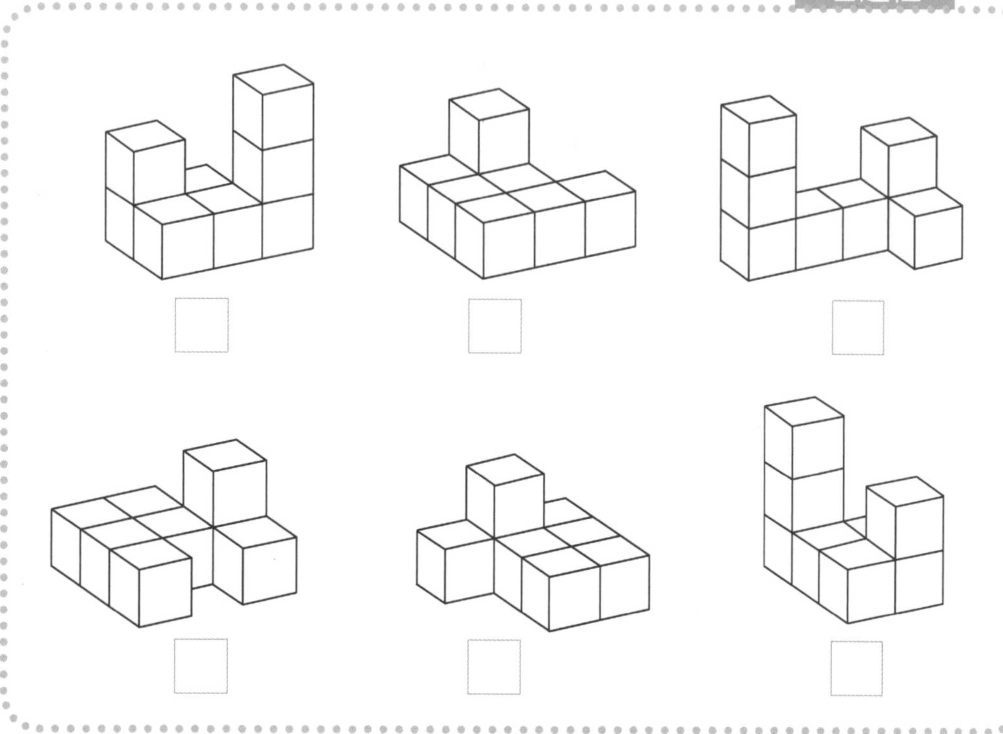

答案 ▶ 153 页

114

拼1个一模一样的立体图形吧

★★★★★

从下面答题栏中的4个索玛立方体积木单元中选择2个，拼成和下面的立体图形一模一样的图形吧！请在对应的方框中打钩。

答题栏

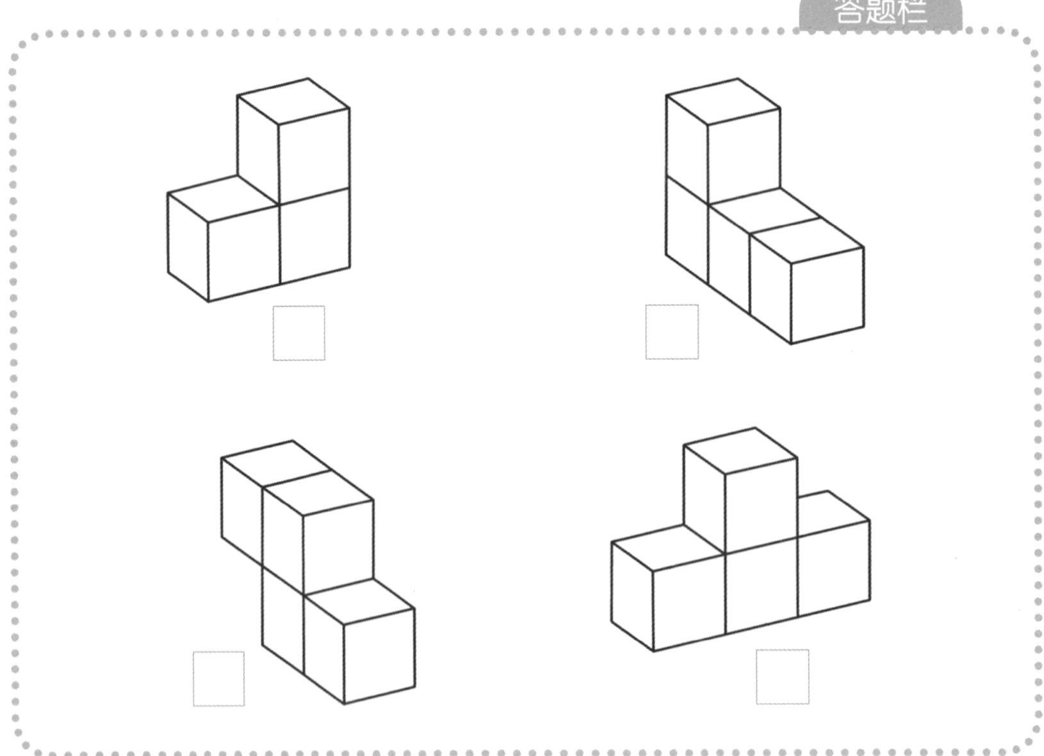

答案 153页

把积木拼在一起吧

★★★★★

将下面 2 个索玛立方体积木单元合体后，会变成新的立体图形。答题栏中哪些立体图形是由这两个积木单元拼成的？选出来打上钩吧！

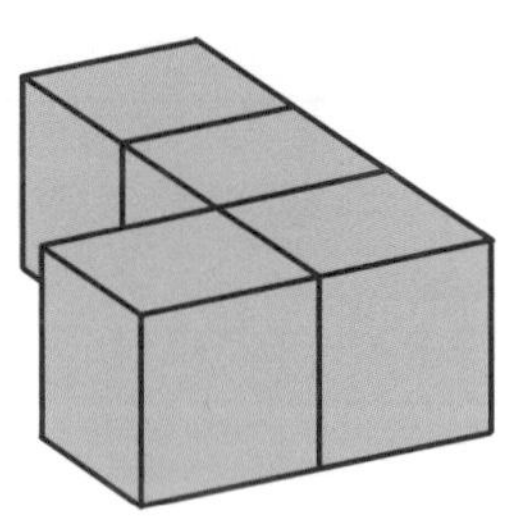

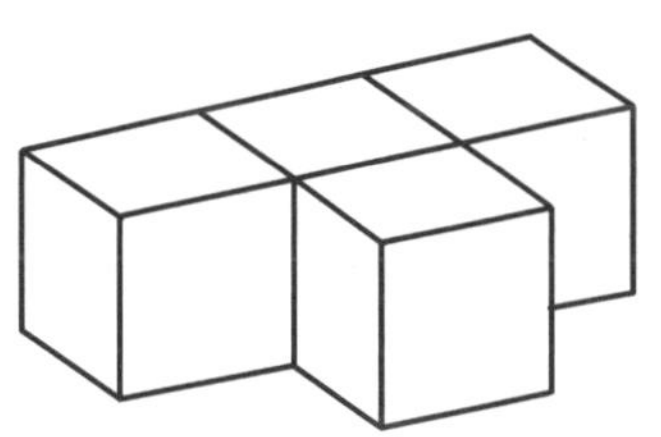

答题栏

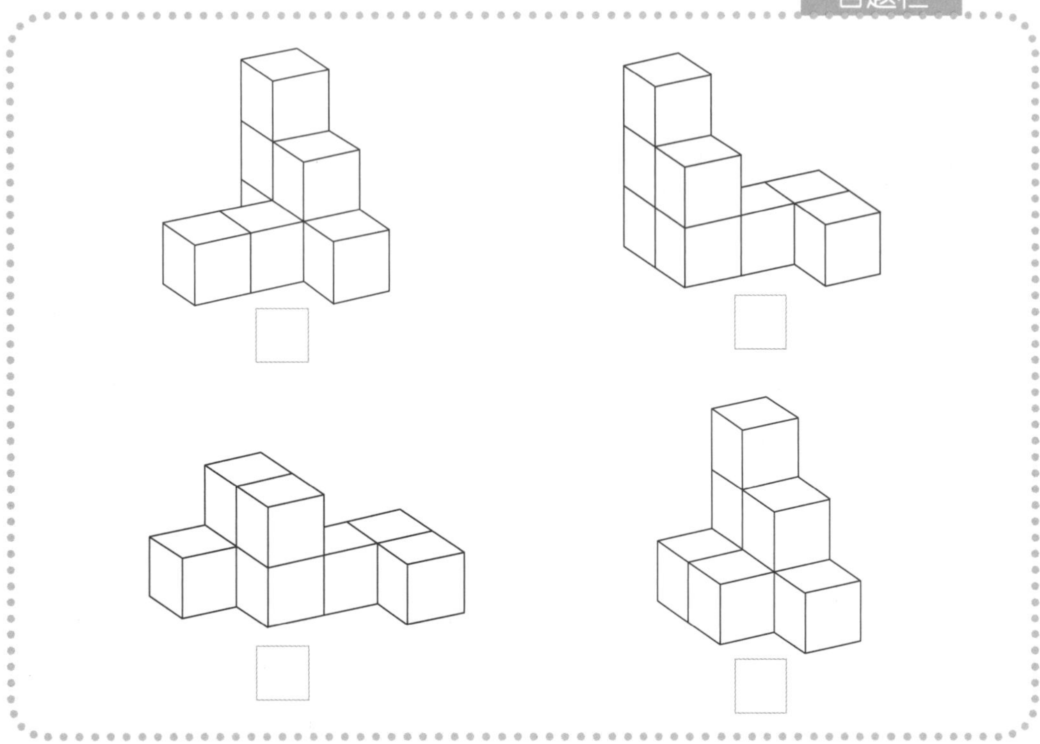

答案 153 页

116

看看会不会倒呢

★★★★★

用下面 2 个索玛立方体积木单元拼搭立体图形，答题栏中的 4 个立体图形中，哪些不会倒呢？给不会倒的打上钩吧！

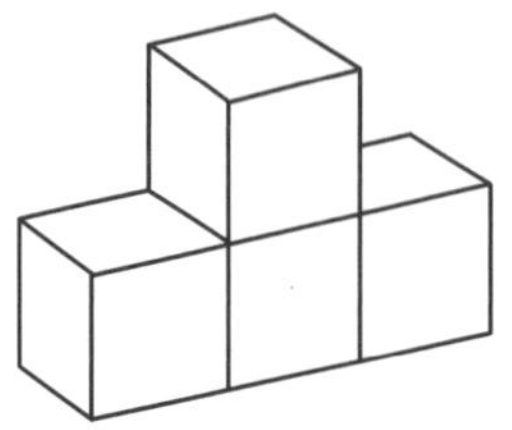

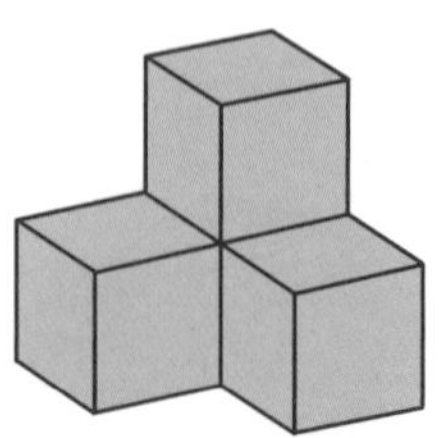

答题栏

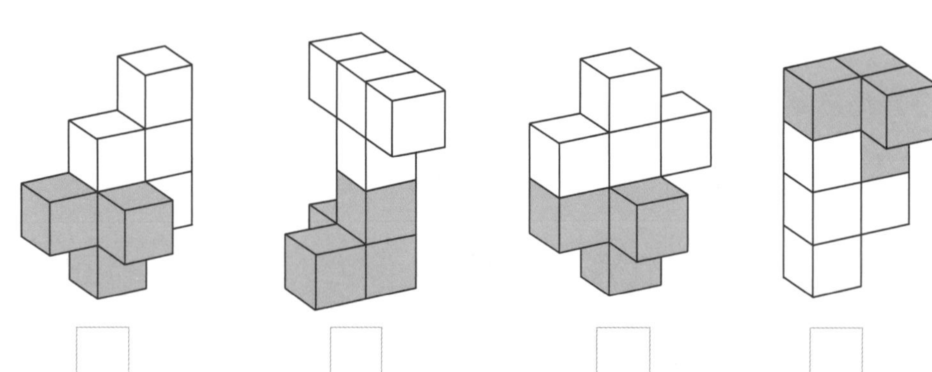

请小朋友再试试拼搭下面的立体图形，给不会倒的打上钩吧！

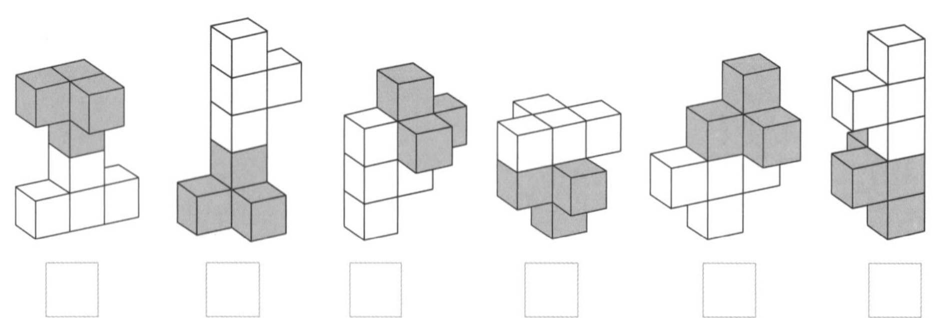

答案 153 页

117

拼1个一模一样的立体图形吧

★★★★★

从下面答题栏中的4个索玛立方体积木单元中选择2个，拼成和下面的立体图形一模一样的图形吧！请在对应的方框中打钩。

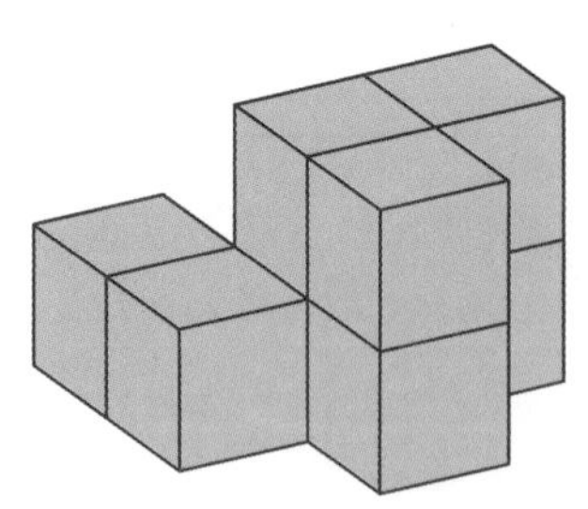

答题栏

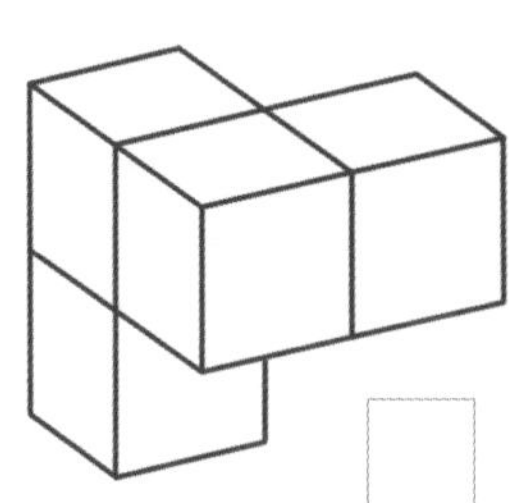

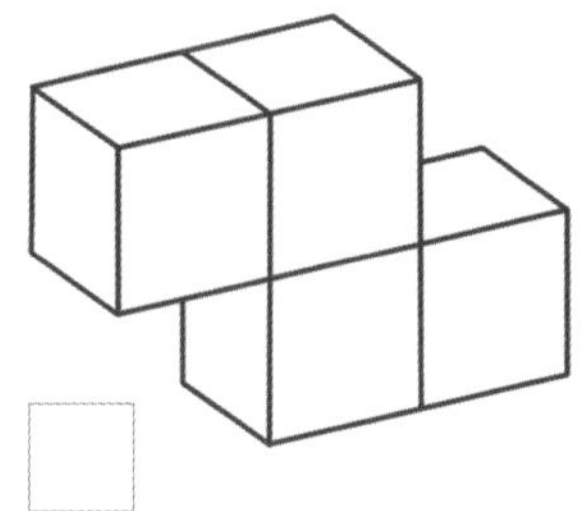

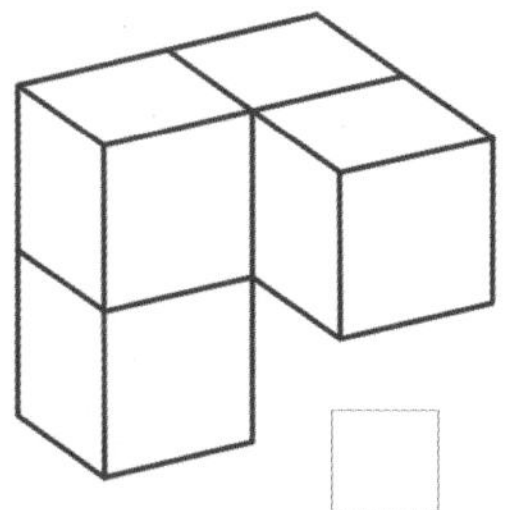

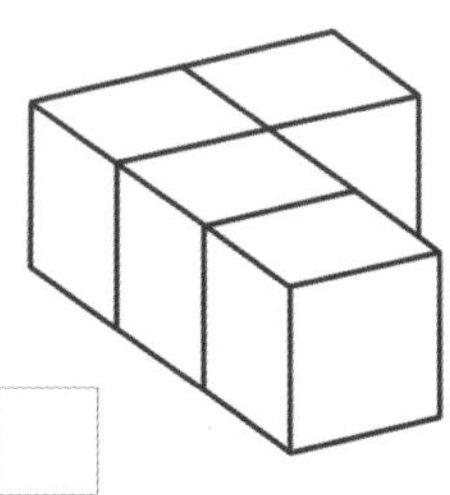

答案 153页

118

把积木拼在一起吧

★★★★★

将下面 2 个索玛立方体积木单元合体后，会变成新的立体图形。答题栏中哪些立体图形是由这两个积木单元拼成的？选出来打上钩吧！

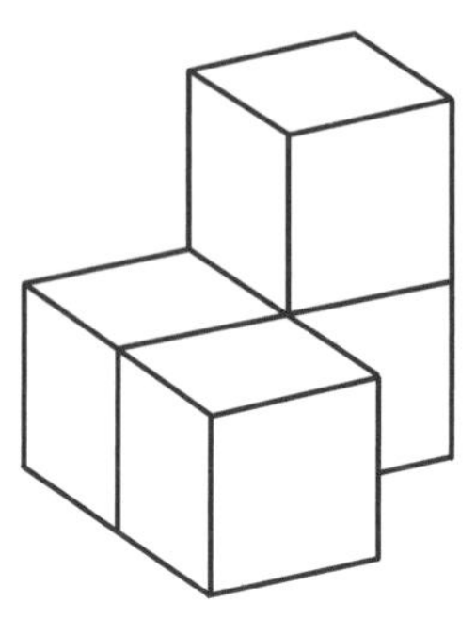

答题栏

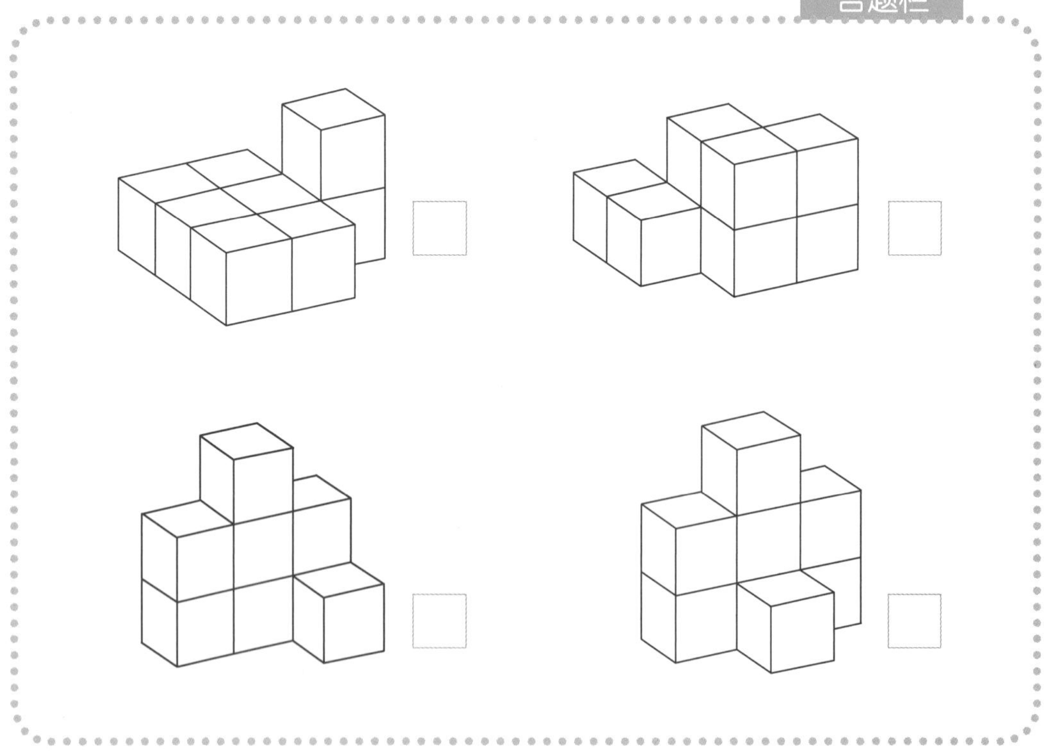

答案 153 页

119

看看会不会倒呢

★★★★★

用下面 2 个索玛立方体积木单元拼搭立体图形。答题栏中的 4 个立体图形中，哪些不会倒呢？给不会倒的打上钩吧！

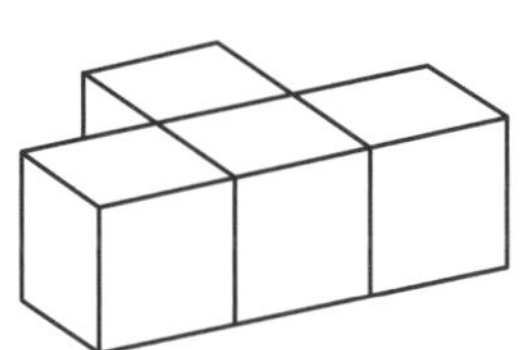

答题栏

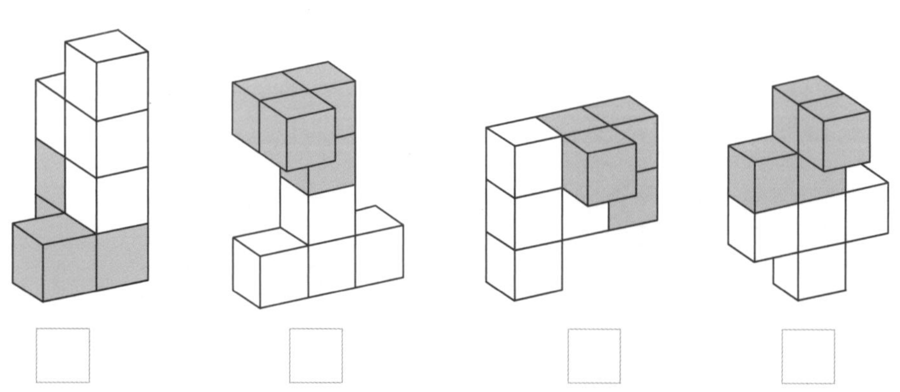

请小朋友再试试拼搭下面的立体图形，给不会倒的打上钩吧！

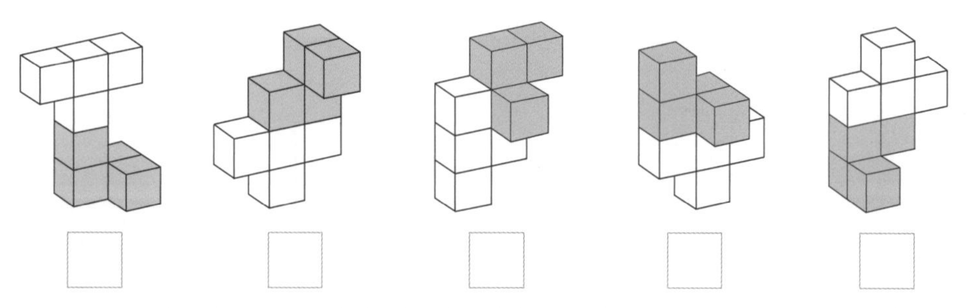

答案 ▸ 153 页

120

拼1个一模一样的立体图形吧 ★★★★

从下面答题栏中的4个索玛立方体积木单元中选择2个，拼成和下面的立体图形一模一样的图形吧！请在对应的方框中打钩。

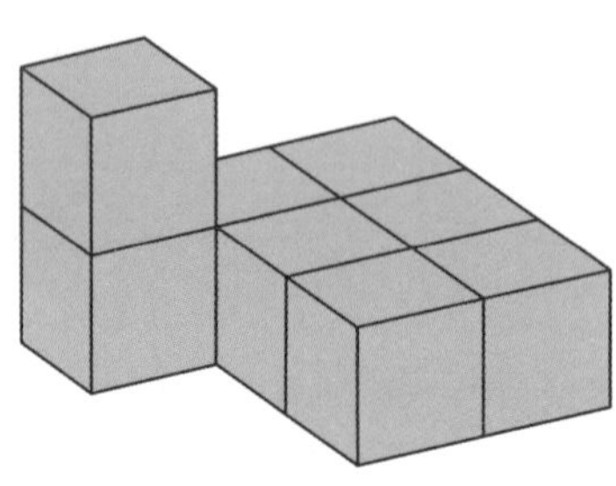

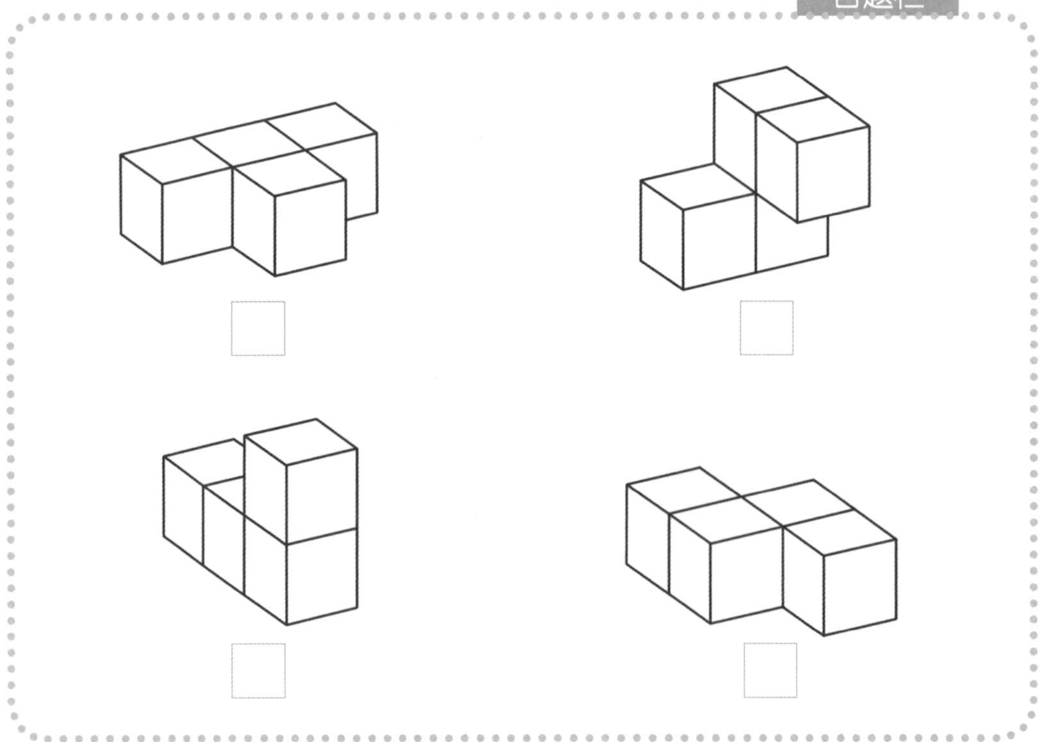

答案 154页

121

把积木拼在一起吧

★★★★★

将下面 2 个索玛立方体积木单元合体后，会变成新的立体图形。答题栏中哪些立体图形是由这两个积木单元拼成的？选出来打上钩吧！

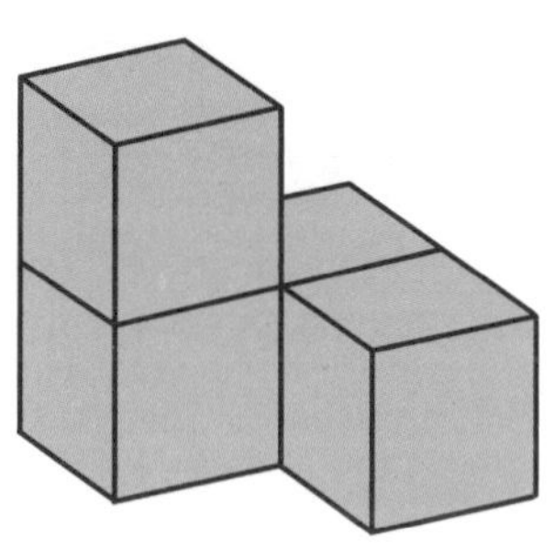

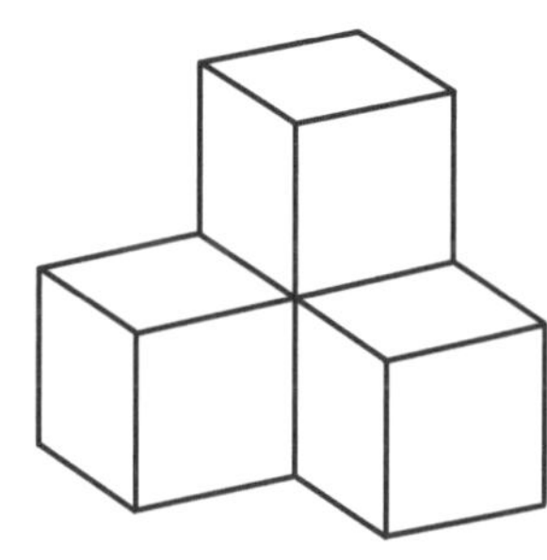

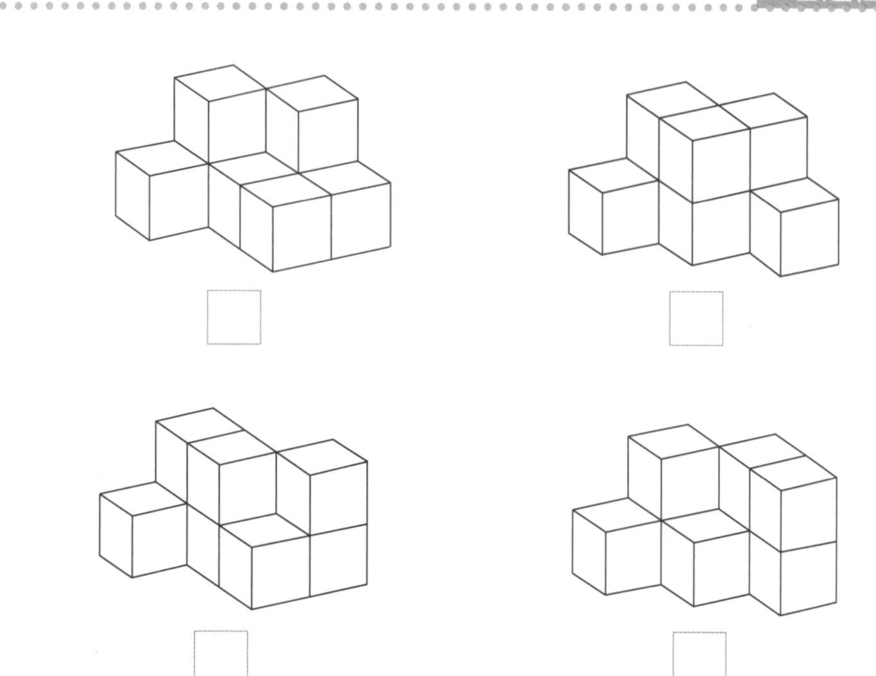

答案 154 页

看看会不会倒呢

★★★★★

用下面 2 个索玛立方体积木单元拼搭立体图形。答题栏中的 4 个立体图形中，哪些不会倒呢？给不会倒的打上钩吧！

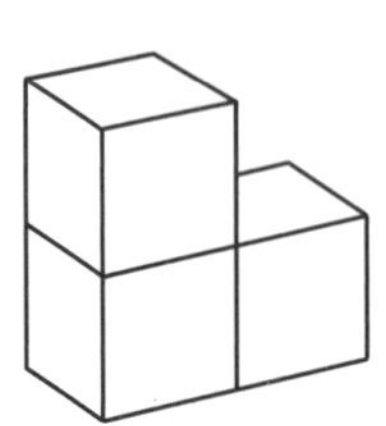

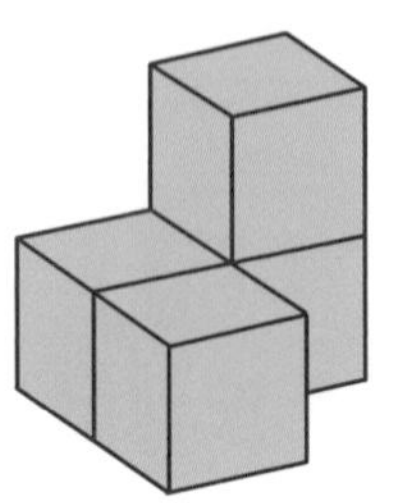

答题栏

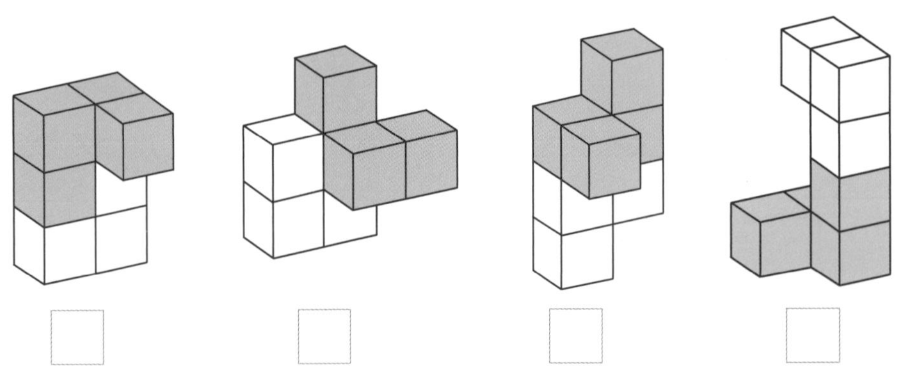

请小朋友再试试拼搭下面的立体图形，给不会倒的打上钩吧！

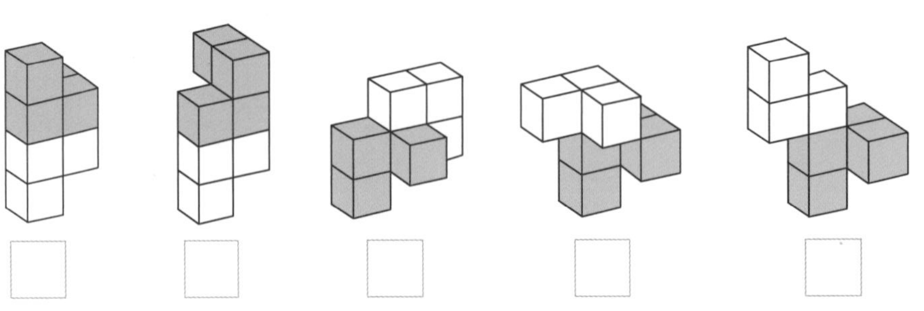

答案 154 页

123

拼1个一模一样的立体图形吧 ★★★★★

从下面答题栏中的5个索玛立方体积木单元中选出两组，拼成和下面的立体图形一模一样的图形吧！在一组下面打钩，另一组下面画圈。

答题栏

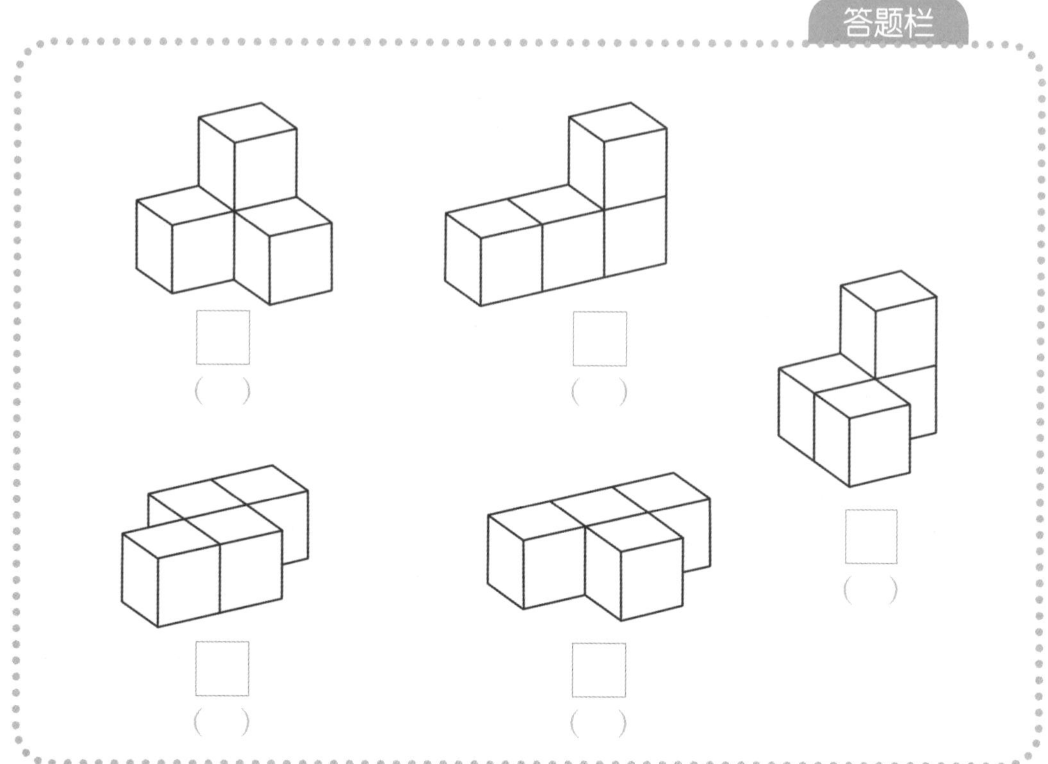

答案 154页

124

把积木拼在一起吧

★★★★★

将下面 2 个索玛立方体积木单元合体后，会变成新的立体图形。答题栏中哪些立体图形不是由这两个积木单元拼成的？选出来打上钩吧！

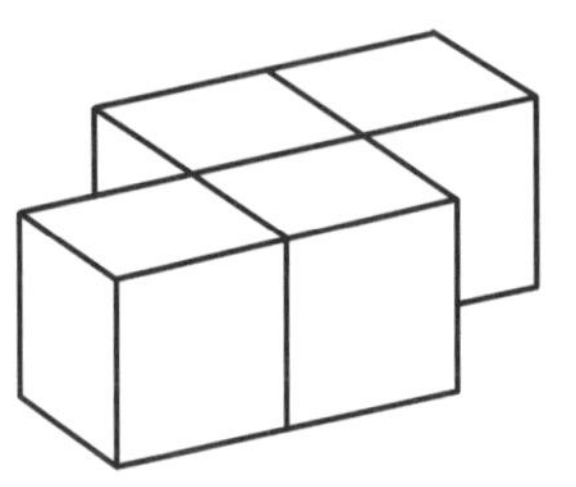

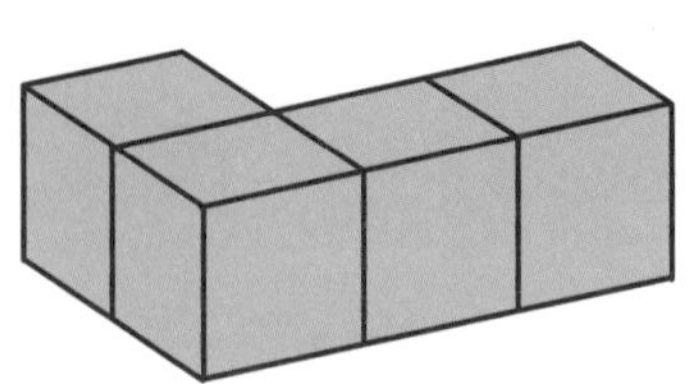

答题栏

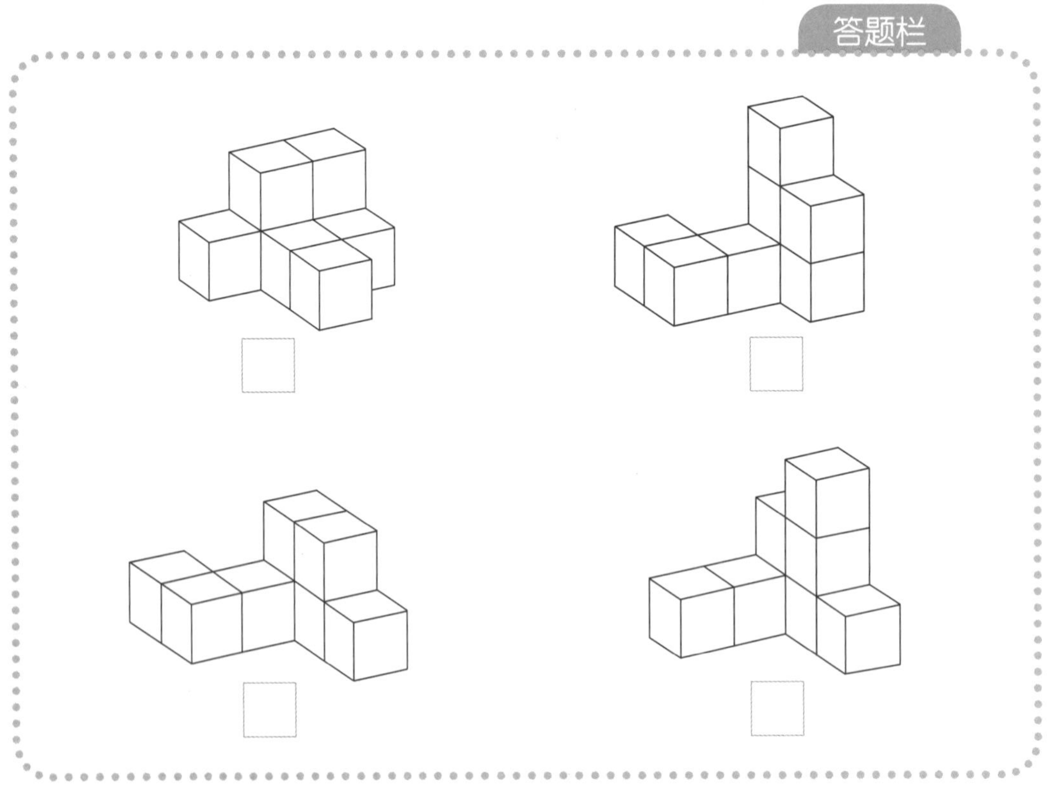

答案 154 页

125

看看会不会倒呢

★★★★★

用下面 2 个索玛立方体积木单元拼搭立体图形。答题栏中的 4 个立体图形中，哪些不会倒呢？给不会倒的打上钩吧！

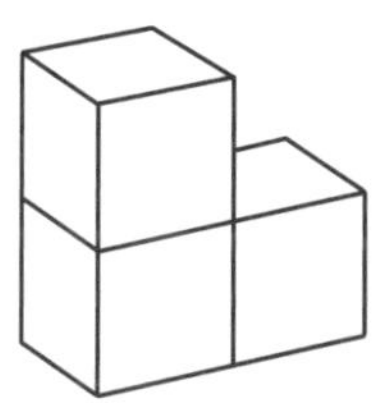

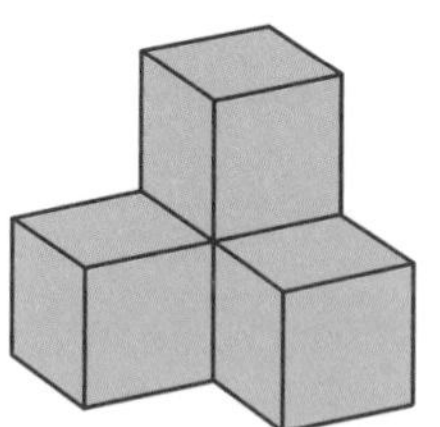

答题栏

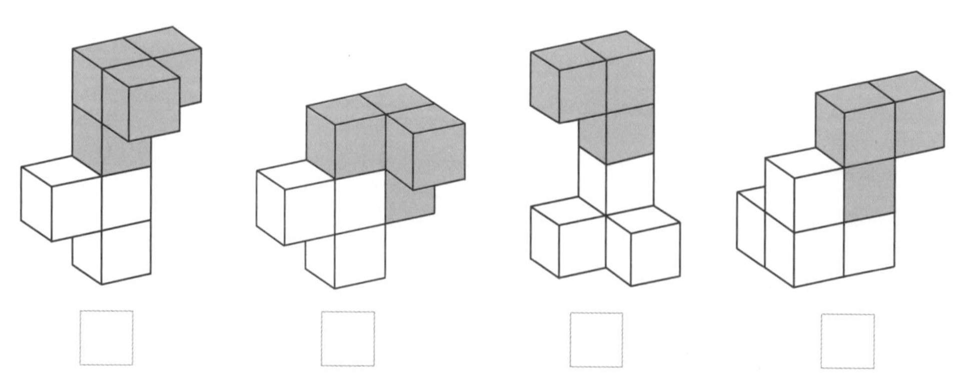

请小朋友再试试拼搭下面的立体图形，给不会倒的打上钩吧！

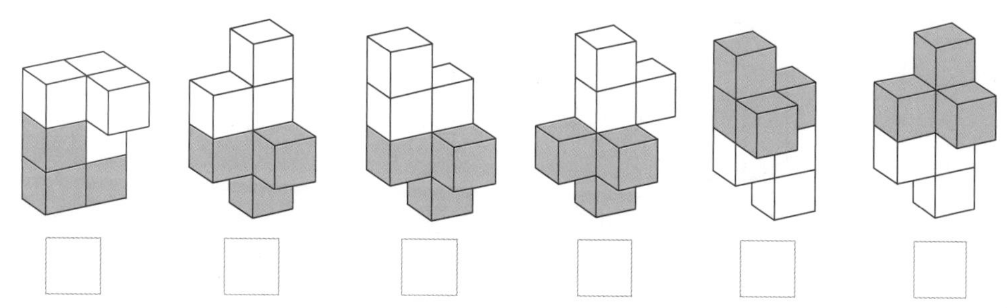

答案 ▶ 154 页

126

拼1个一模一样的立体图形吧

★★★★★

从下面答题栏中的5个索玛立方体积木单元中选出两组，拼成和下面的立体图形一模一样的图形吧！在一组下面打钩，另一组下面画圈。

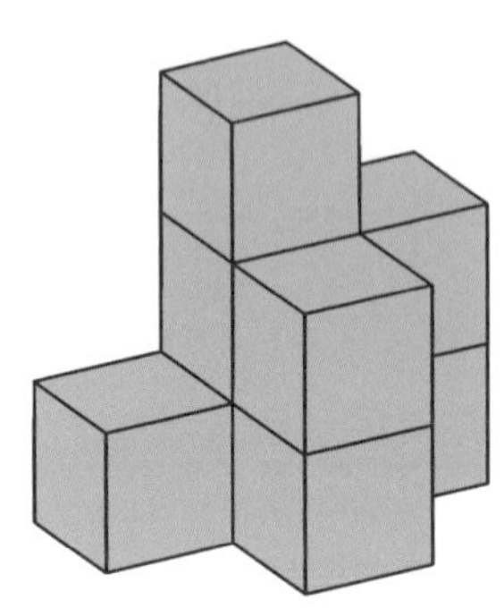

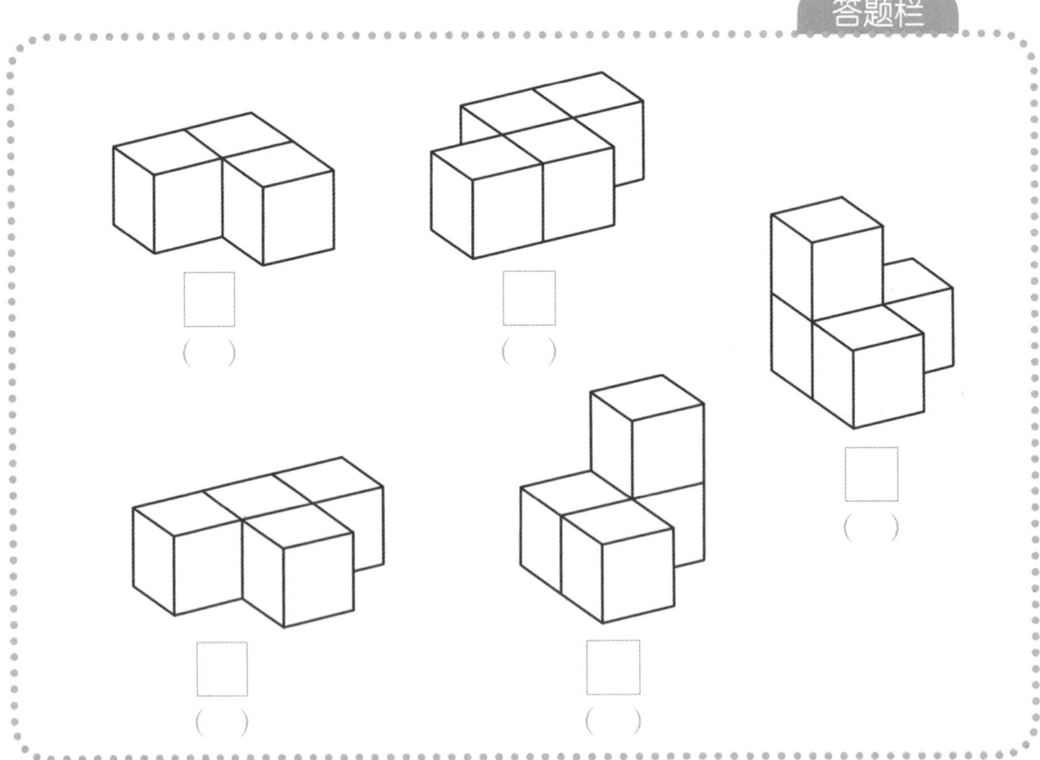

答案 154页

127

把积木拼在一起吧

★★★★★

将下面 2 个索玛立方体积木单元合体后，会变成新的立体图形。答题栏中哪个立体图形是由这两个积木单元拼成的？选出来打上钩吧！

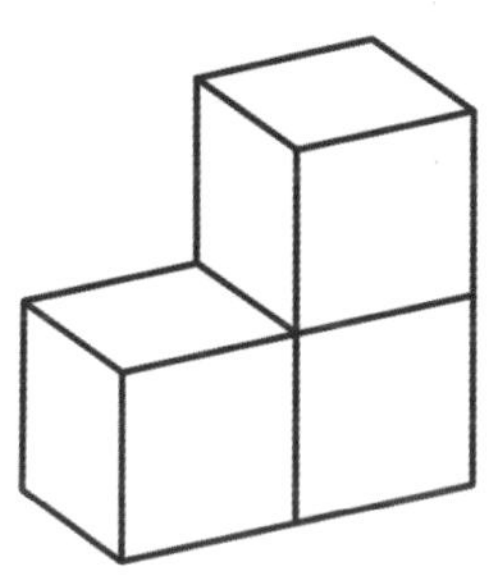

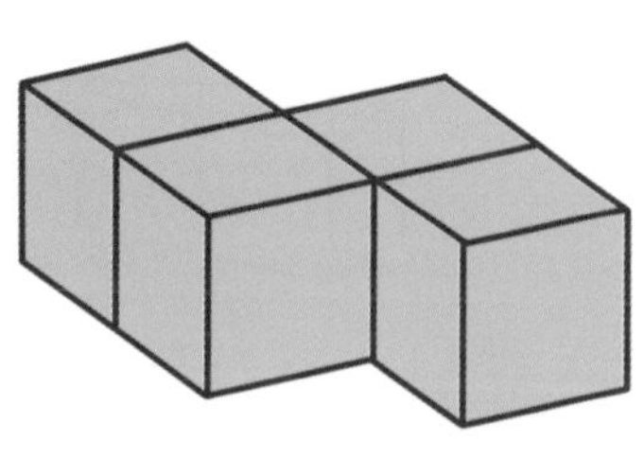

答题栏

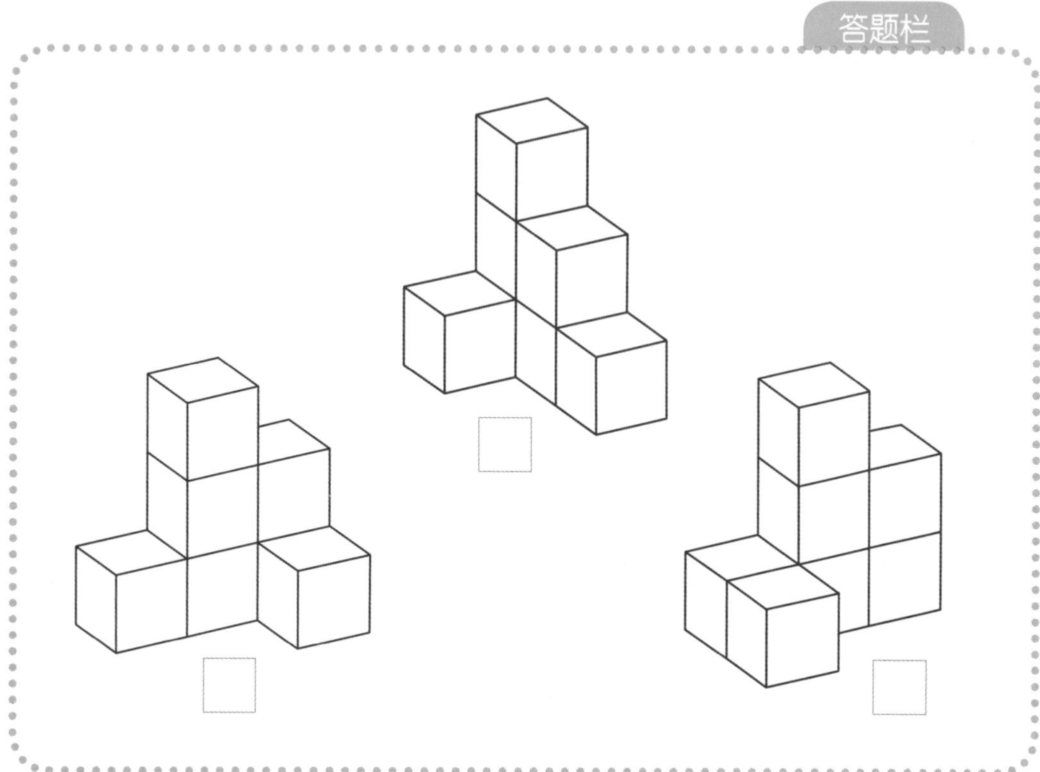

答案 154 页

128

看看会不会倒呢

★★★

用下面 2 个索玛立方体积木单元拼搭立体图形。答题栏中的 4 个立体图形中，哪些不会倒呢？给不会倒的打上钩吧！

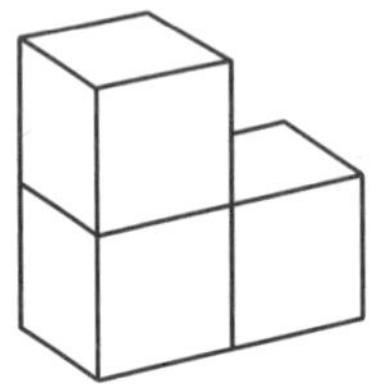

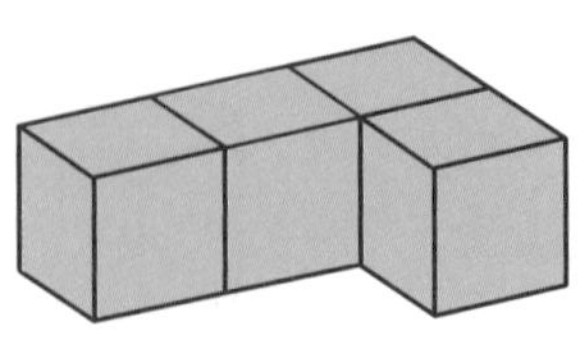

答题栏

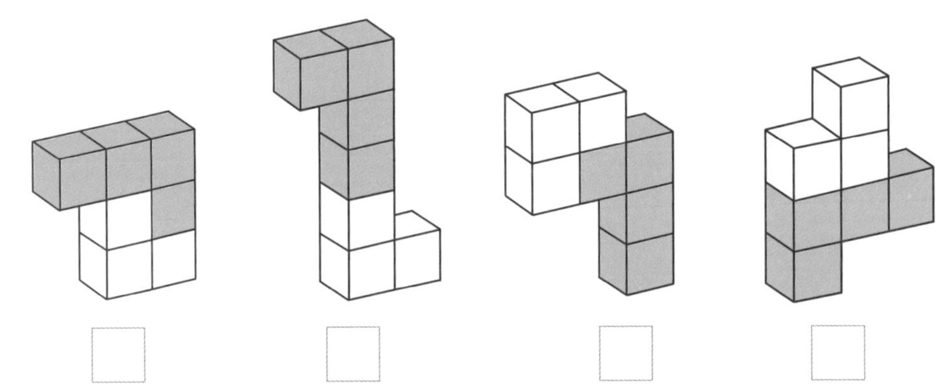

请小朋友再试试拼搭下面的立体图形，给不会倒的打上钩吧！

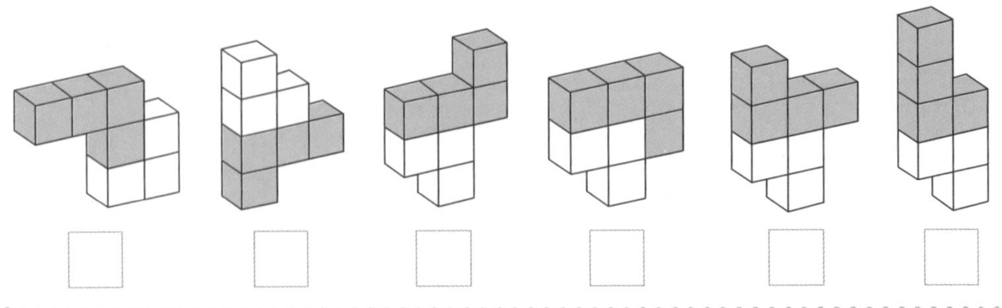

答案 ▶ 154 页

129

拼1个一模一样的立体图形吧

★★★★★

从下面答题栏中的5个索玛立方体积木单元中选出两组，拼成和下面的立体图形一模一样的图形吧！在一组下面打钩，另一组下面画圈。

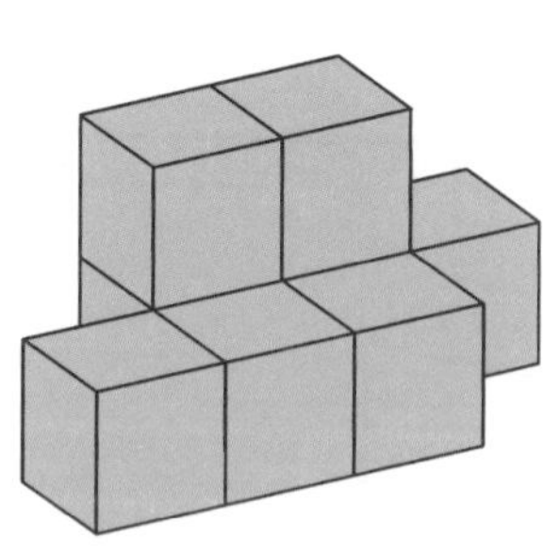

答题栏

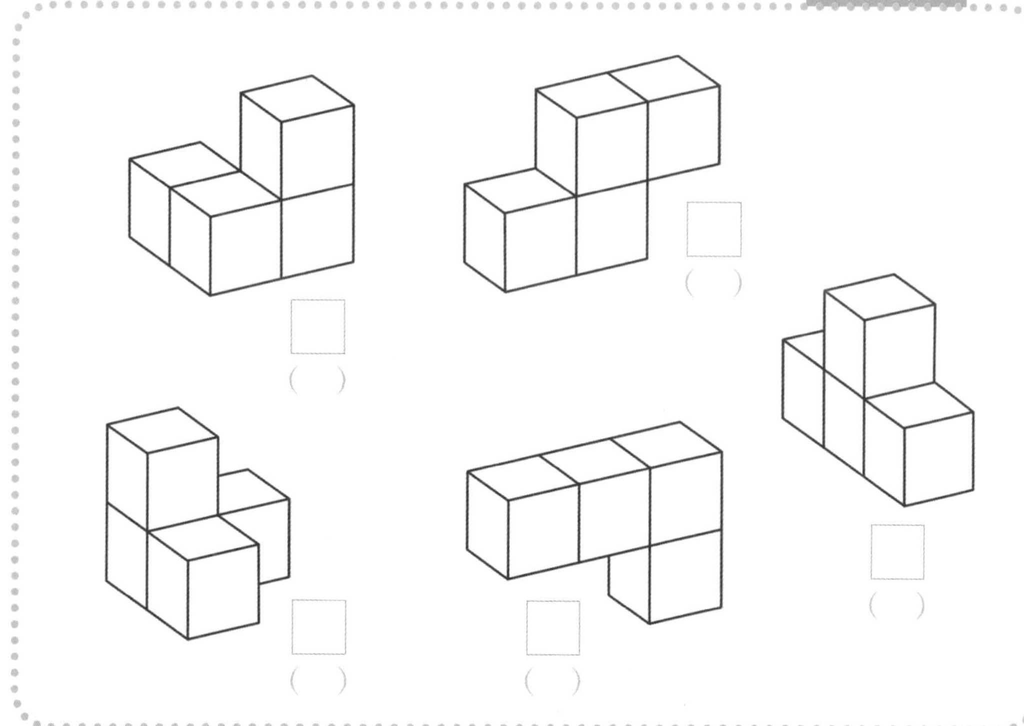

答案 154页

130

把积木拼在一起吧

★★★★★

将下面 2 个索玛立方体积木单元合体后，会变成新的立体图形。答题栏中哪个立体图形是由这两个积木单元拼成的？选出来打上钩吧！

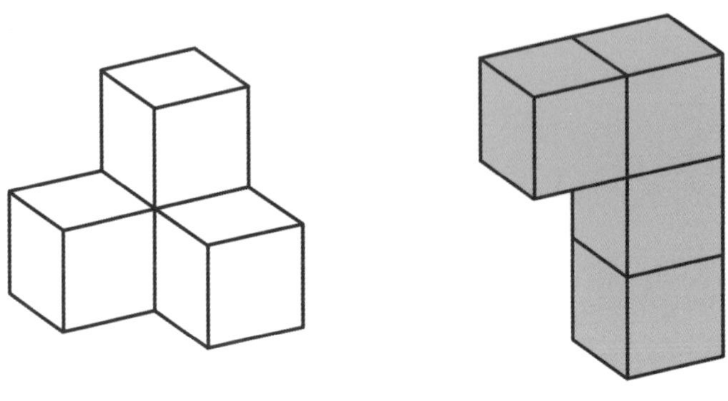

答题栏

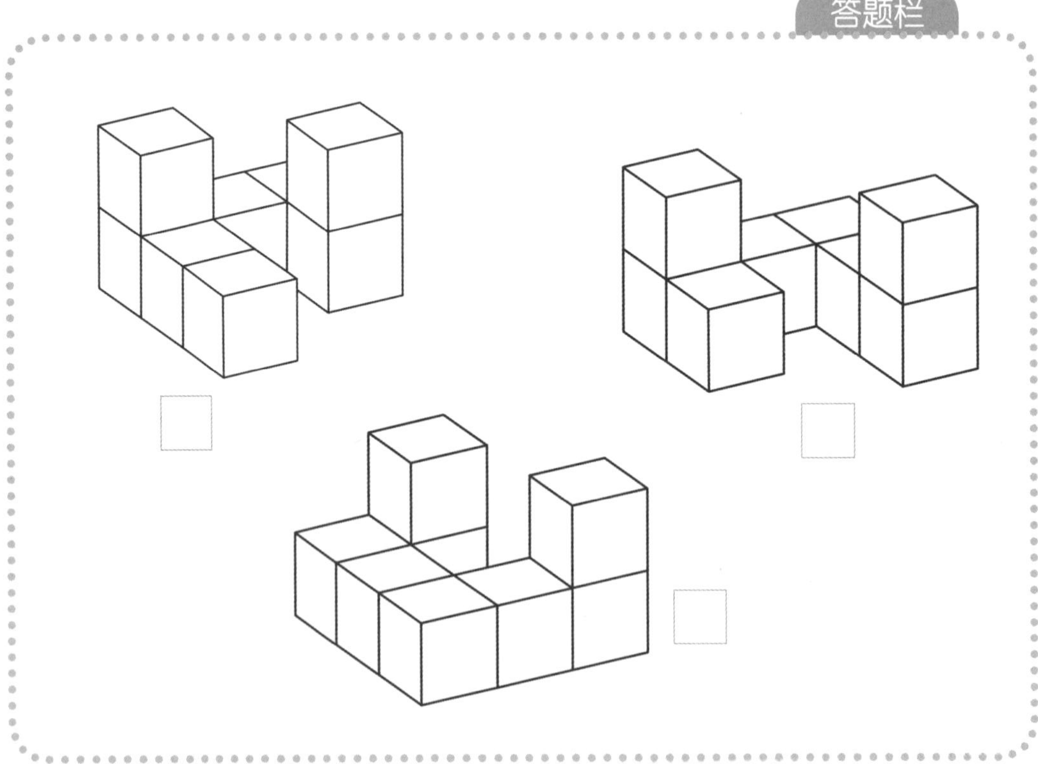

答案 154 页

131

看看会不会倒呢

★★★★★

用下面 2 个索玛立方体积木单元拼搭立体图形。答题栏中的 4 个立体图形中，哪些不会倒呢？给不会倒的打上钩吧！

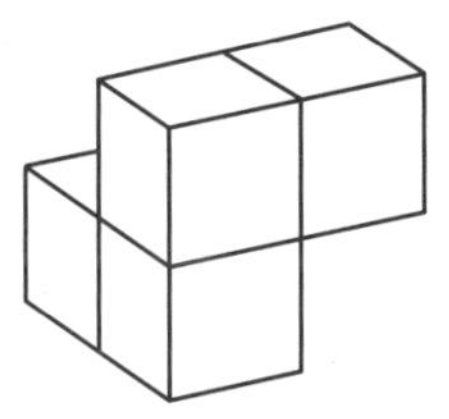

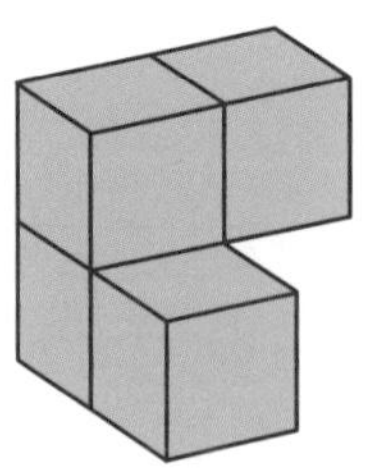

答题栏

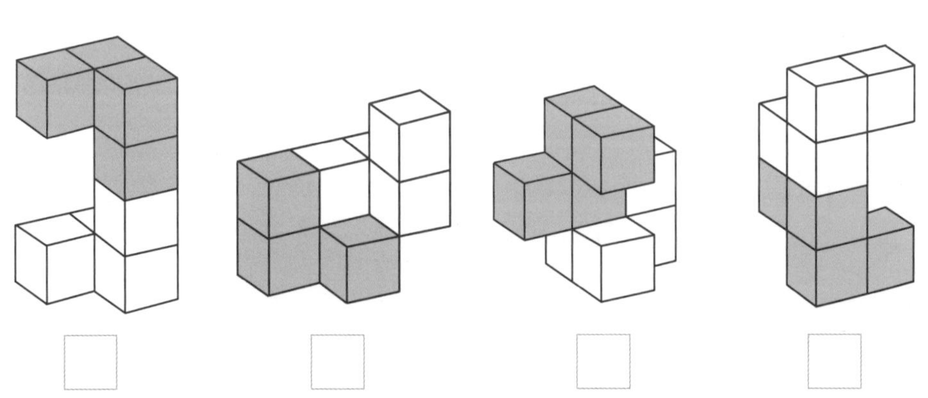

请小朋友再试试拼搭下面的立体图形，给不会倒的打上钩吧！

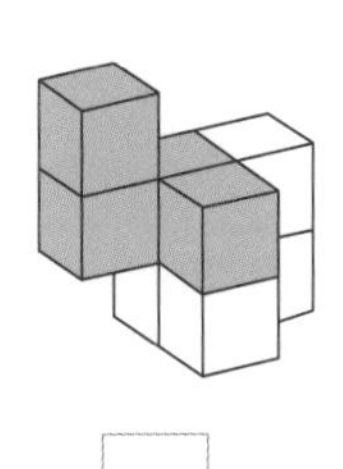

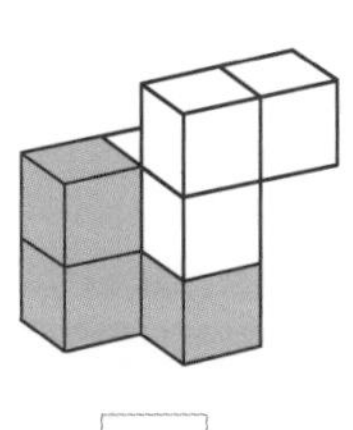

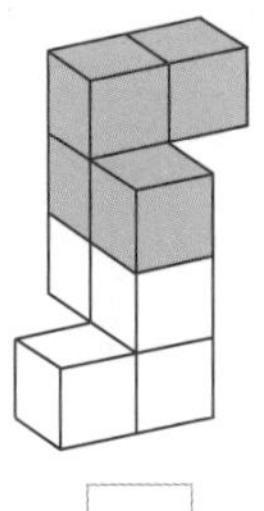

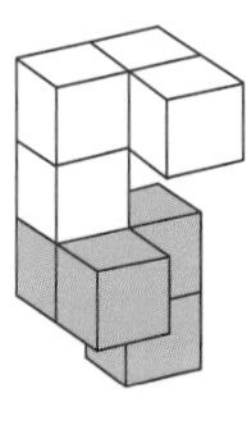

答案 ▸ 154 页

拼1个一模一样的立体图形吧 ★★★

从下面答题栏中的5个索玛立方体积木单元中选出两组，拼成和下面的立体图形一模一样的图形吧！在一组下面打钩，另一组下面画圈。

同一个积木单元可以分别搭配其他积木单元哟！

答题栏

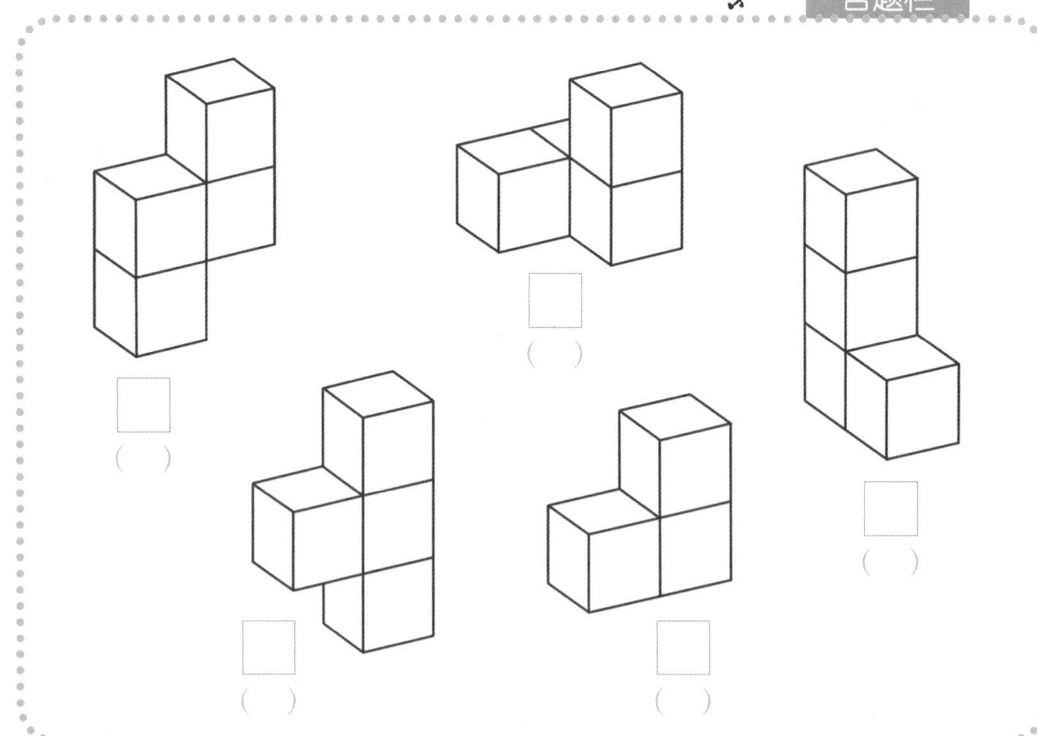

答案 154页

把积木拼在一起吧

★★★★★

将下面 2 个索玛立方体积木单元合体后，会变成新的立体图形。下面哪个立体图形是由这两个积木单元拼成的？选出来打上钩吧！

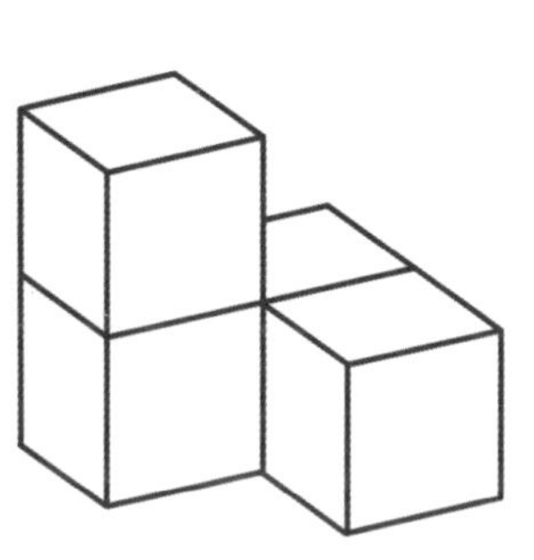

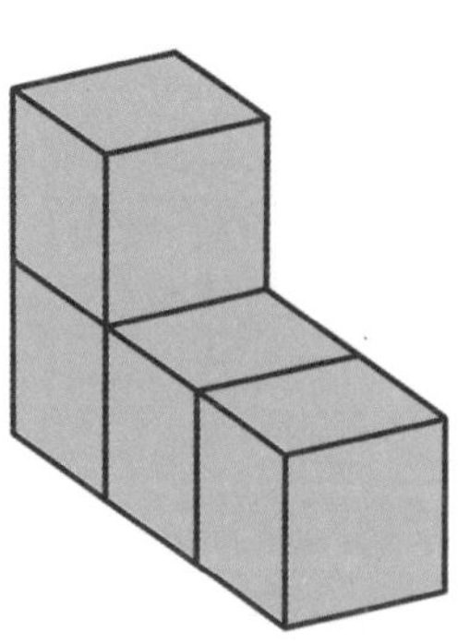

答题栏

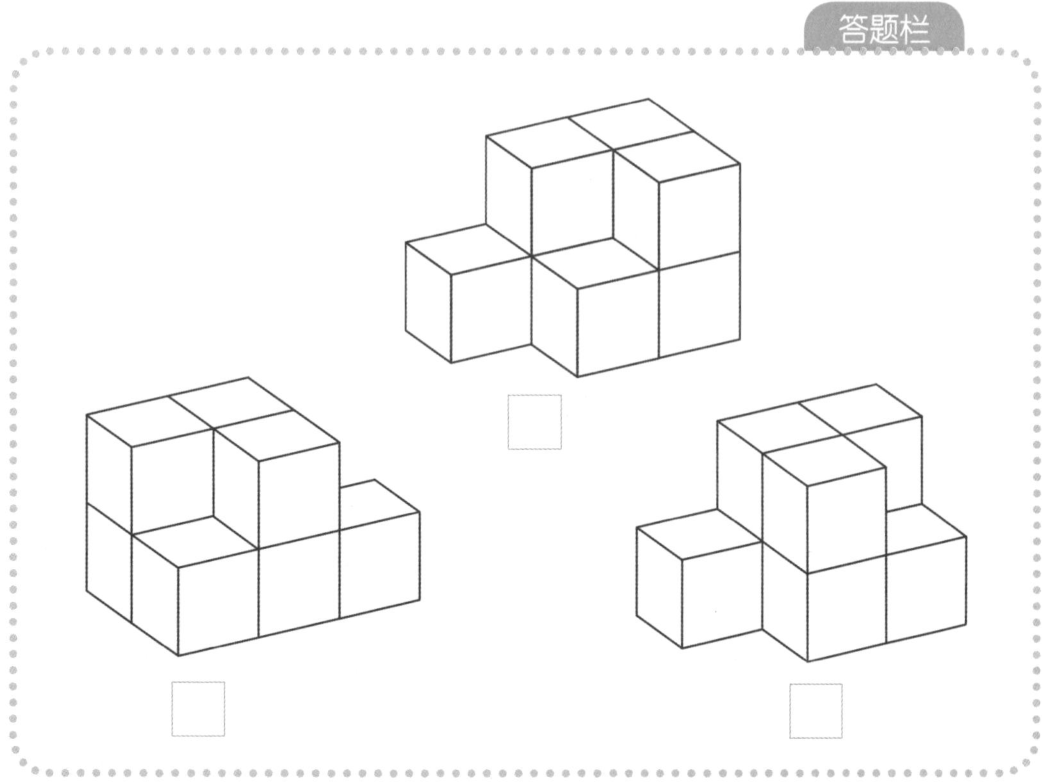

答案 154 页

134

看看会不会倒呢

★★★★★

用下面 2 个索玛立方体积木单元拼搭立体图形。答题栏中的 4 个立体图形中，哪些不会倒呢？给不会倒的打上钩吧！

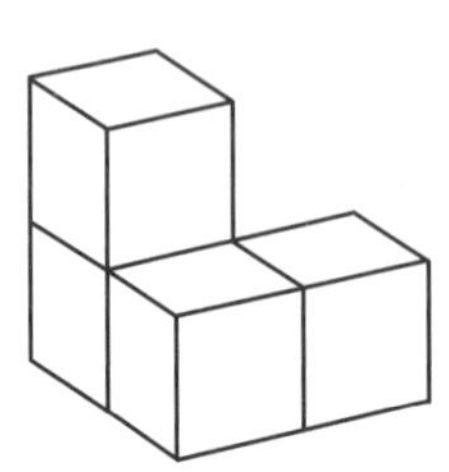

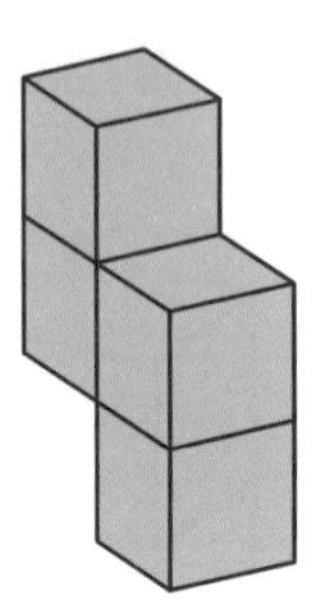

答题栏

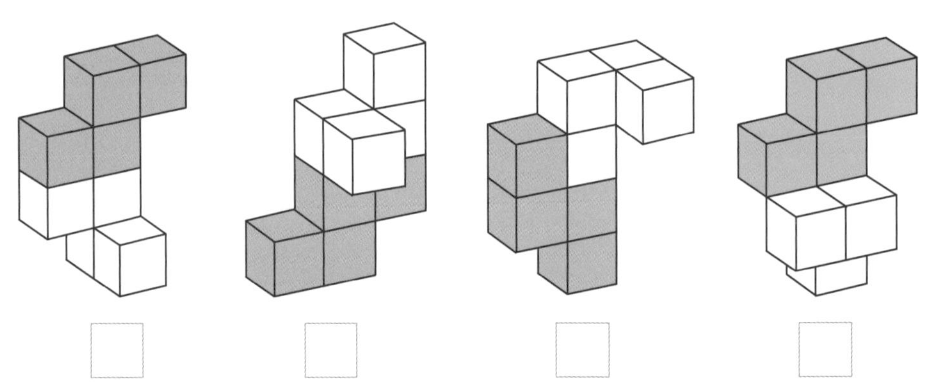

请小朋友再试试拼搭下面的立体图形，给不会倒的打上钩吧！

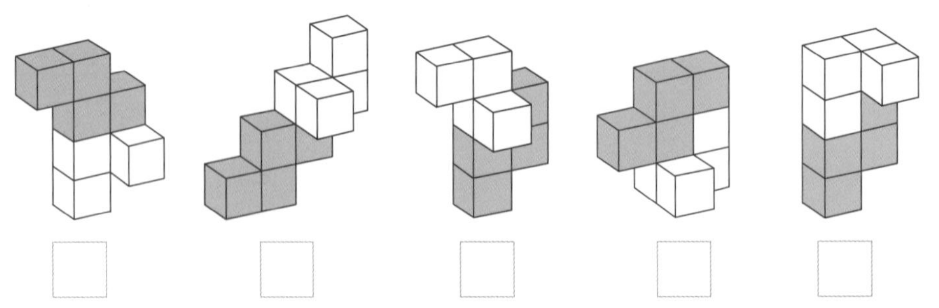

答案 154 页

拼1个一模一样的立体图形吧

从下面答题栏中的5个索玛立方体积木单元中选出两组，拼成和下面的立体图形一模一样的图形吧！在一组下面打钩，另一组下面画圈。

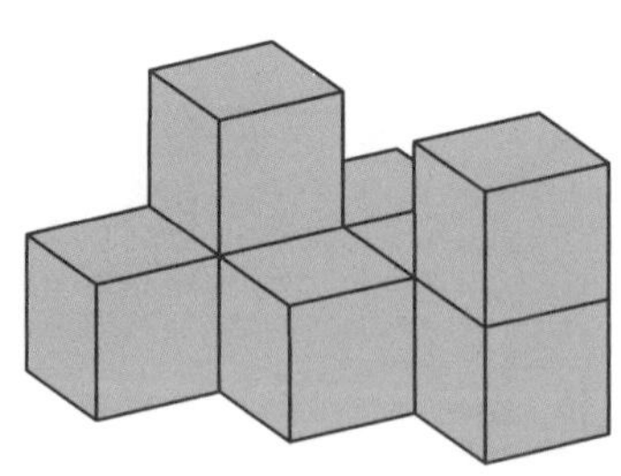

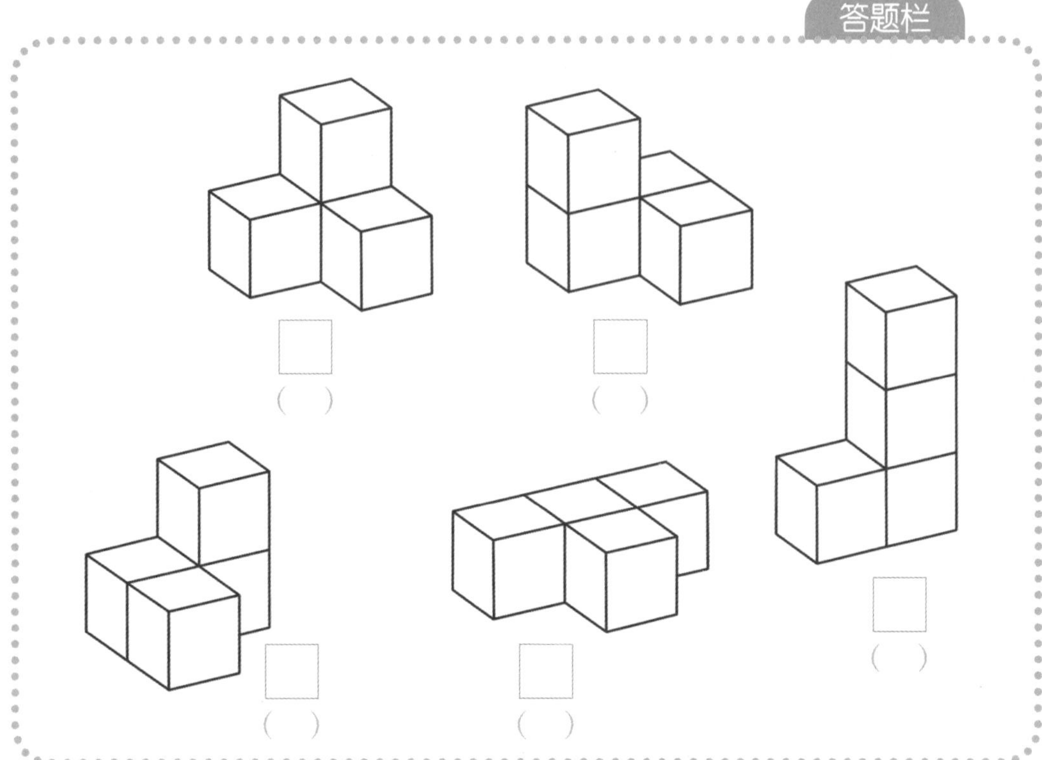

答案 155页

136

把积木拼在一起吧

★★★★★

将下面 2 个索玛立方体积木单元合体后，会变成新的立体图形。答题栏中哪些立体图形是由这两个积木单元拼成的？选出来打上钩吧！

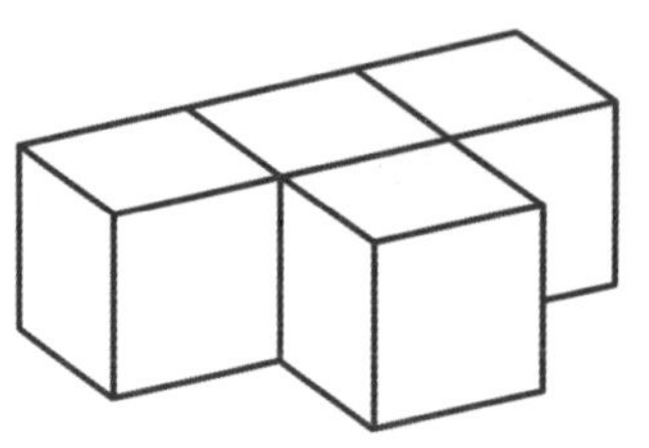

答题栏

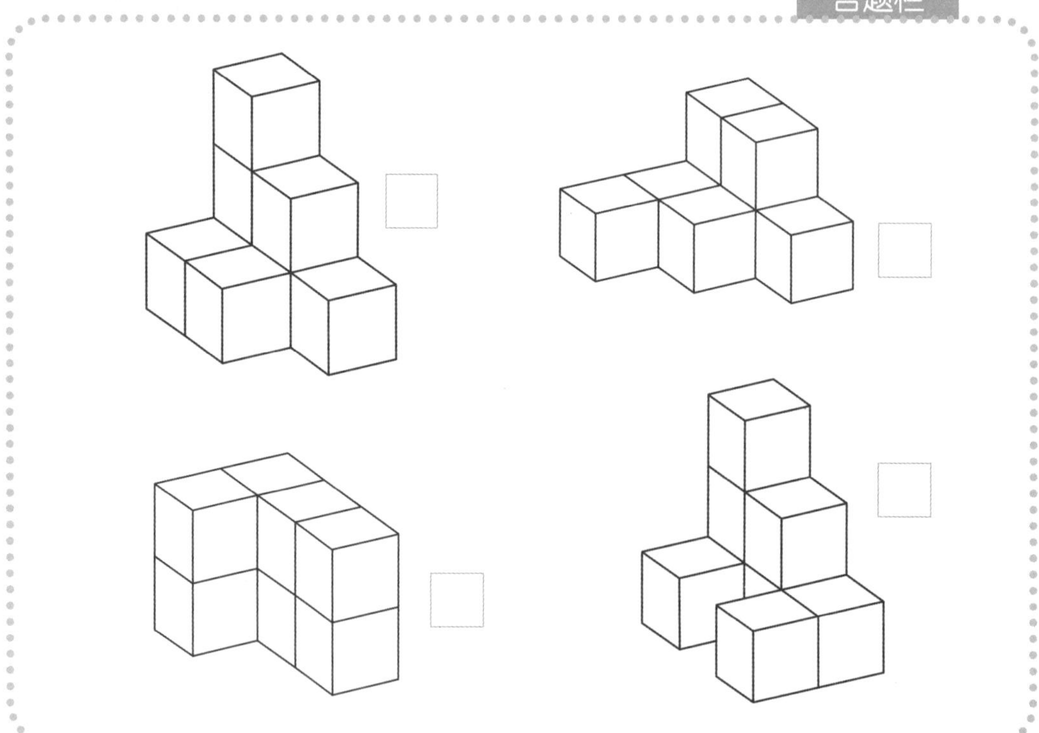

答案 155 页

4 水滴石穿

在第三阶段，我们用索玛立方体积木单元进行解题，对立方体的了解是不是更深刻了呢？现在，到了第四阶段，我们可以直接使用书后索玛立方体各积木单元的展开图，将它们制作出来，这样可以克服容易变形、粘接处脱落的情形。

如果你想长期挑战立方体游戏，从实用的角度来说，你可以购买木质的索玛立方体玩具，玩具里的积木单元会令你轻松面对第四阶段的挑战。

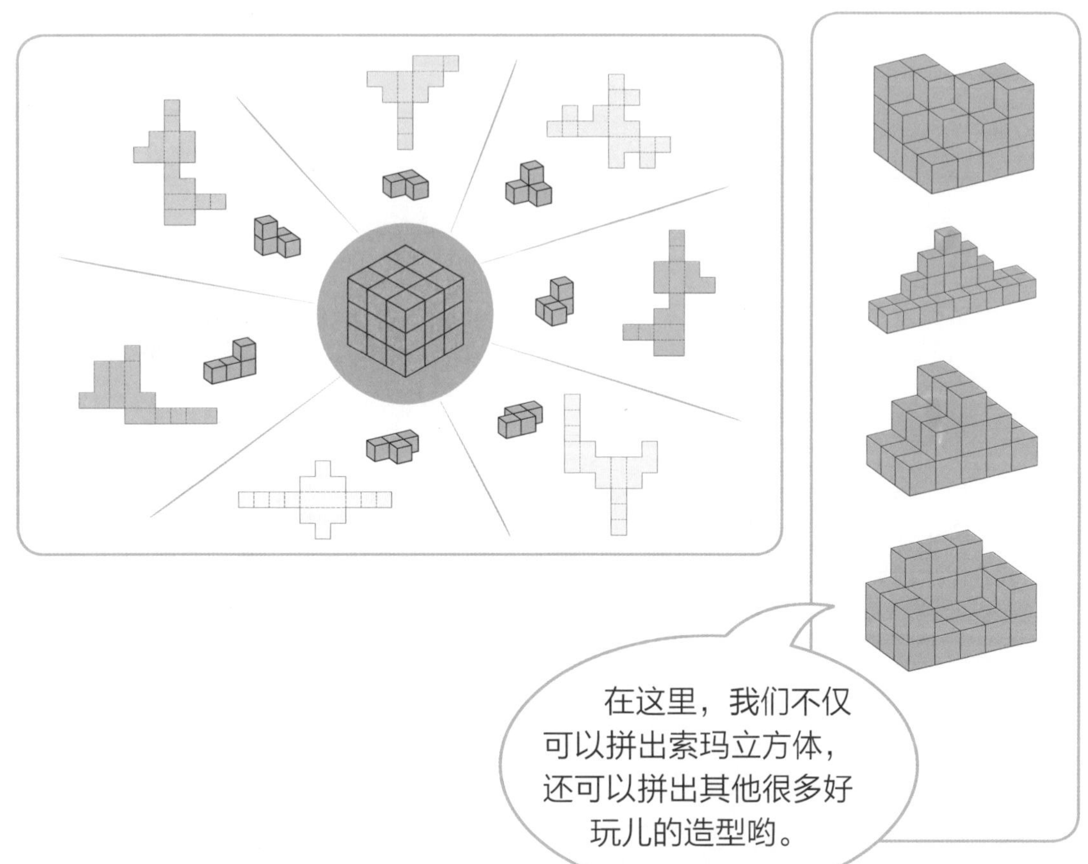

一起造个房子吧

★★★★★

用索玛立方体积木单元拼了1个二层的房子，房子一层和二层的平面图（从上往下看）如图所示。你知道拼的是下面哪个房子吗？请在方框里打钩。

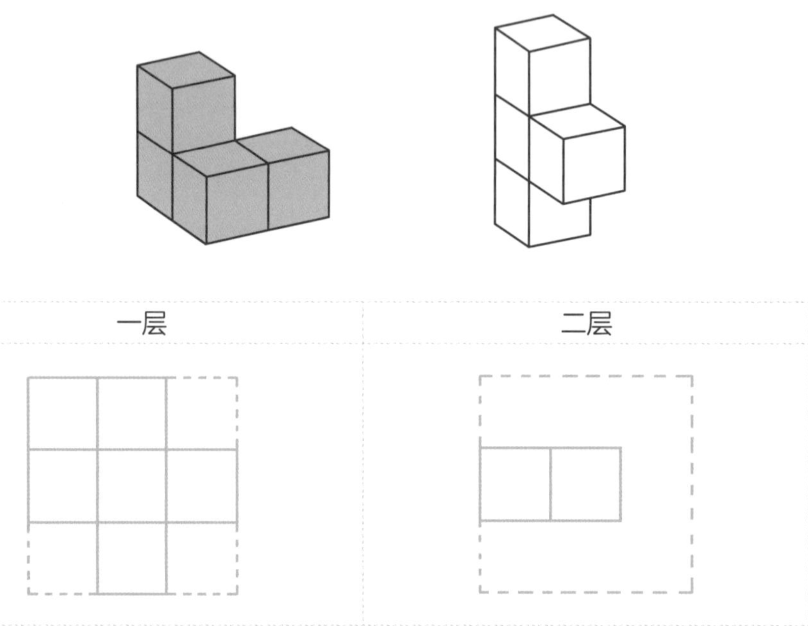

答题栏

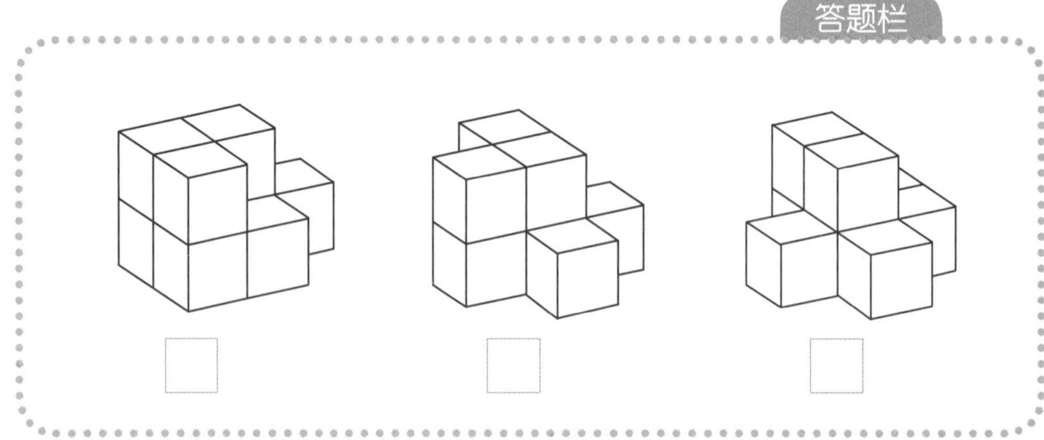

答案 155页

138

让积木滚一滚吧

从索玛立方体积木单元中挑选 1 个让它翻滚吧！它的滚动轨迹如下图所示，你知道这是哪个积木单元滚动的轨迹吗？选出来打上钩吧！

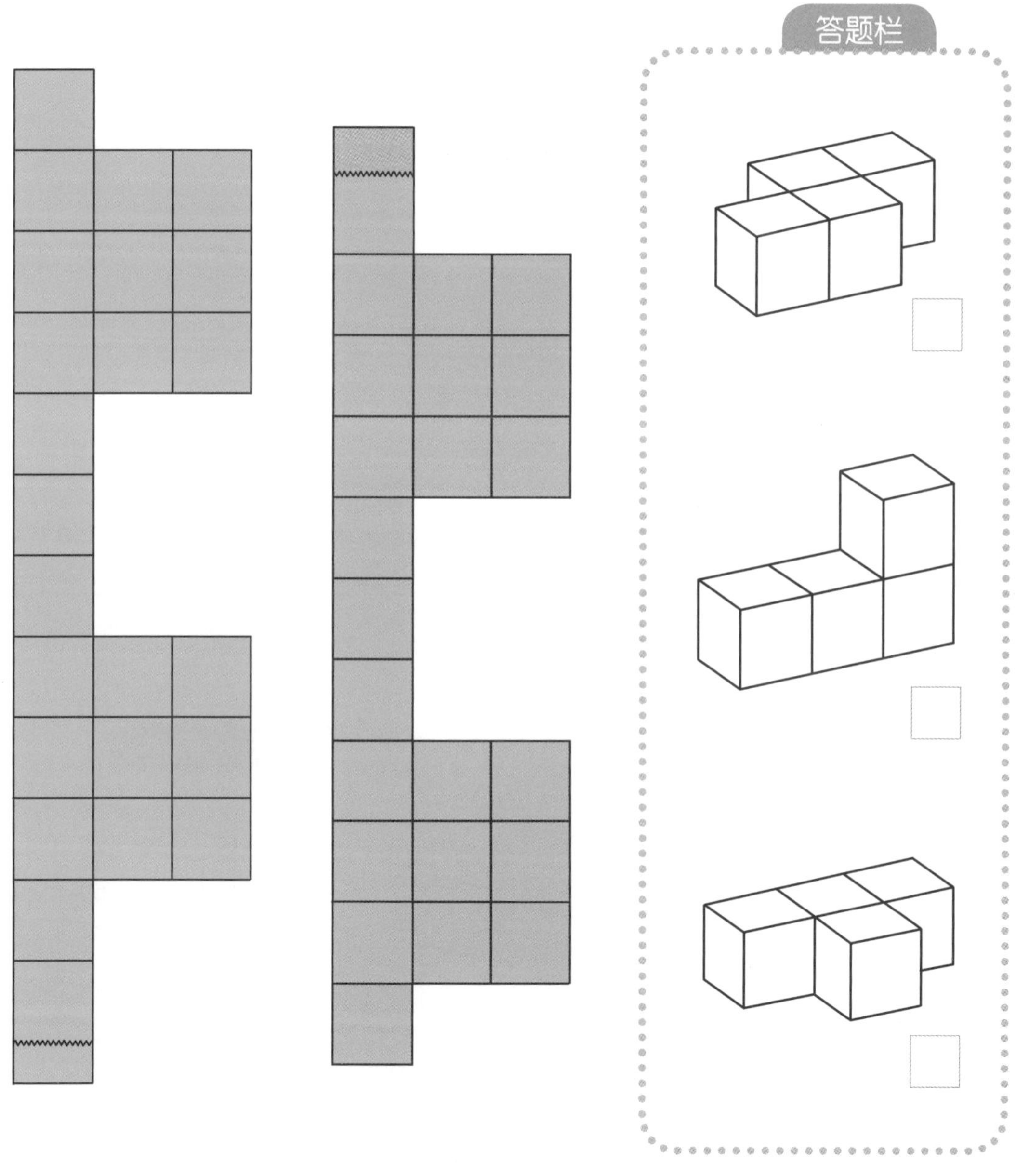

答案 155 页

139

一起造个房子吧

★★★★★

用索玛立方体积木单元拼了1个二层的房子，房子一层和二层的平面图（从上往下看）如图所示。你知道拼的是下面哪个房子吗？请在方框里打钩。

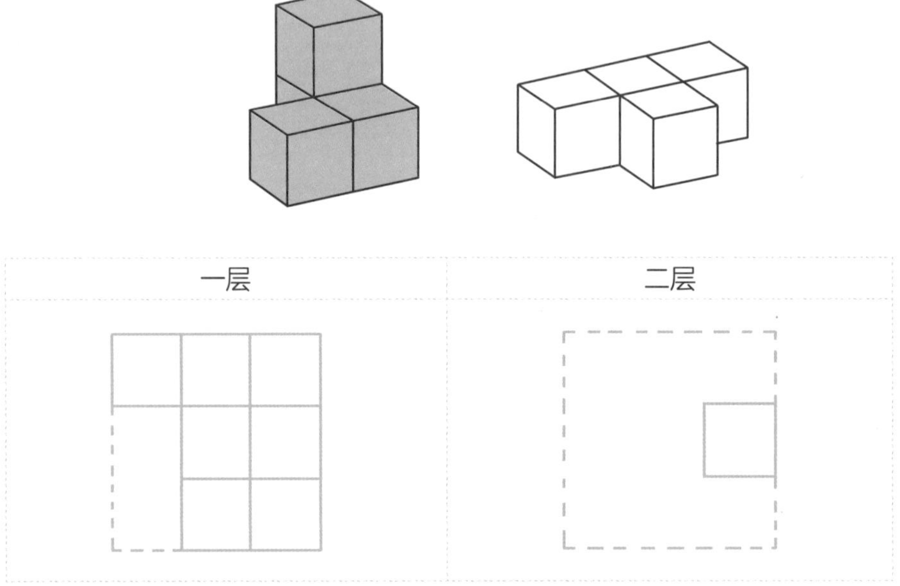

答题栏

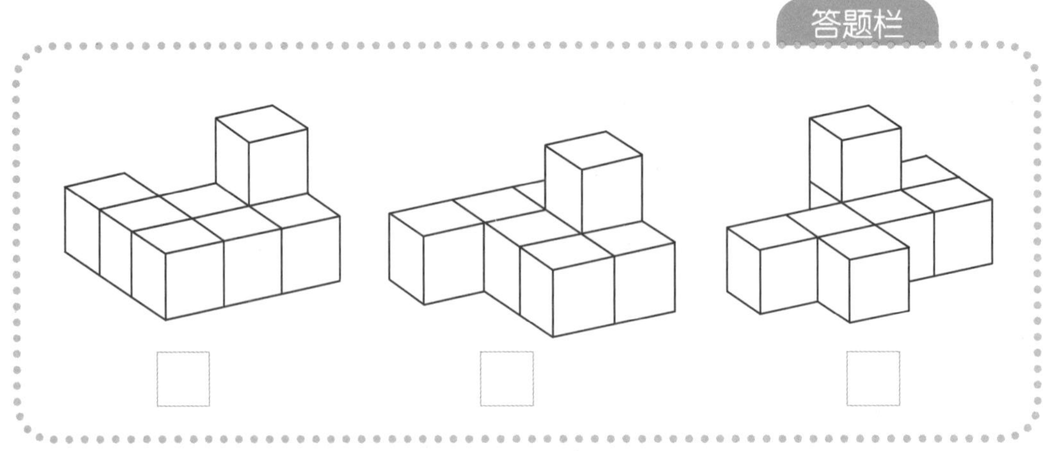

答案 155页

让积木滚一滚吧

★★★★★

从索玛立方体积木单元中挑选 1 个让它翻滚吧！它的滚动轨迹如下图所示，你知道这是哪个积木单元滚动的轨迹吗？选出来打上钩吧！

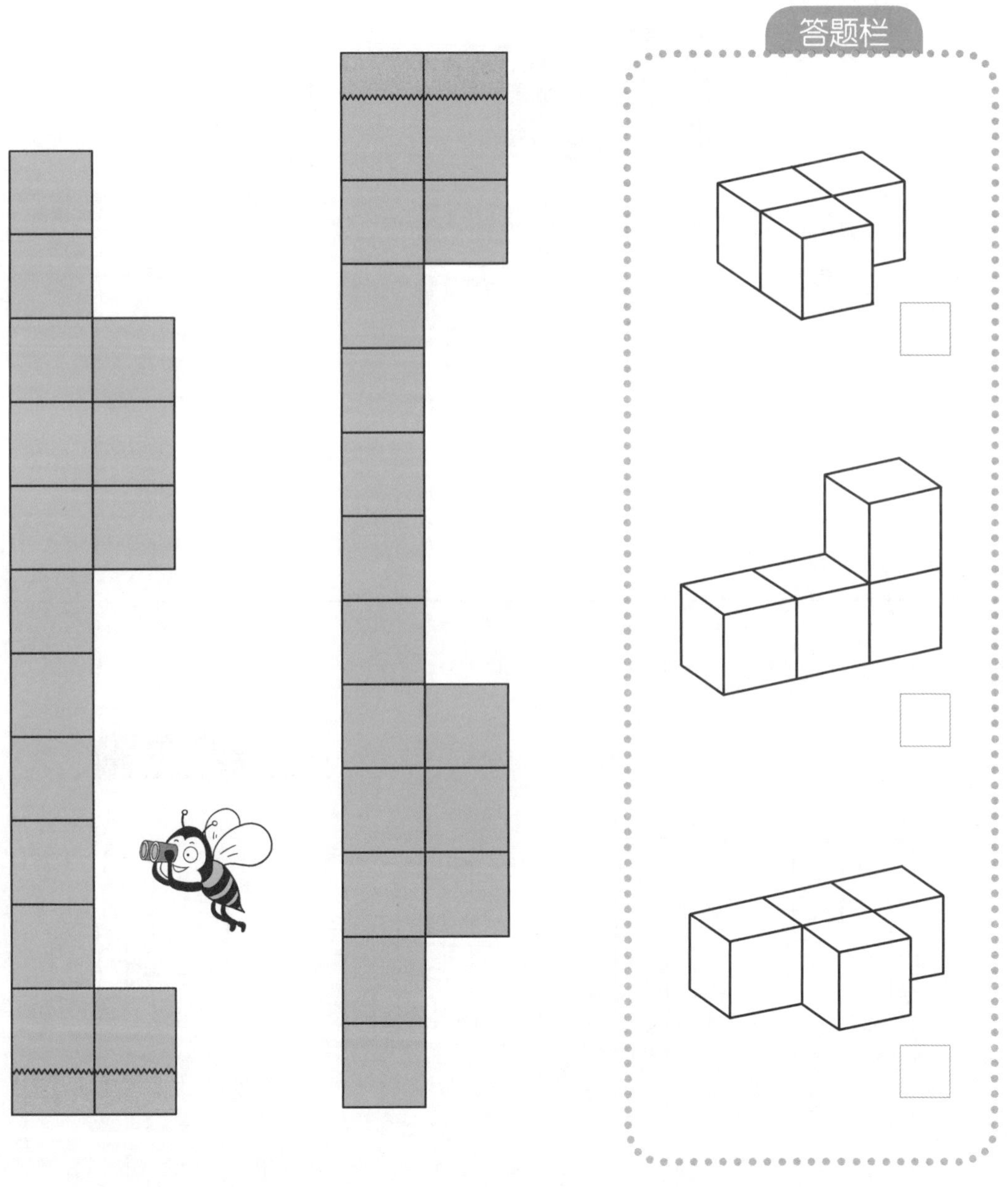

答案 155 页

一起造个房子吧

★★★★★

用索玛立方体积木单元拼了1个三层的房子，房子一层、二层和三层的平面图（从上往下看）如图所示。你知道拼的是下面哪个房子吗？请在方框里打钩。

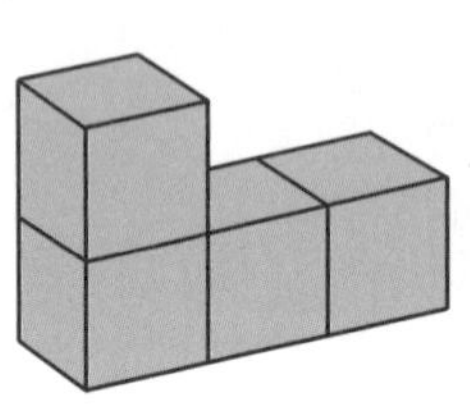

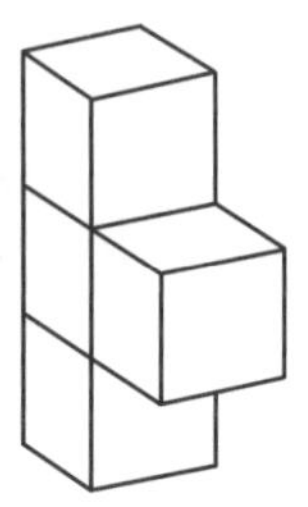

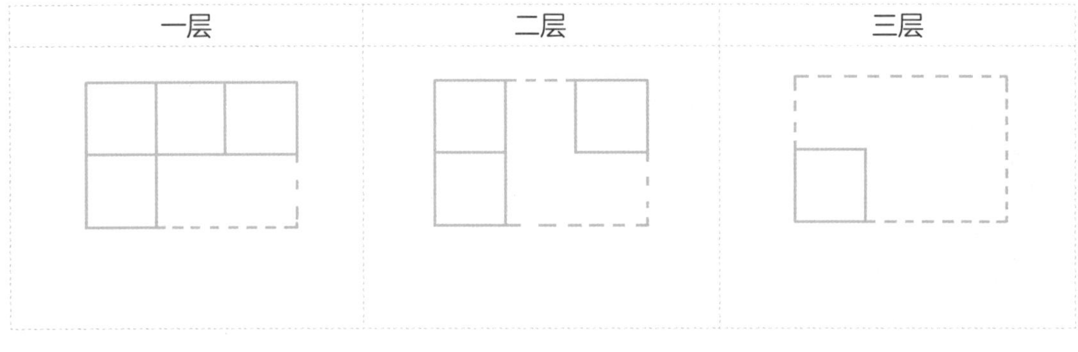

答题栏

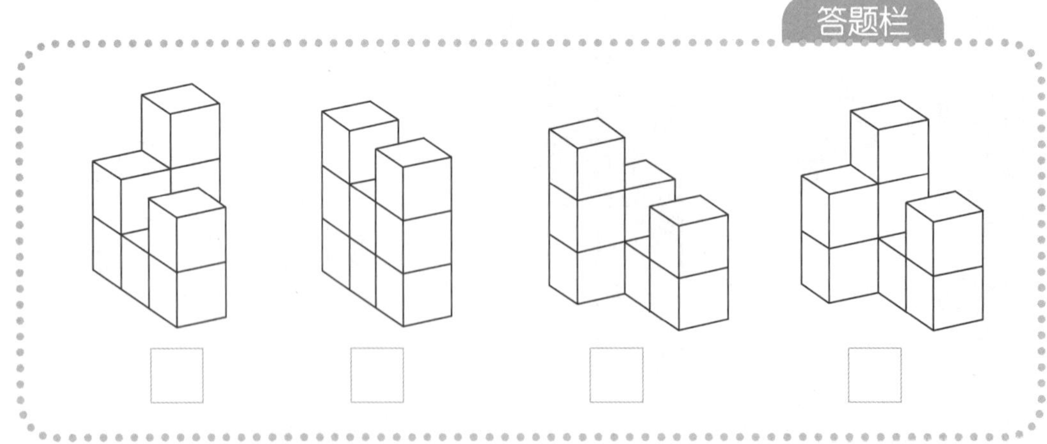

答案 155页

让积木滚一滚吧

★★★★

从索玛立方体积木单元中挑选 1 个让它翻滚吧！它的滚动轨迹如下图所示。你知道这是哪个积木单元滚动的轨迹吗？选出来打上钩吧！

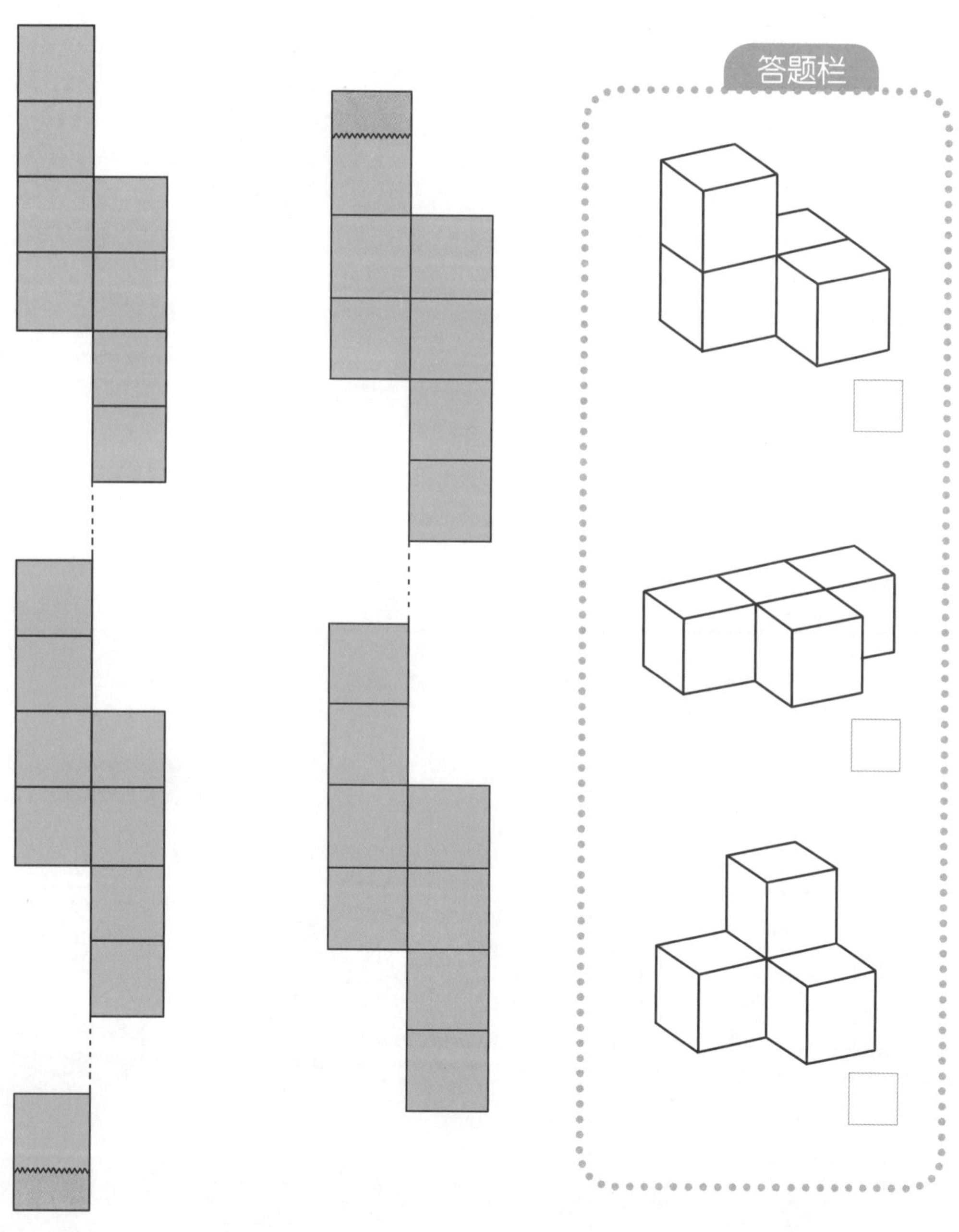

答案 155 页

一起造个房子吧

★★★★

用索玛立方体积木单元拼了1个二层的房子，房子一层和二层的平面图（从上往下看）如图所示。你知道拼的是下面哪个房子吗？请在方框里打钩。

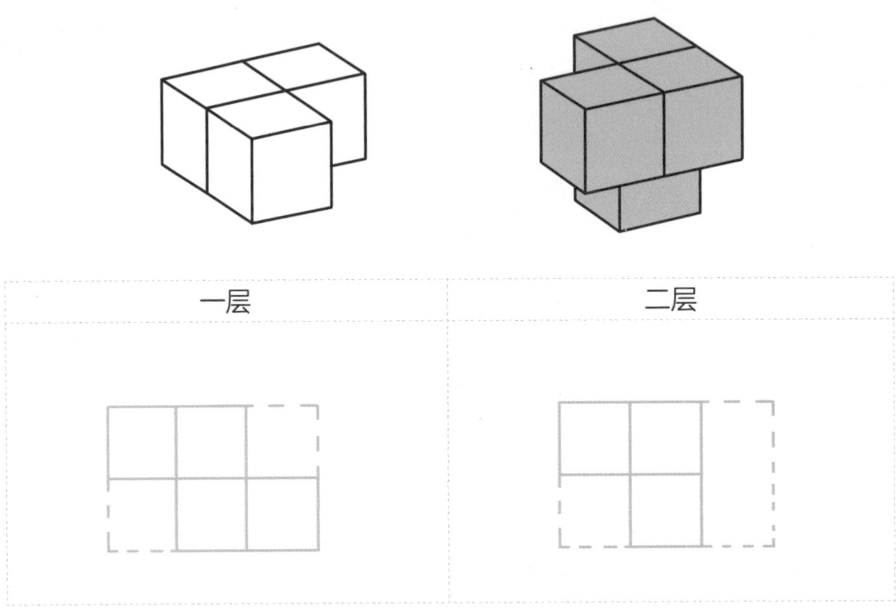

答题栏

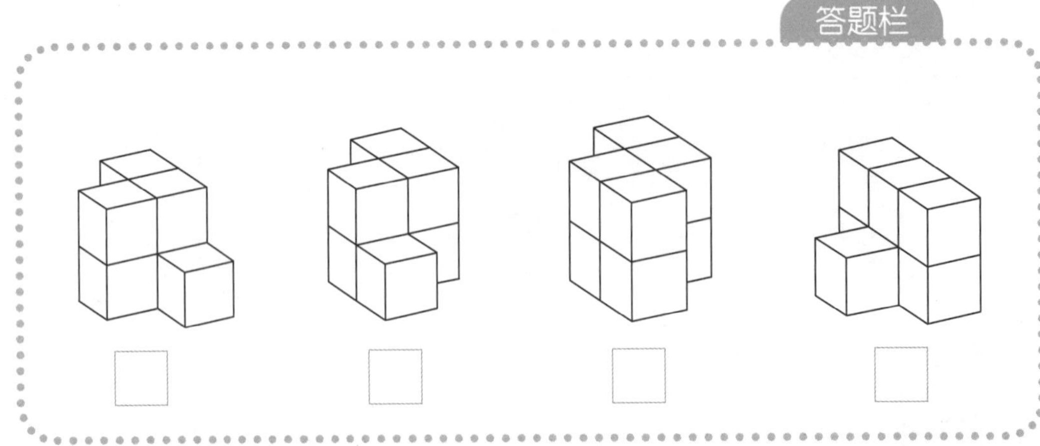

答案 155页

144

让积木滚一滚吧

★★★★★

从索玛立方体积木单元中挑选 1 个让它翻滚吧！它的滚动轨迹如下图所示。你知道这是哪个积木单元滚动的轨迹吗？选出来打上钩吧！

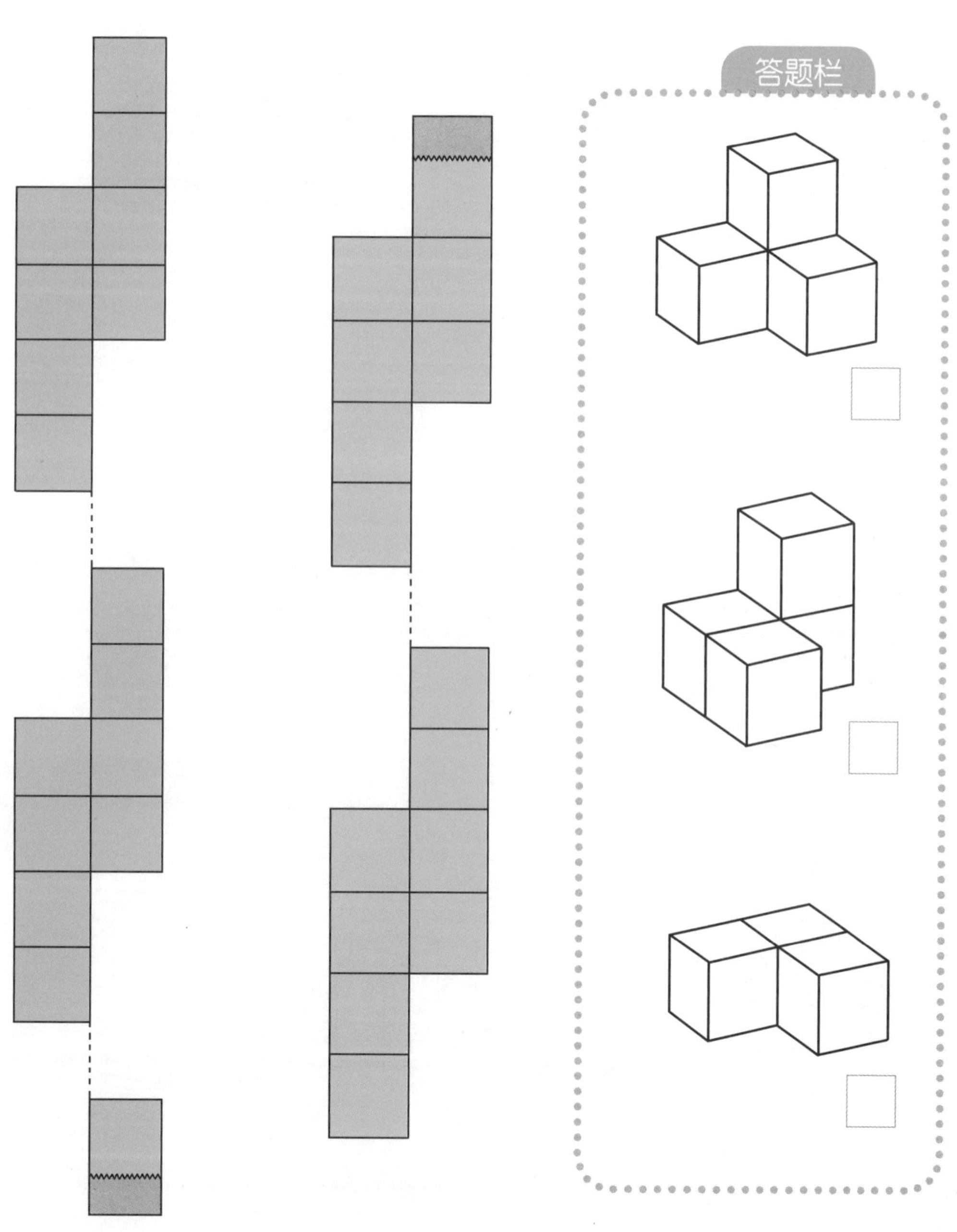

答案 155 页

145

一起造个房子吧

★★★★

用索玛立方体积木单元拼了1个二层的房子，房子一层和二层的平面图（从上往下看）如图所示。你知道拼的是下面哪个房子吗？请在方框里打钩。

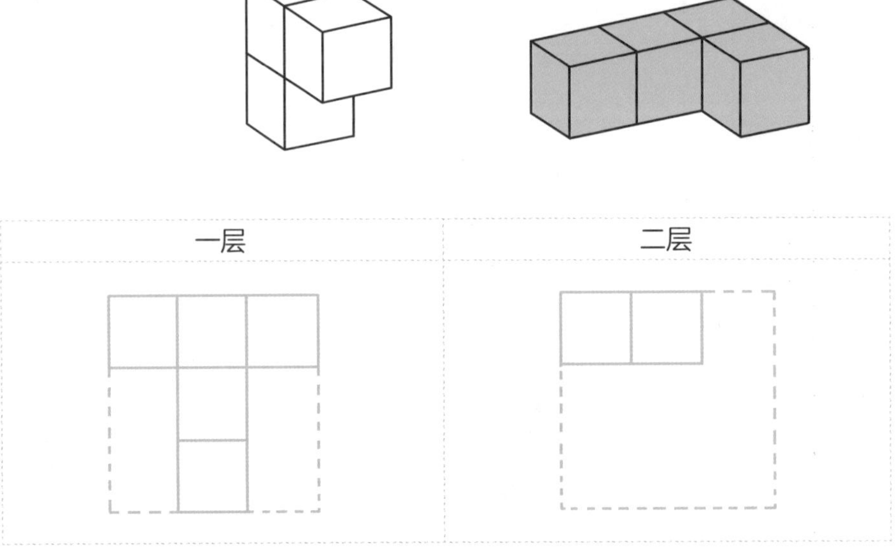

答题栏

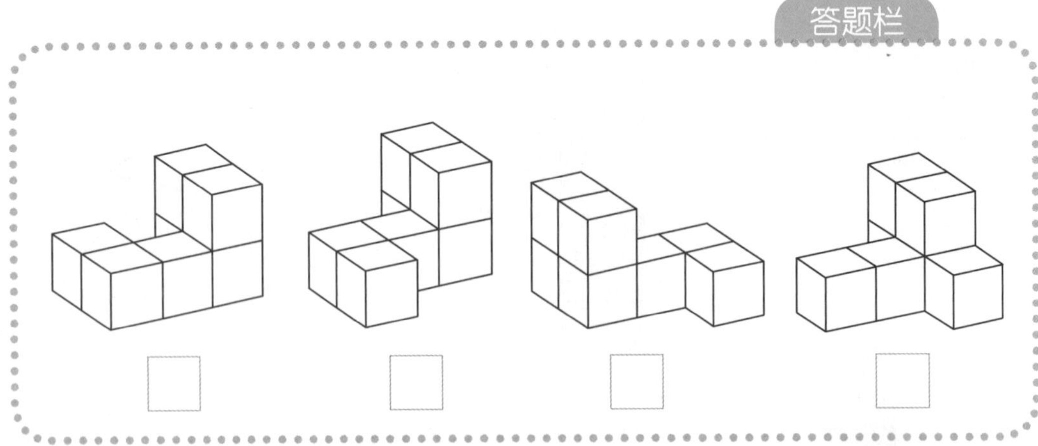

答案 155页

146

让积木滚一滚吧

★★★★★

从索玛立方体积木单元中挑选 1 个让它翻滚吧！它的滚动轨迹如下图所示。你知道这是哪个积木单元滚动的轨迹吗？选出来打上钩吧！

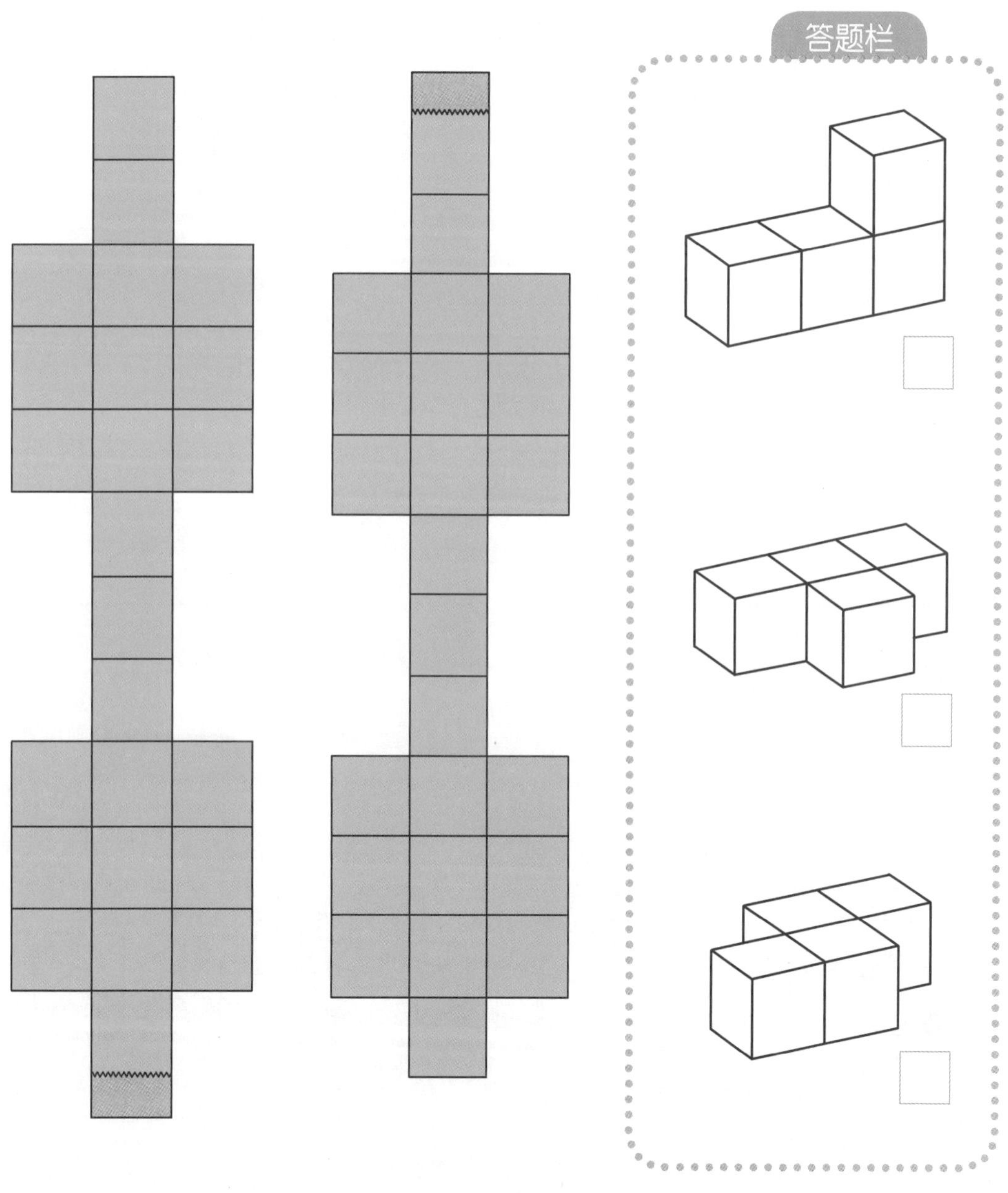

答案 155 页

一起造个房子吧

★★★★

用索玛立方体积木单元拼了1个二层的房子，房子一层和二层的平面图（从上往下看）如图所示。你知道拼的是下面哪个房子吗？请在方框里打钩。

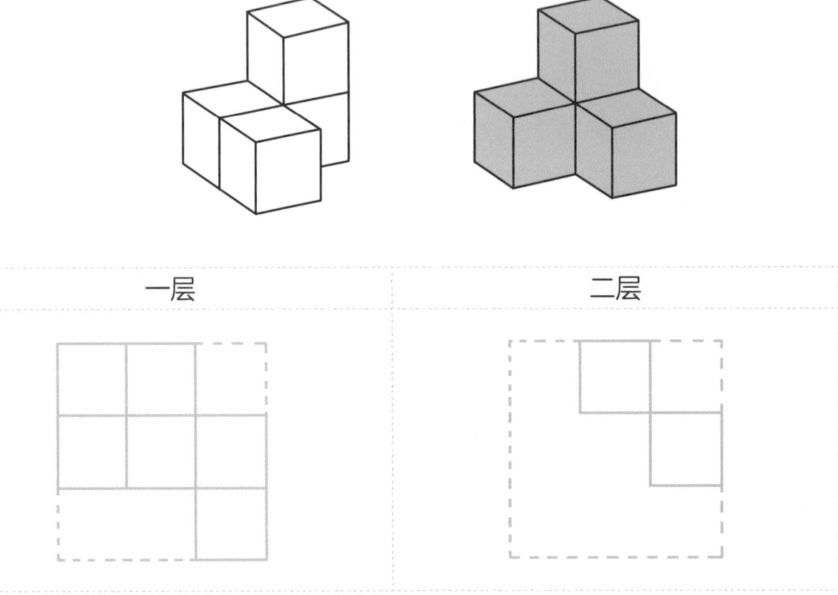

答题栏

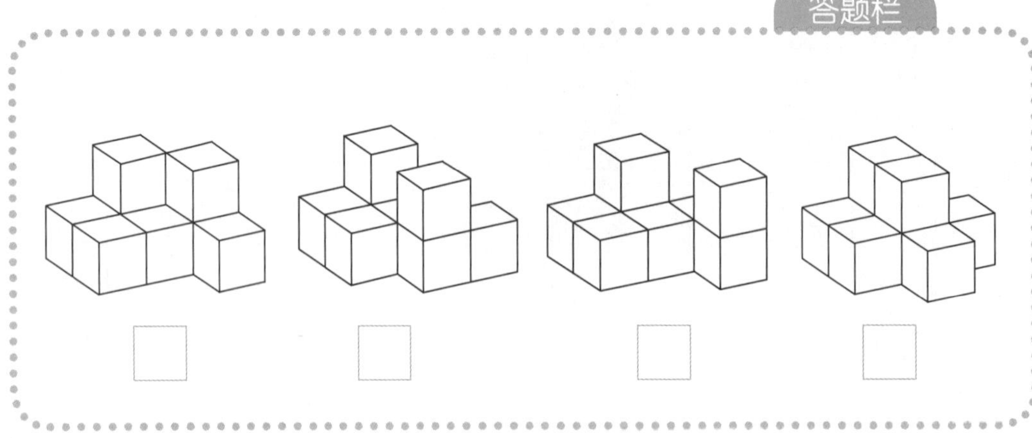

答案 155页

让积木滚一滚吧

★★★★★

从索玛立方体积木单元中挑选1个让它翻滚吧！它的滚动轨迹如下图所示。你知道这是哪个积木单元滚动的轨迹吗？选出来打上钩吧！

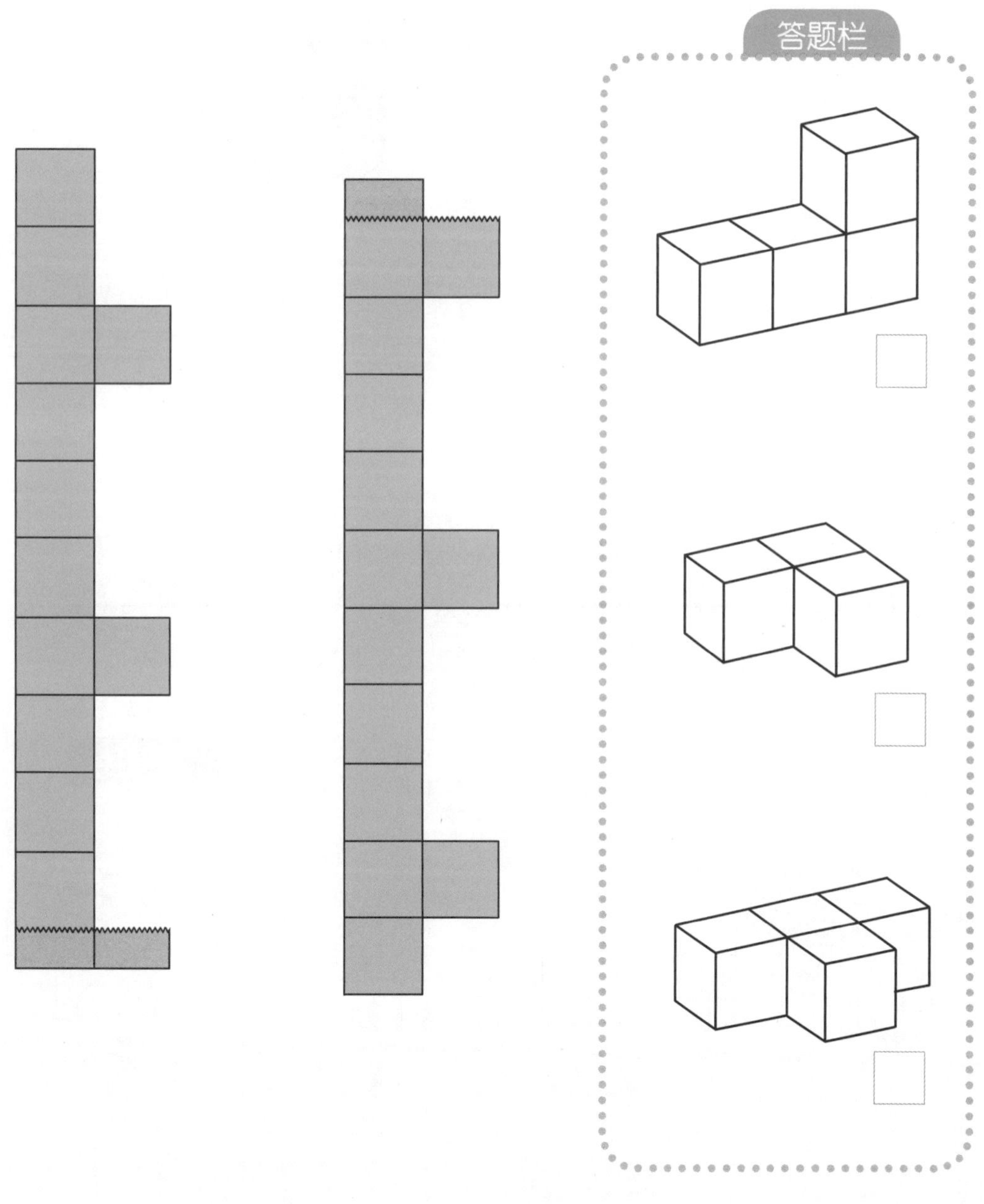

答案 155页

一起造个房子吧

★★★★

用索玛立方体积木单元拼了1个二层的房子，房子一层和二层的平面图（从上往下看）如图所示。你知道拼的是下面哪个房子吗？请在方框里打钩。

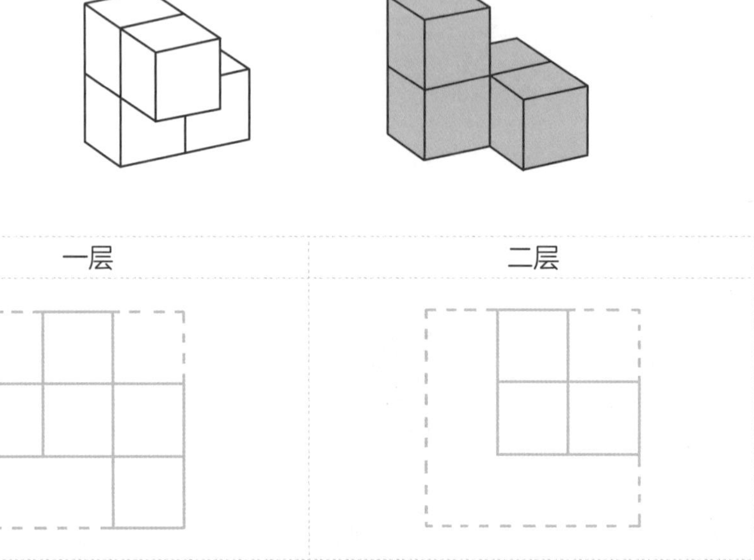

答题栏

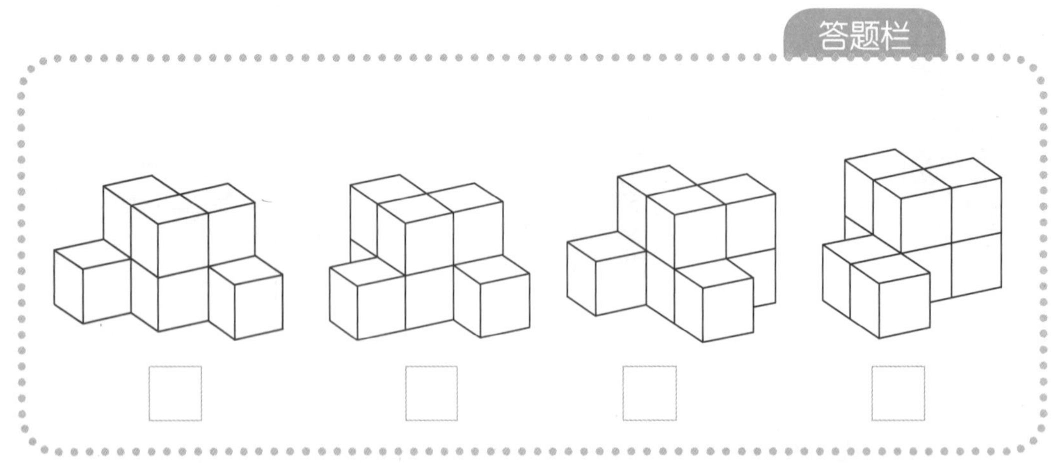

答案 155页

150

让积木滚一滚吧

★★★★

从索玛立方体积木单元中挑选 1 个让它翻滚吧！它的滚动轨迹如下图所示。你知道这是哪个积木单元滚动的轨迹吗？选出来打上钩吧！

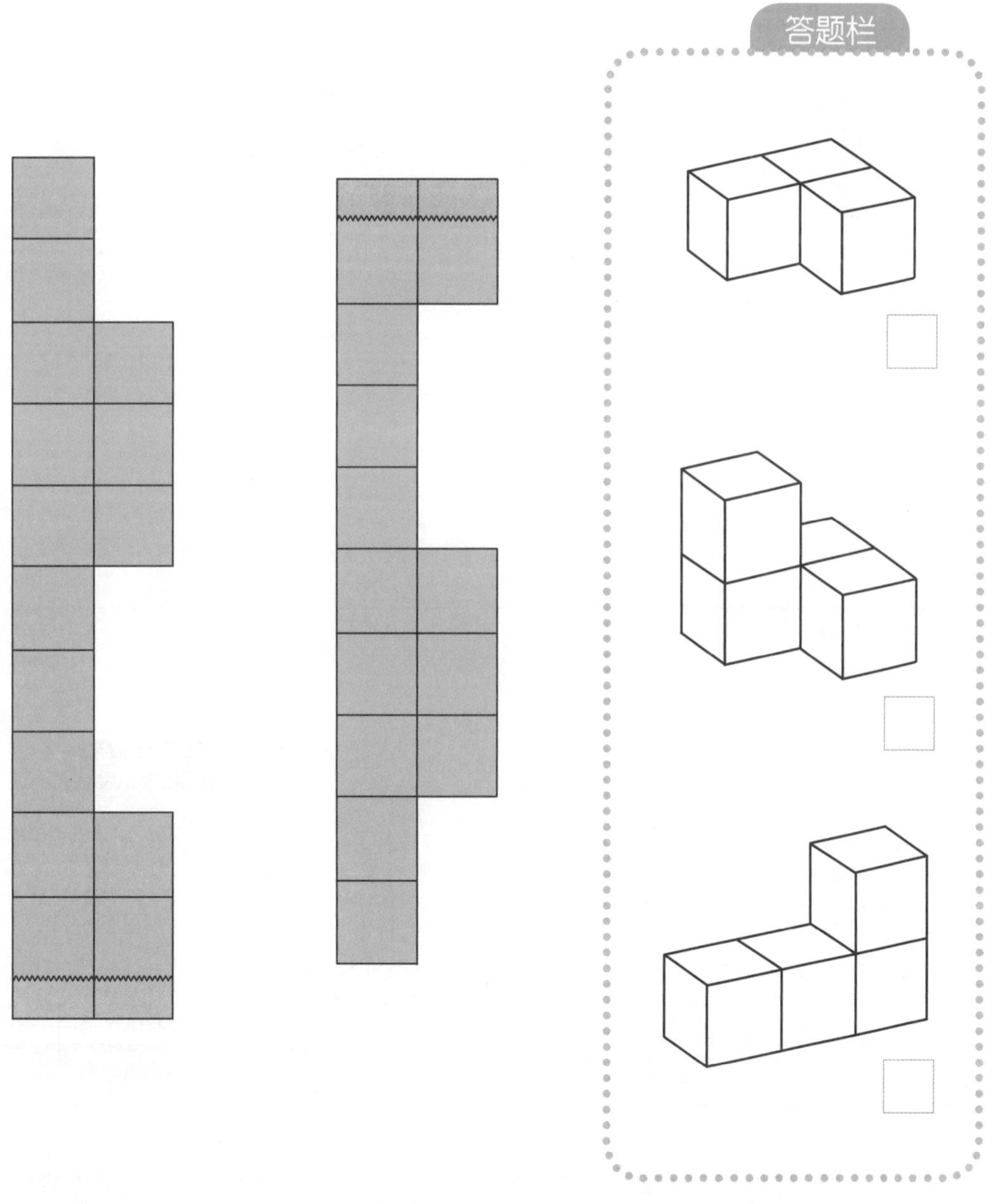

答案 156 页

151

一起造个房子吧

★★★★

用索玛立方体积木单元拼了1个二层的房子，房子一层和二层的平面图（从上往下看）如图所示。你知道拼的是下面哪个房子吗？请在方框里打钩。

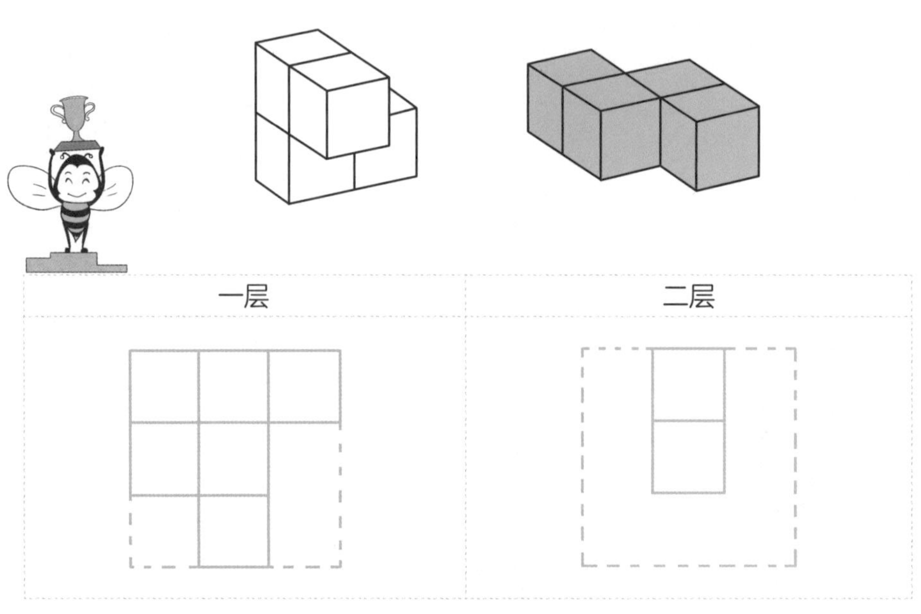

答题栏

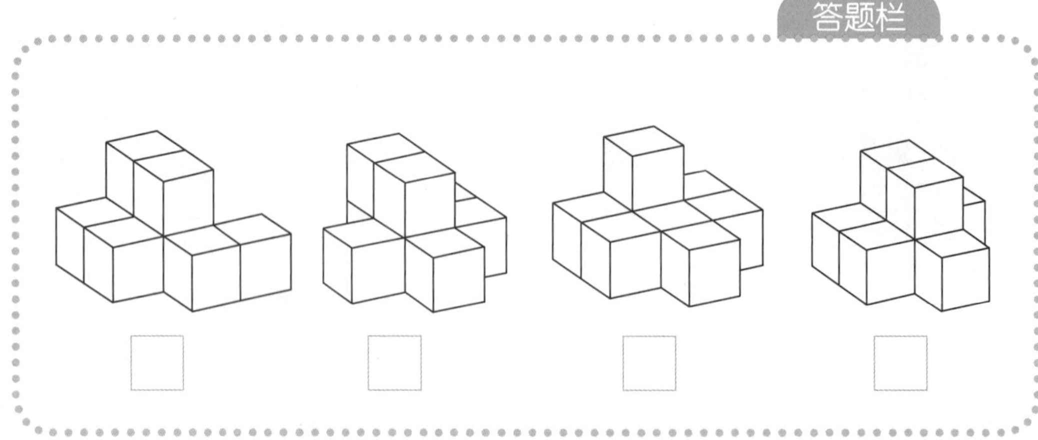

答案 156页

152

让积木滚一滚吧

★★★★★

从索玛立方体积木单元中挑选1个让它翻滚吧！它的滚动轨迹如下图所示。你知道这是哪个积木单元滚动的轨迹吗？选出来打上钩吧！

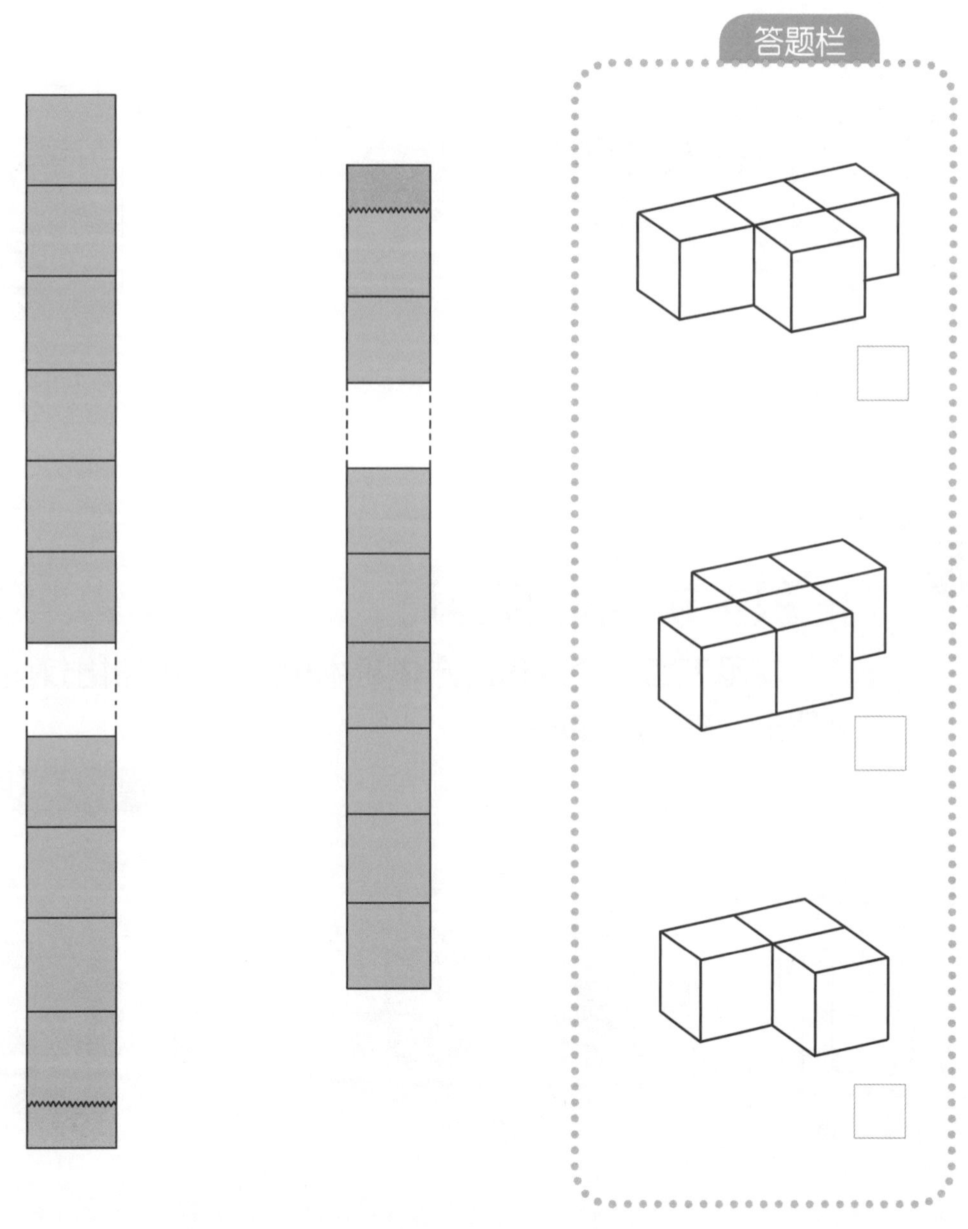

答案 156页

153

把积木拼成对称体吧

★★★★★

使用下面 2 个索玛立方体积木单元，可以拼出对称的立体图形。来拼拼看吧！

示 例

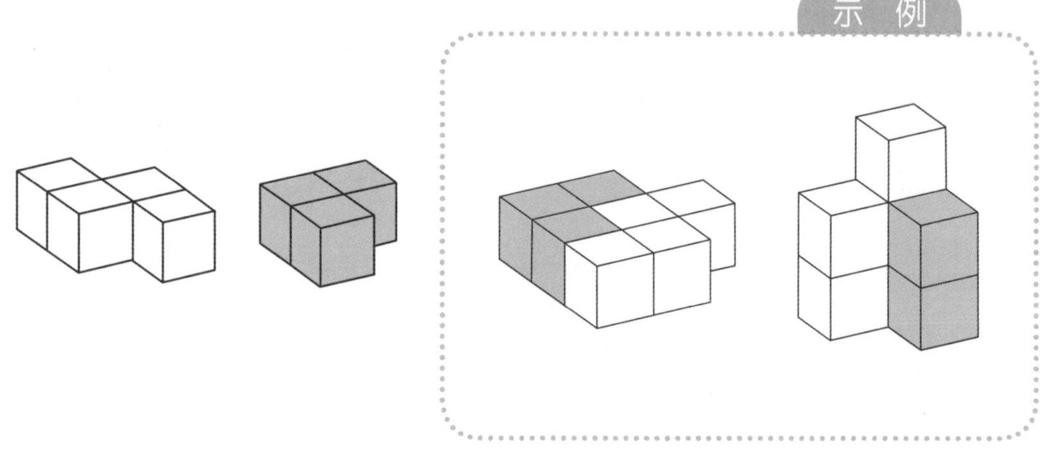

154

把积木拼成对称体吧

★★★★★

使用下面 2 个索玛立方体积木单元，可以拼出对称的立体图形。来拼拼看吧！

示 例

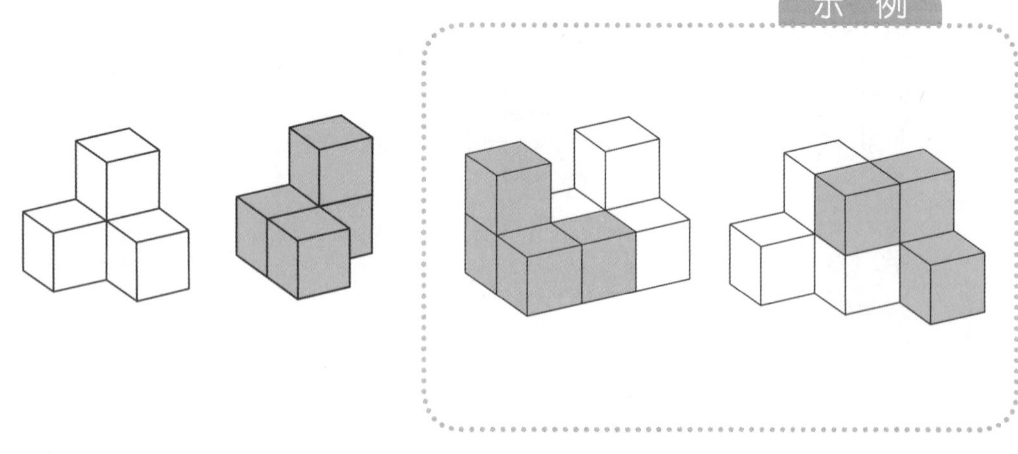

155

把积木拼成对称体吧

★★★★

使用下面 2 个索玛立方体积木单元，可以拼出对称的立体图形。来拼拼看吧！

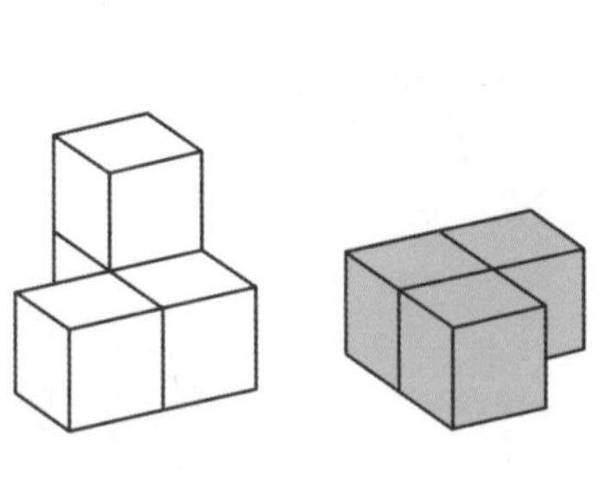

示 例

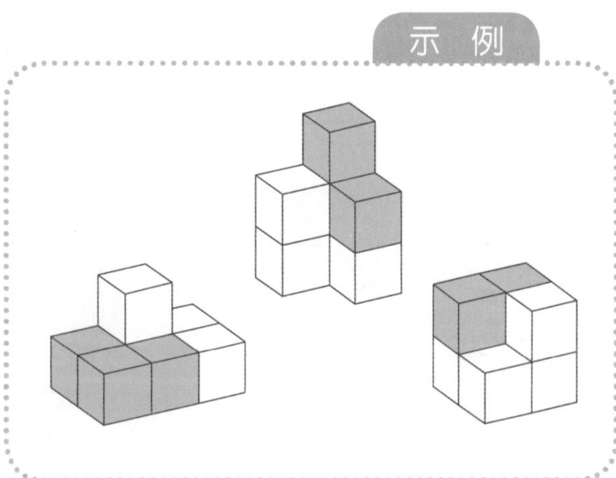

156

把积木拼成对称体吧

★★★★

使用下面 2 个索玛立方体积木单元，可以拼出对称的立体图形。来拼拼看吧！

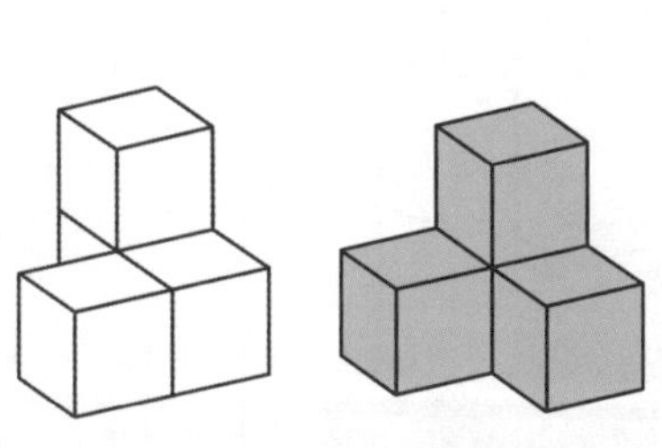

示 例

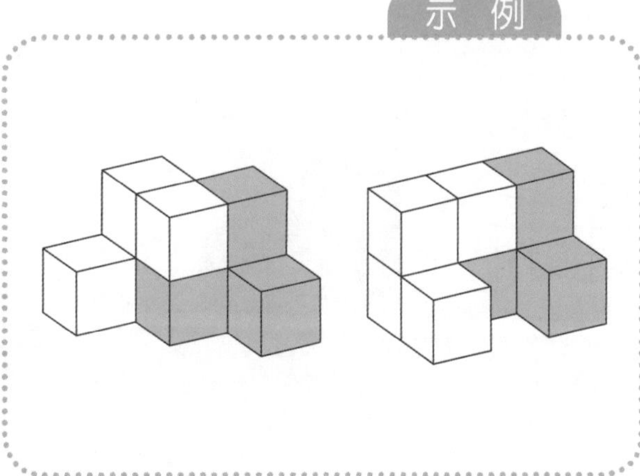

157

把积木拼成对称体吧

★★★★

使用下面 2 个索玛立方体积木单元，可以拼出对称的立体图形。来拼拼看吧！

示 例

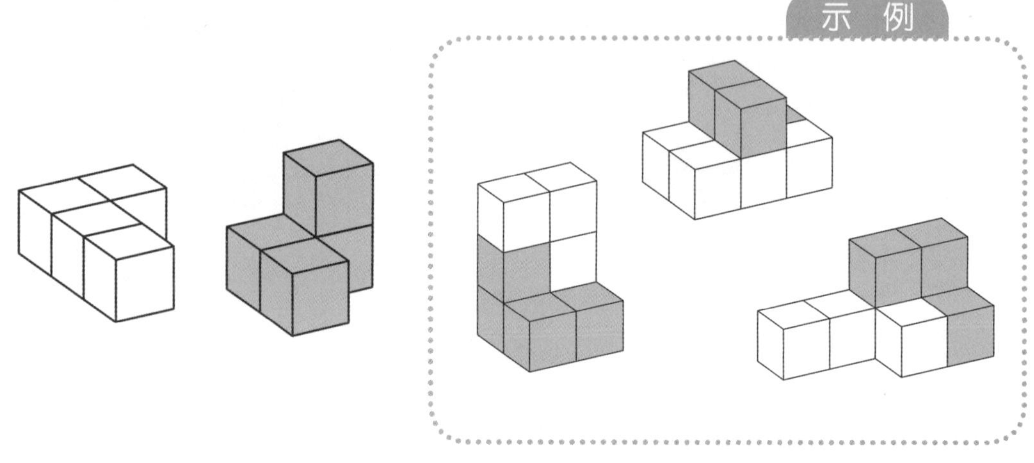

158

把积木拼成对称体吧

★★★★

使用下面 2 个索玛立方体积木单元，可以拼出对称的立体图形。来拼拼看吧！

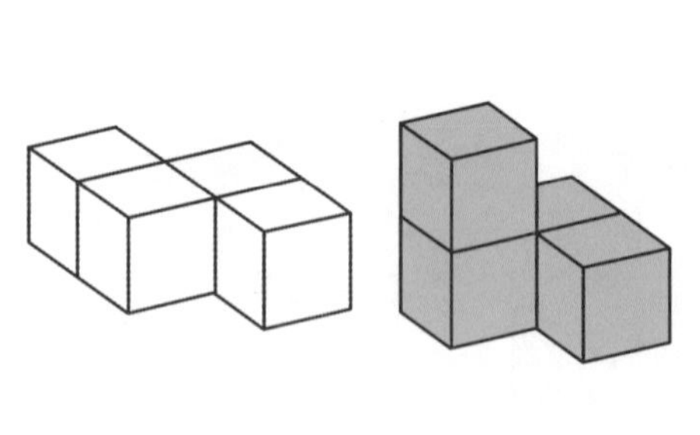

示 例

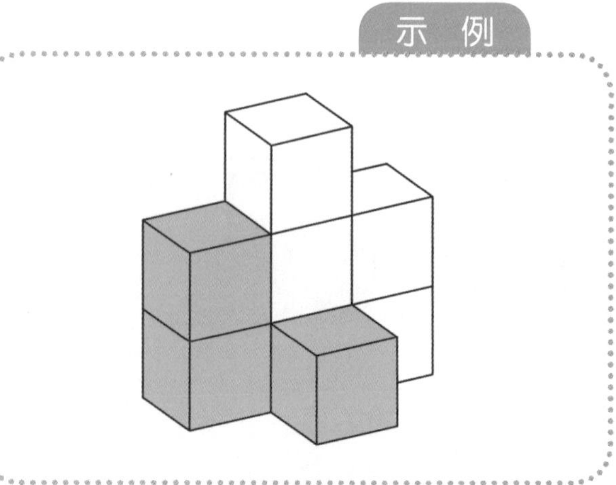

159

把积木拼成对称体吧

★★★★★

使用下面 2 个索玛立方体积木单元，可以拼出对称的立体图形。来拼拼看吧！

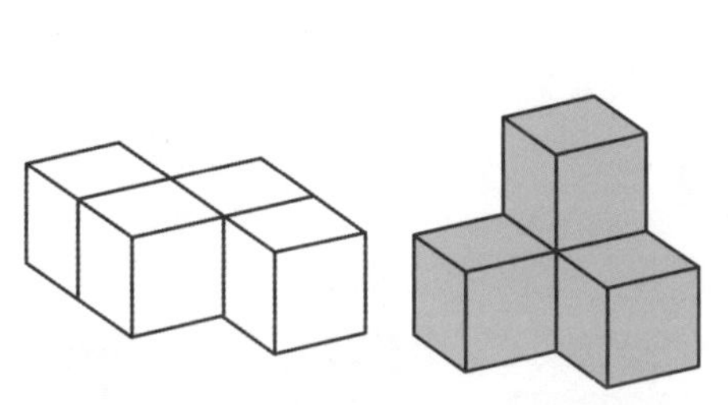

示 例

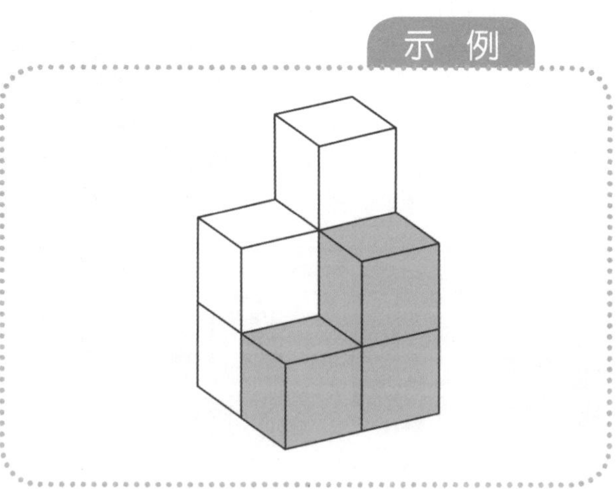

160

把积木拼成对称体吧

★★★★★

使用下面 2 个索玛立方体积木单元，可以拼出对称的立体图形。来拼拼看吧！

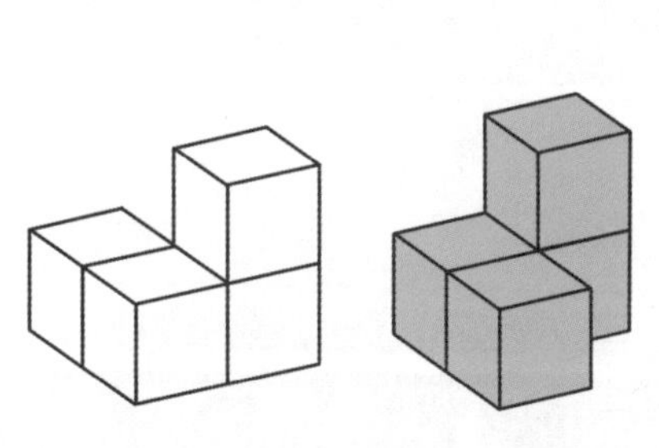

示 例

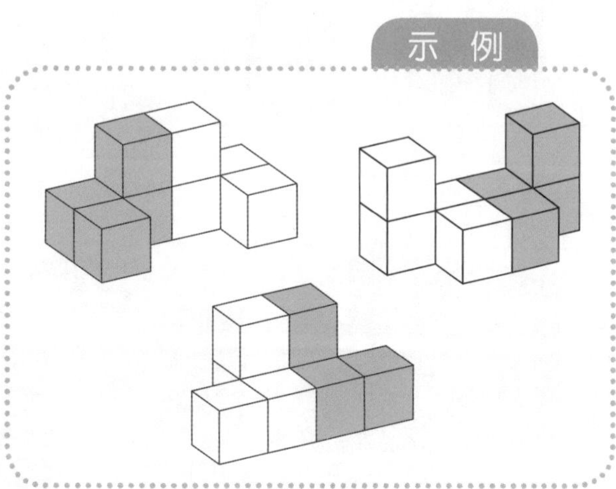

161

拼出立体图形吧

★★★★

请使用 7 个索玛立方体积木单元（A~G），拼出图示的立体图形吧！

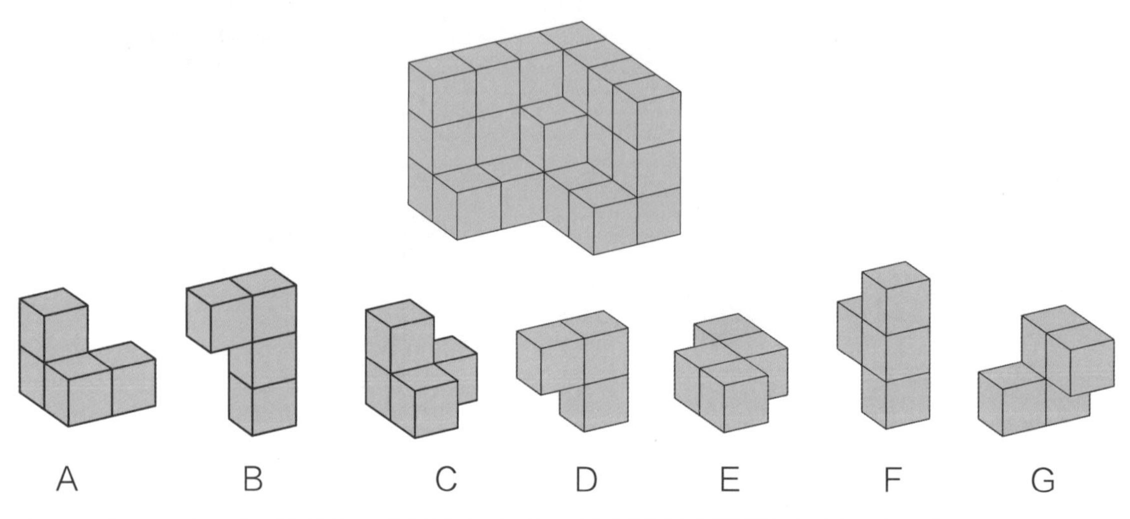

答题栏

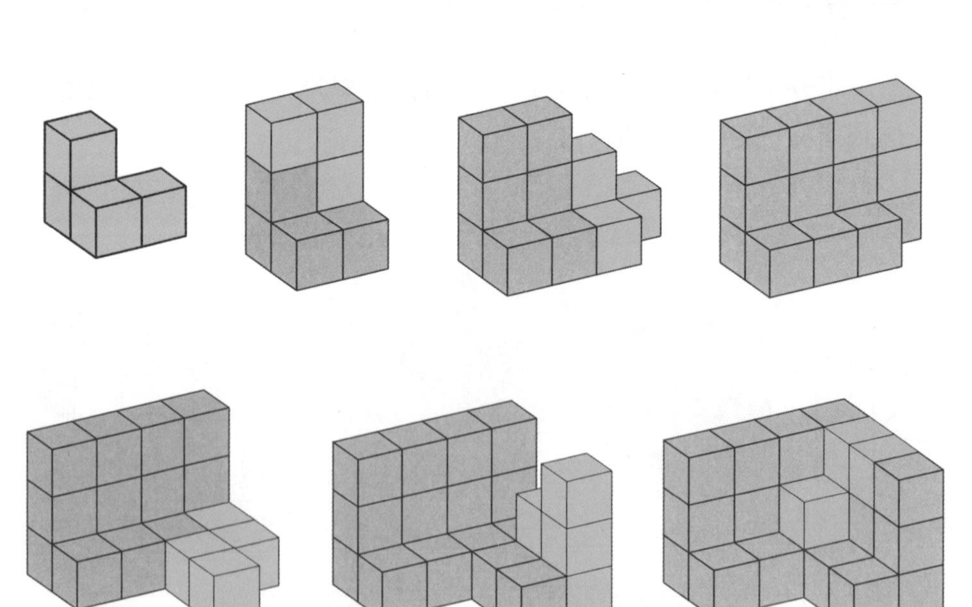

162

拼出立体图形吧

★★★★

请使用 7 个索玛立方体积木单元（A~G），拼出图示的立体图形吧！

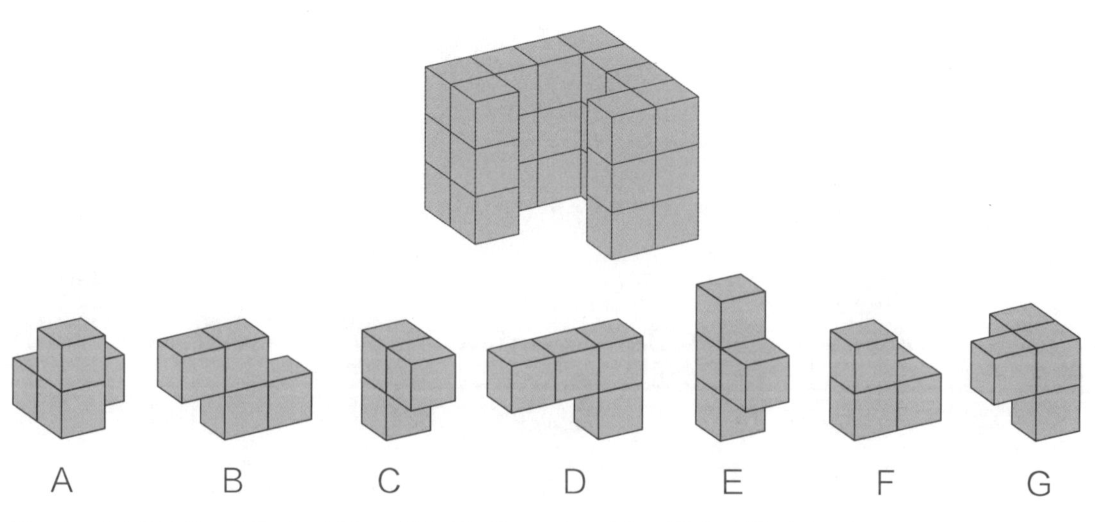

答题栏

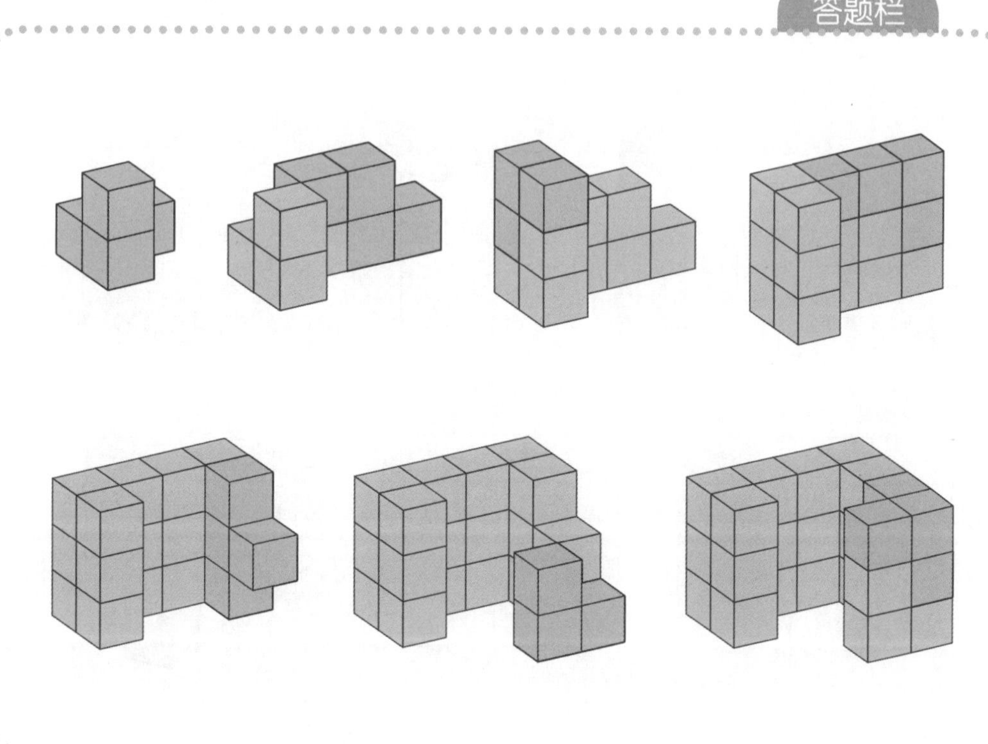

163

拼出立体图形吧

★★★★

请使用 7 个索玛立方体积木单元（A~G），拼出图示的立体图形吧！

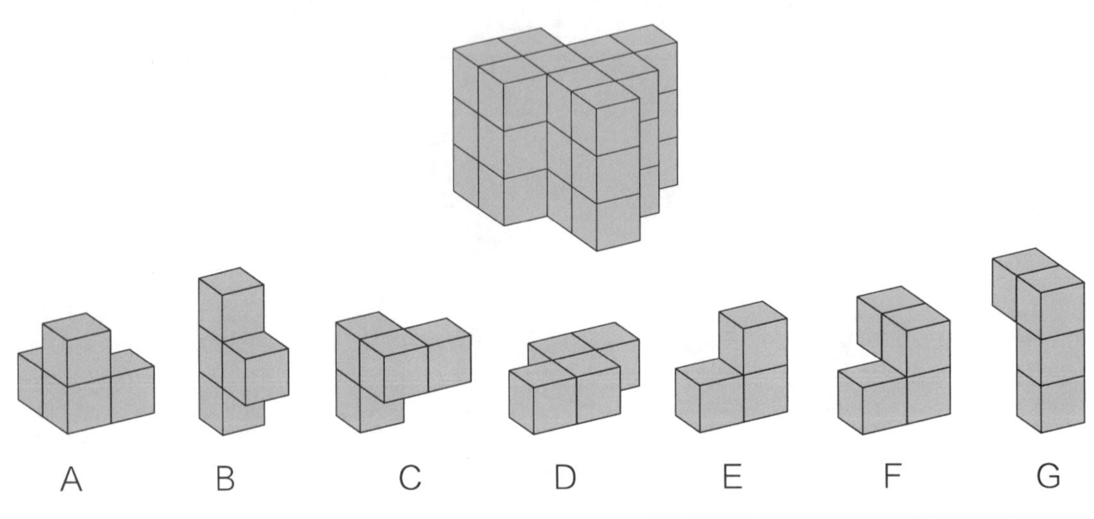

答题栏

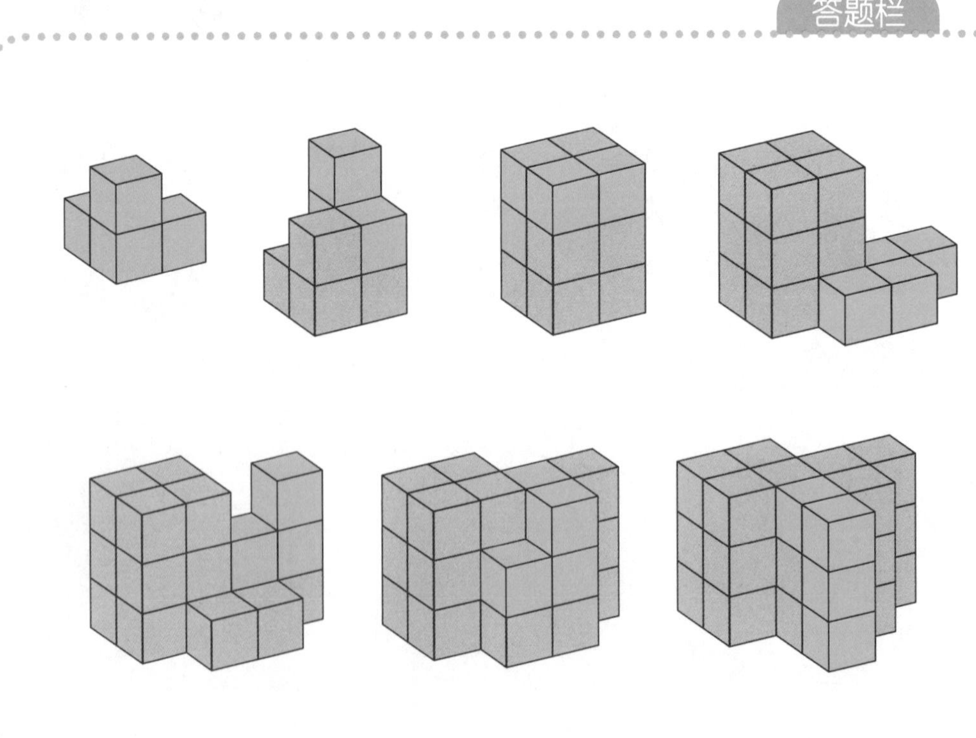

164

拼出立体图形吧

★★★★★

请使用 7 个索玛立方体积木单元（A~G），拼出图示的立体图形吧！

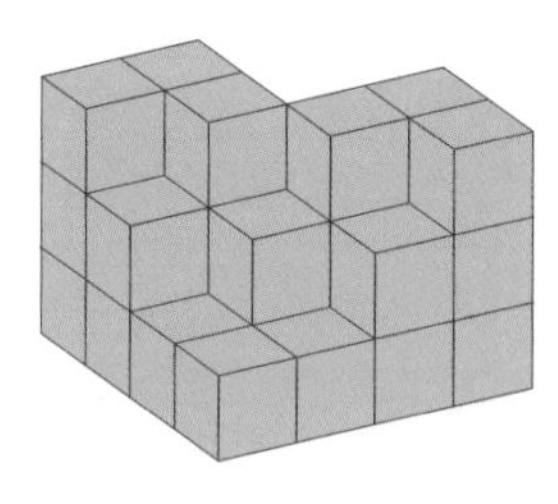

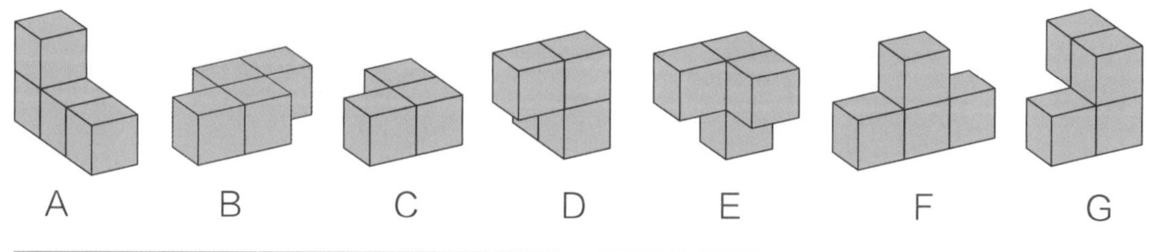

答题栏

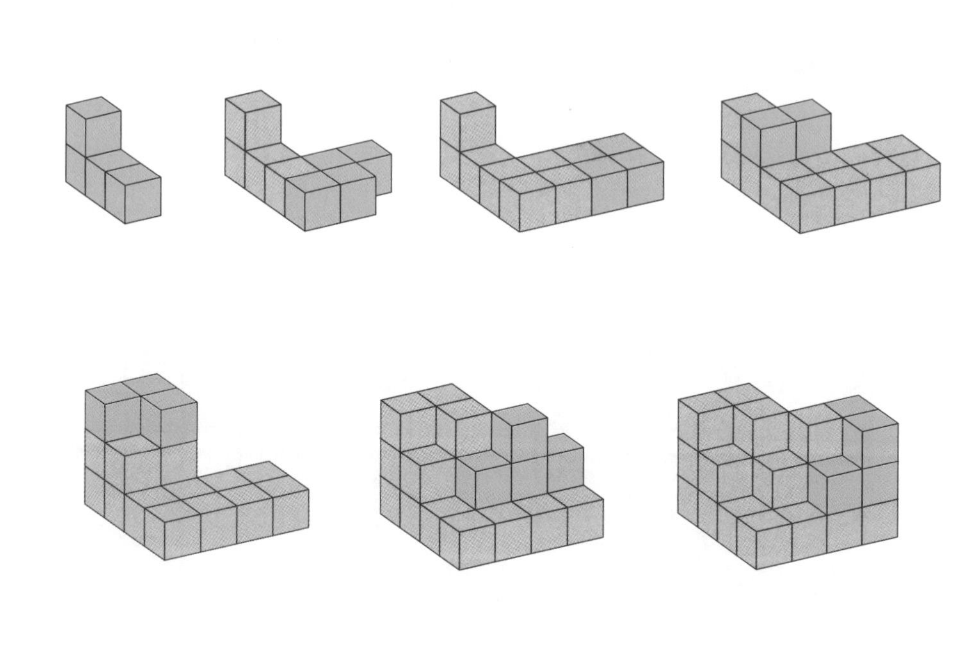

165

拼出完整索玛立方体吧

★★★★★

根据下面的步骤提示，拼出完整的索玛立方体吧！

答题栏

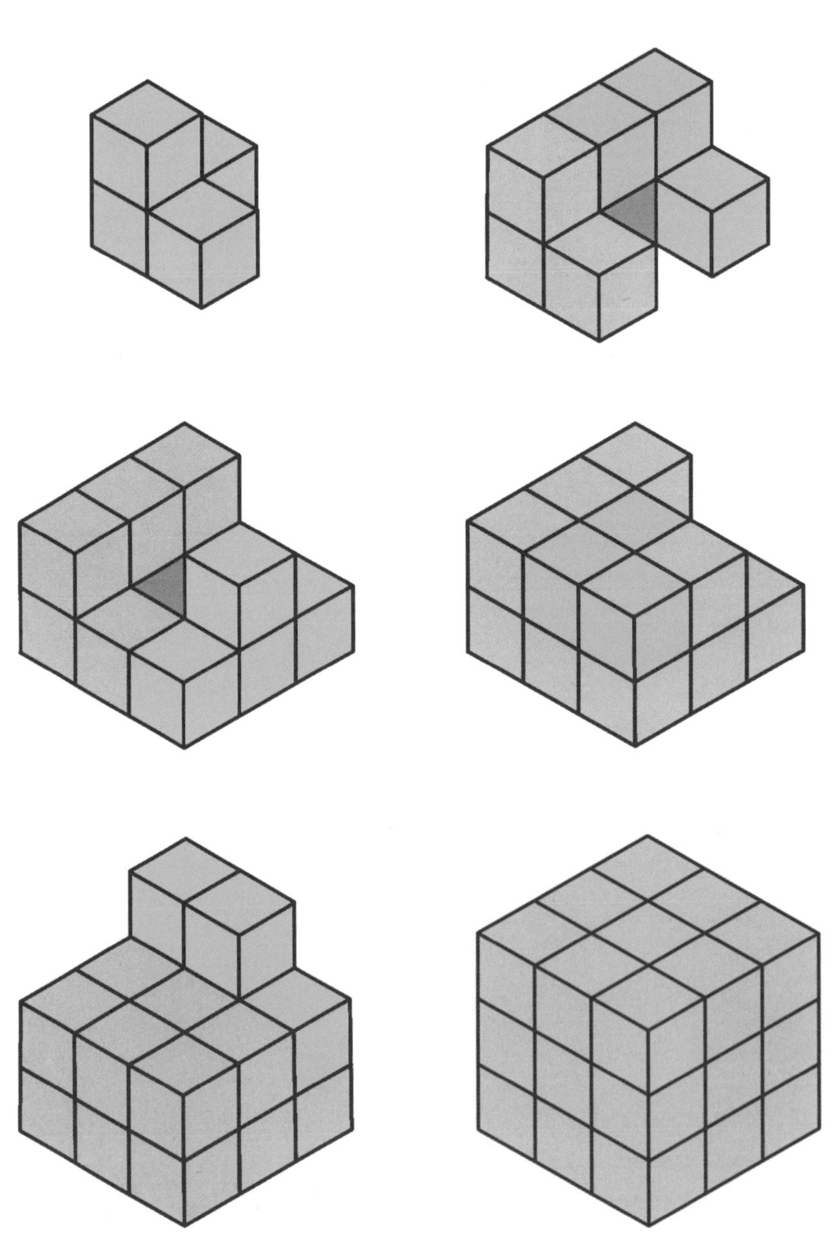

拼出完整索玛立方体吧

★★★★★

根据下面的步骤提示，拼出完整的索玛立方体吧！

答题栏

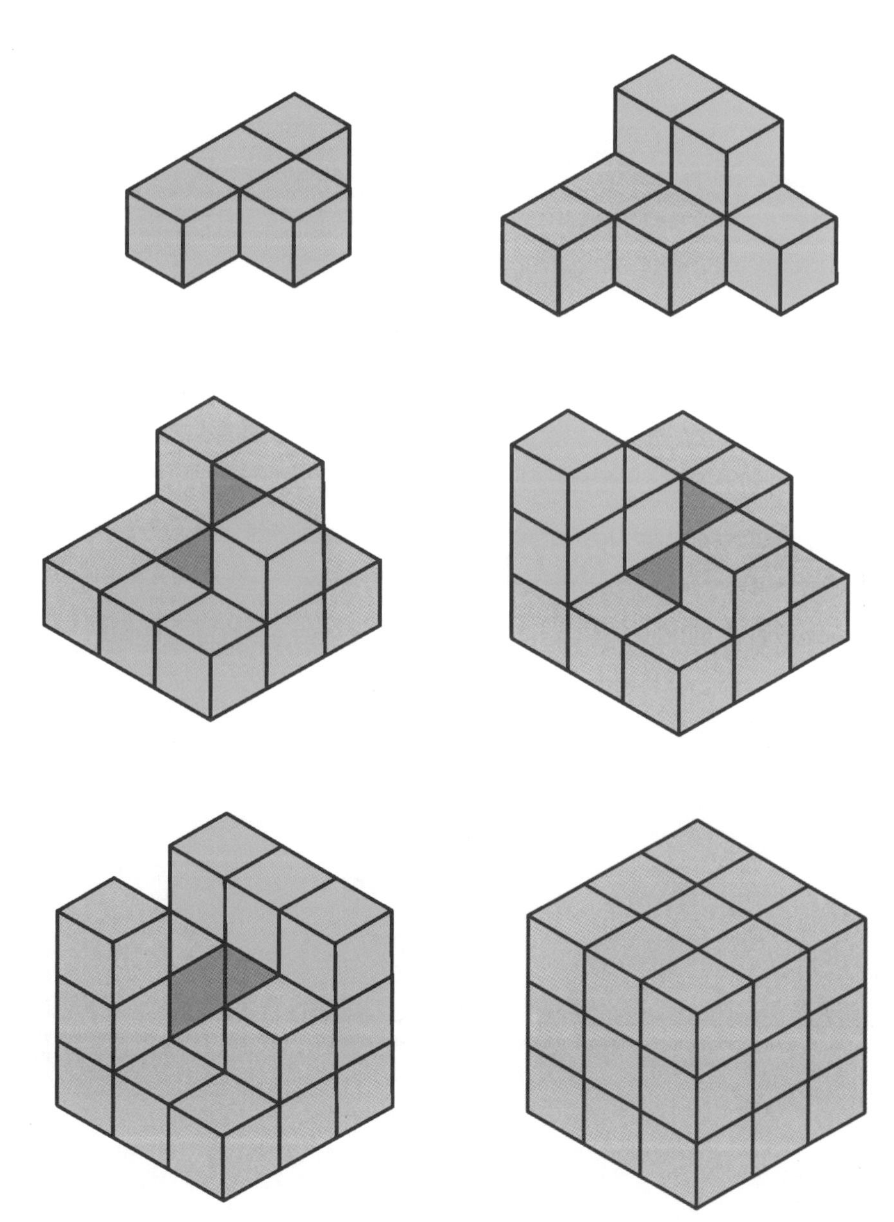

167

拼出完整索玛立方体吧

根据下面的步骤提示，拼出完整的索玛立方体吧！

答题栏

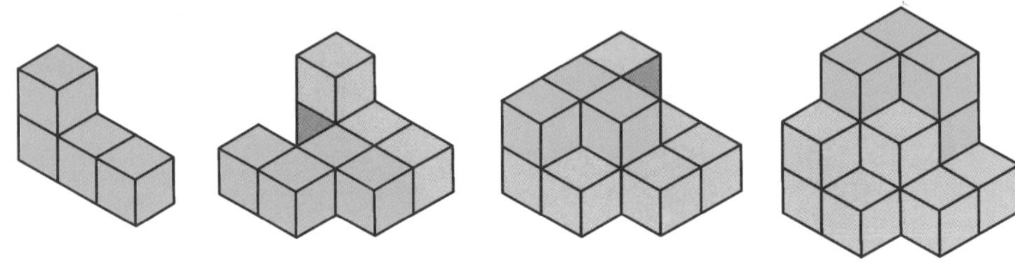

168

拼出完整索玛立方体吧

根据下面的步骤提示，拼出完整的索玛立方体吧！

答题栏

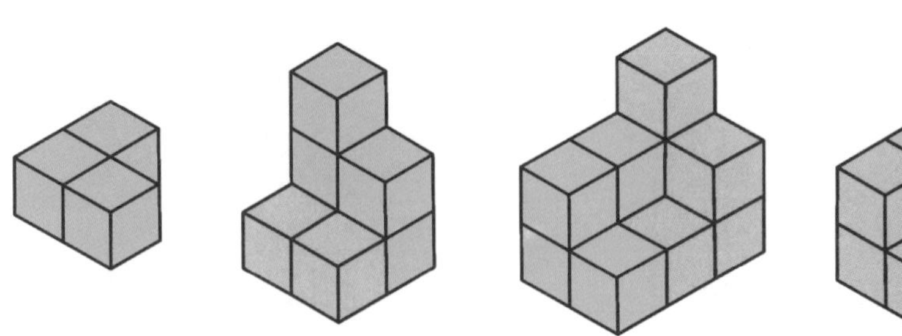

169

拼出完整索玛立方体吧

★★★★★

根据下面的步骤提示，拼出完整的索玛立方体吧！

答题栏

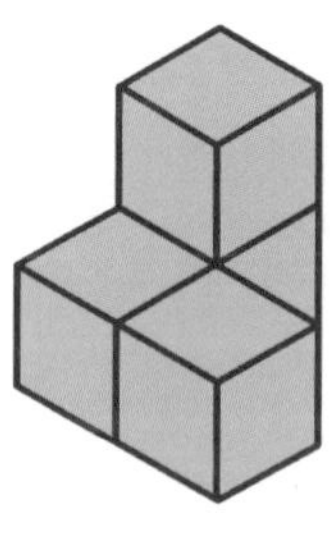

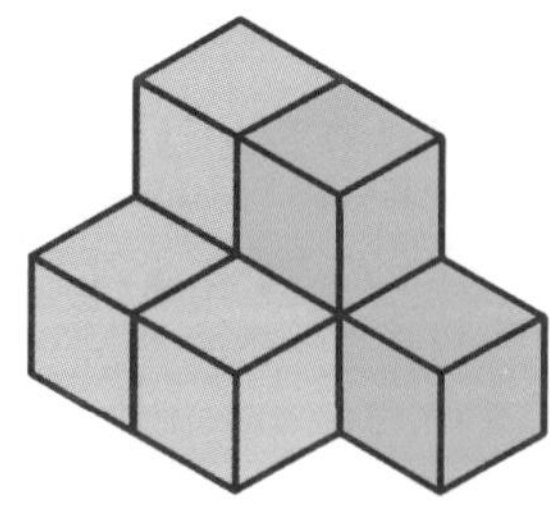

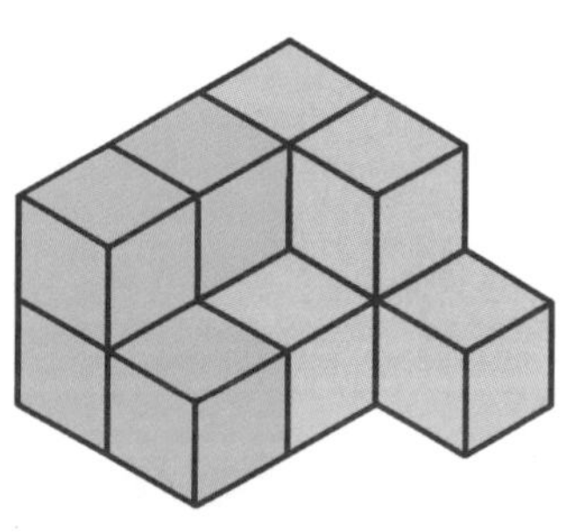

170

拼出完整索玛立方体吧

★★★★★

根据下面的步骤提示，拼出完整的索玛立方体吧！

答题栏

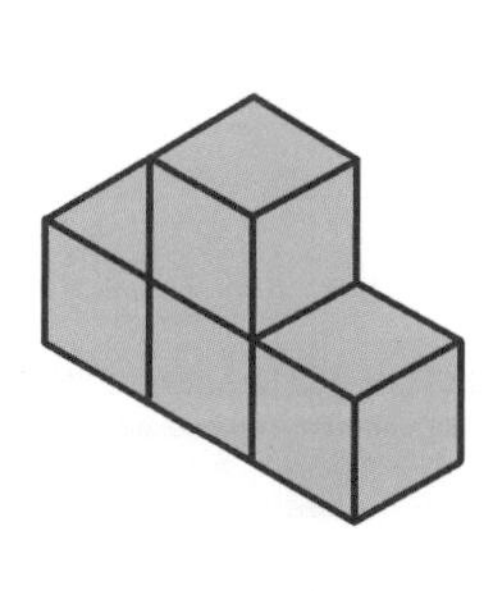

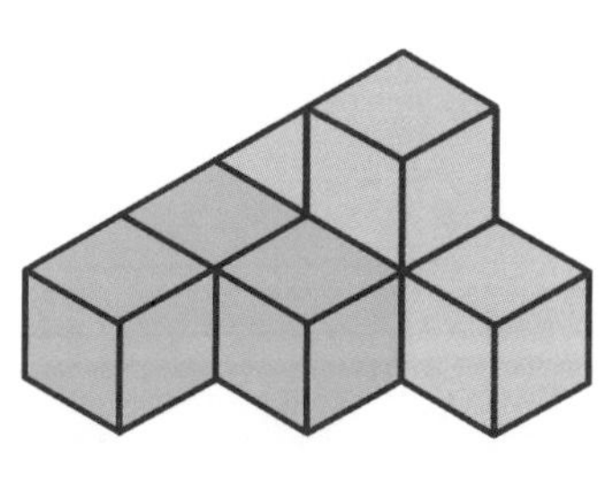

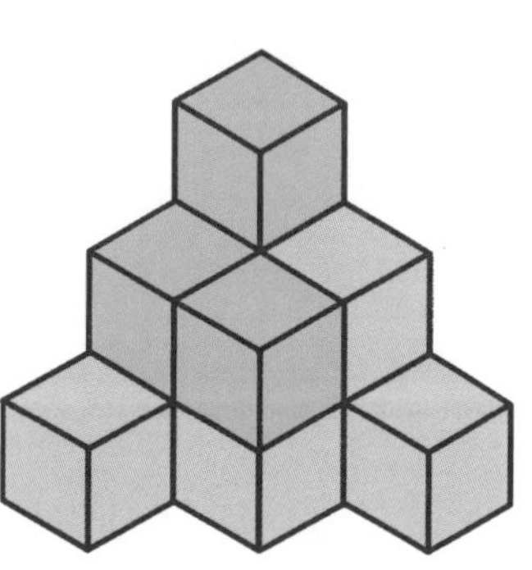

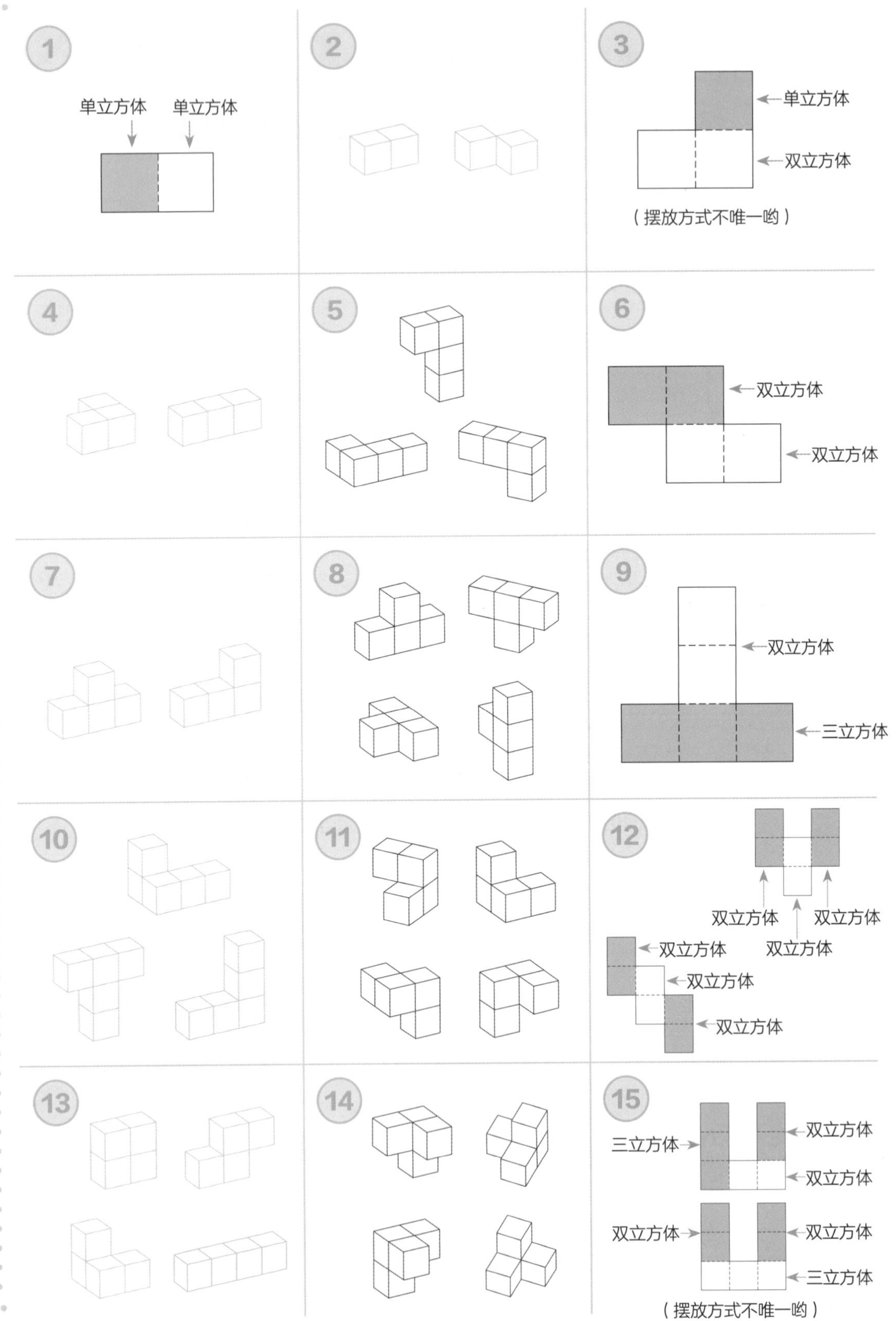
1
单立方体
单立方体
2
3
单立方体
双立方体
（摆放方式不唯一哟）
4
5
6
双立方体
双立方体
7
8
9
双立方体
三立方体
10
11
12
双立方体
双立方体
双立方体
双立方体
双立方体
双立方体
13
14
15
三立方体
双立方体
双立方体
双立方体
双立方体
三立方体
（摆放方式不唯一哟）

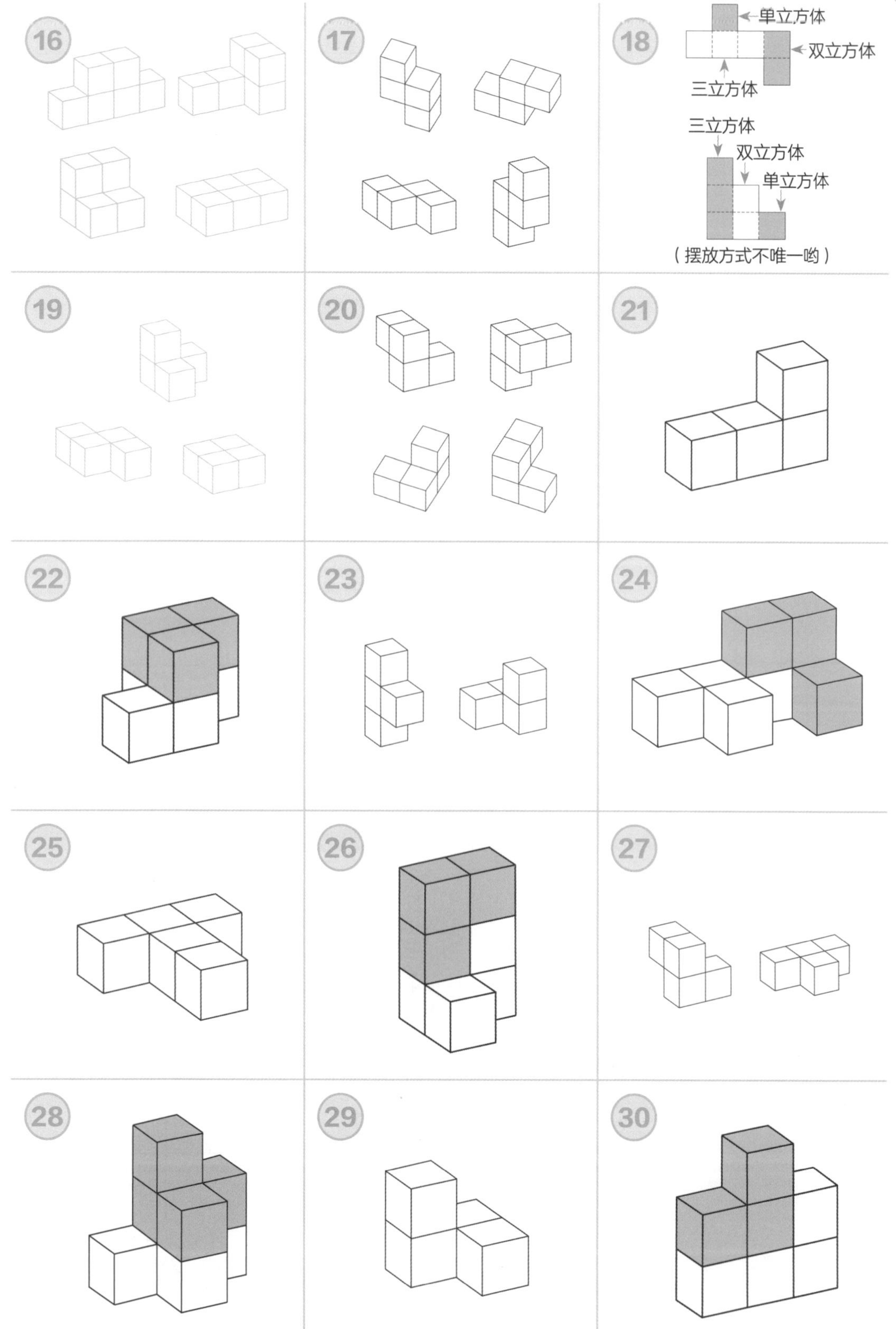
16
17
18
单立方体
双立方体
三立方体
三立方体
双立方体
单立方体
（摆放方式不唯一哟）
19
20
21
22
23
24
25
26
27
28
29
30

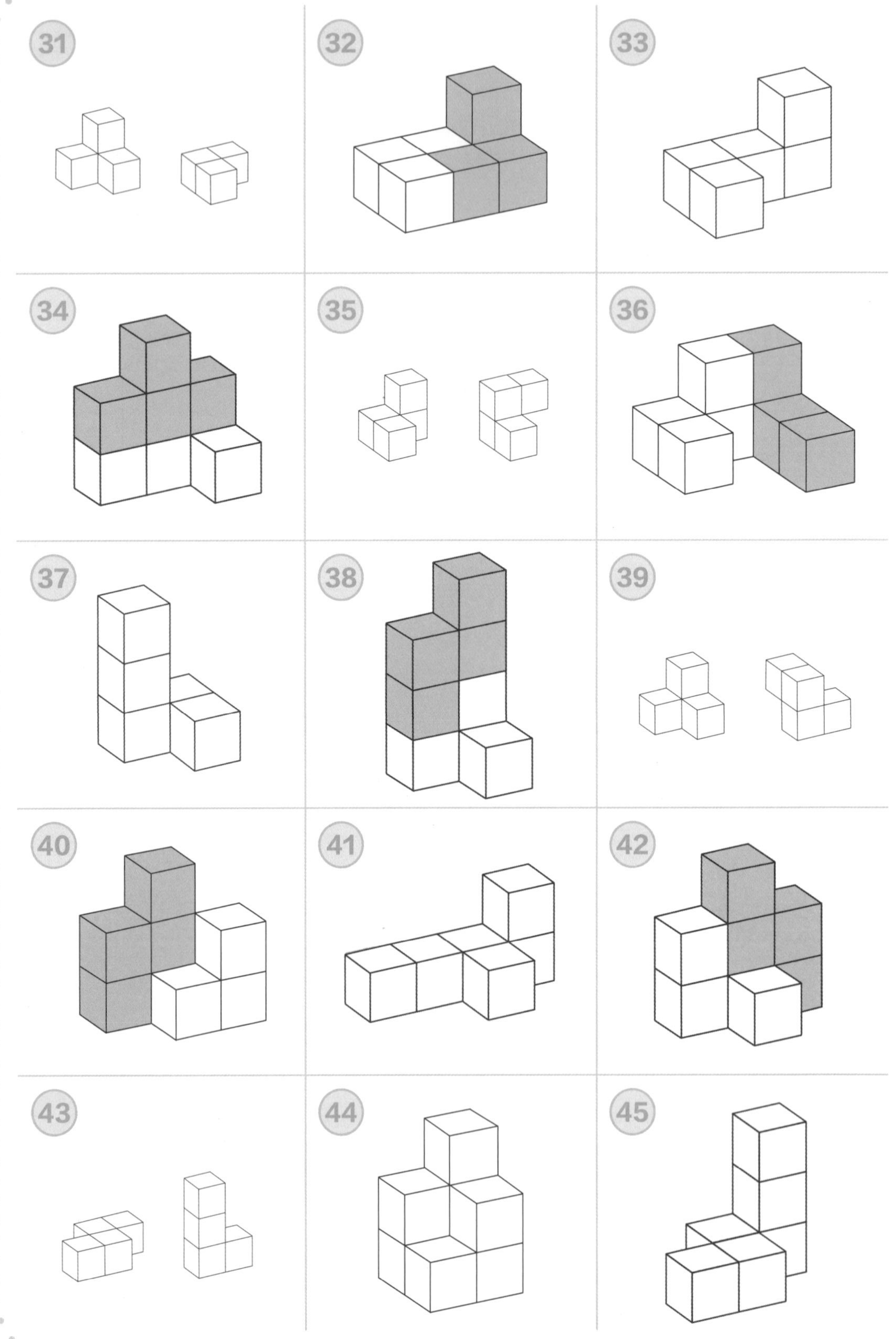
31
32
33
34
35
36
37
38
39
40
41
42
43
44
45

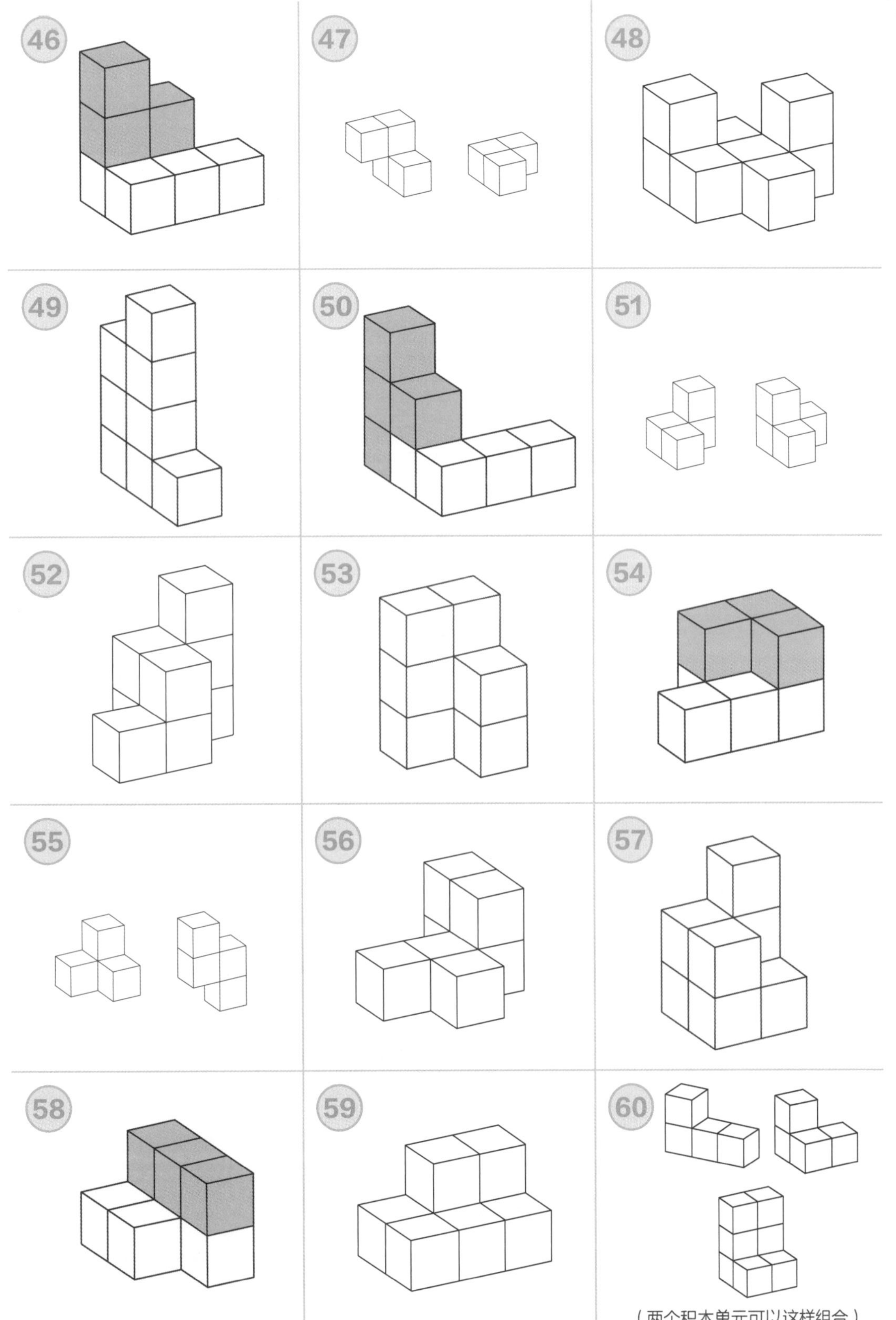
46
47
48
49
50
51
52
53
54
55
56
57
58
59
60
（两个积木单元可以这样组合）

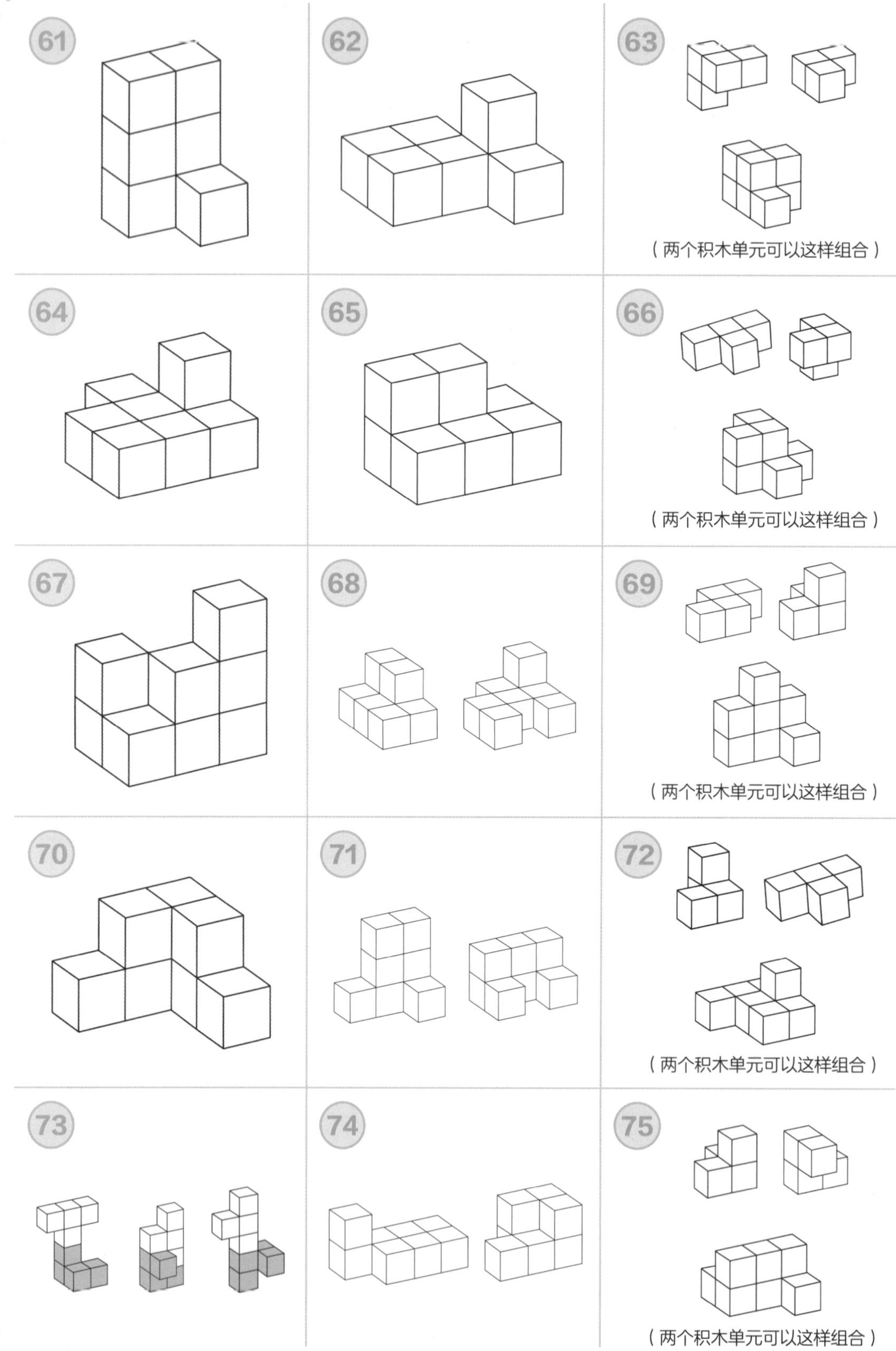
61
62
63
（两个积木单元可以这样组合）
64
65
66
（两个积木单元可以这样组合）
67
68
69
（两个积木单元可以这样组合）
70
71
72
（两个积木单元可以这样组合）
73
74
75
（两个积木单元可以这样组合）

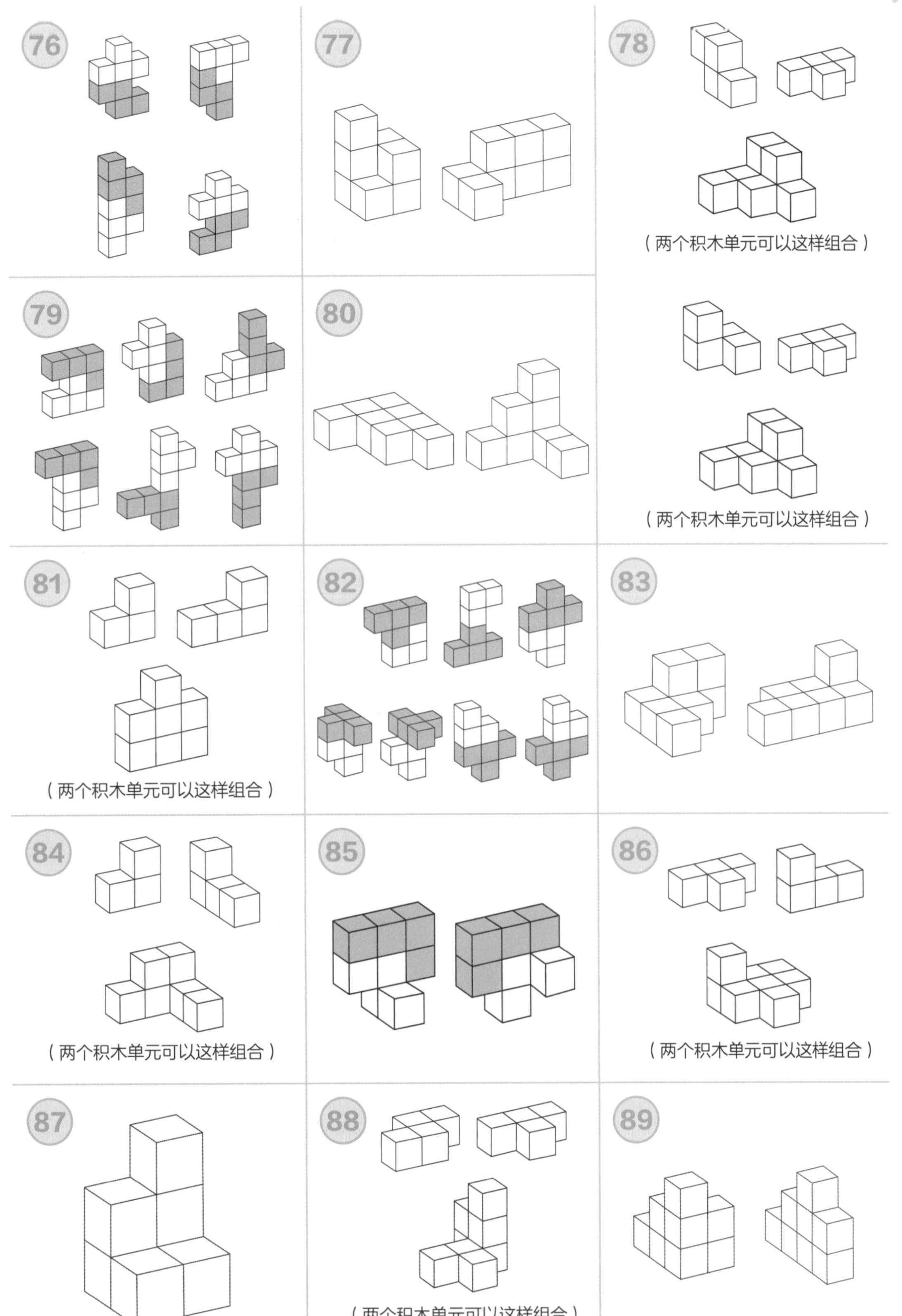
76
77
78
（两个积木单元可以这样组合）
（两个积木单元可以这样组合）
79
80
81
（两个积木单元可以这样组合）
82
83
84
（两个积木单元可以这样组合）
85
86
（两个积木单元可以这样组合）
87
88
（两个积木单元可以这样组合）
89

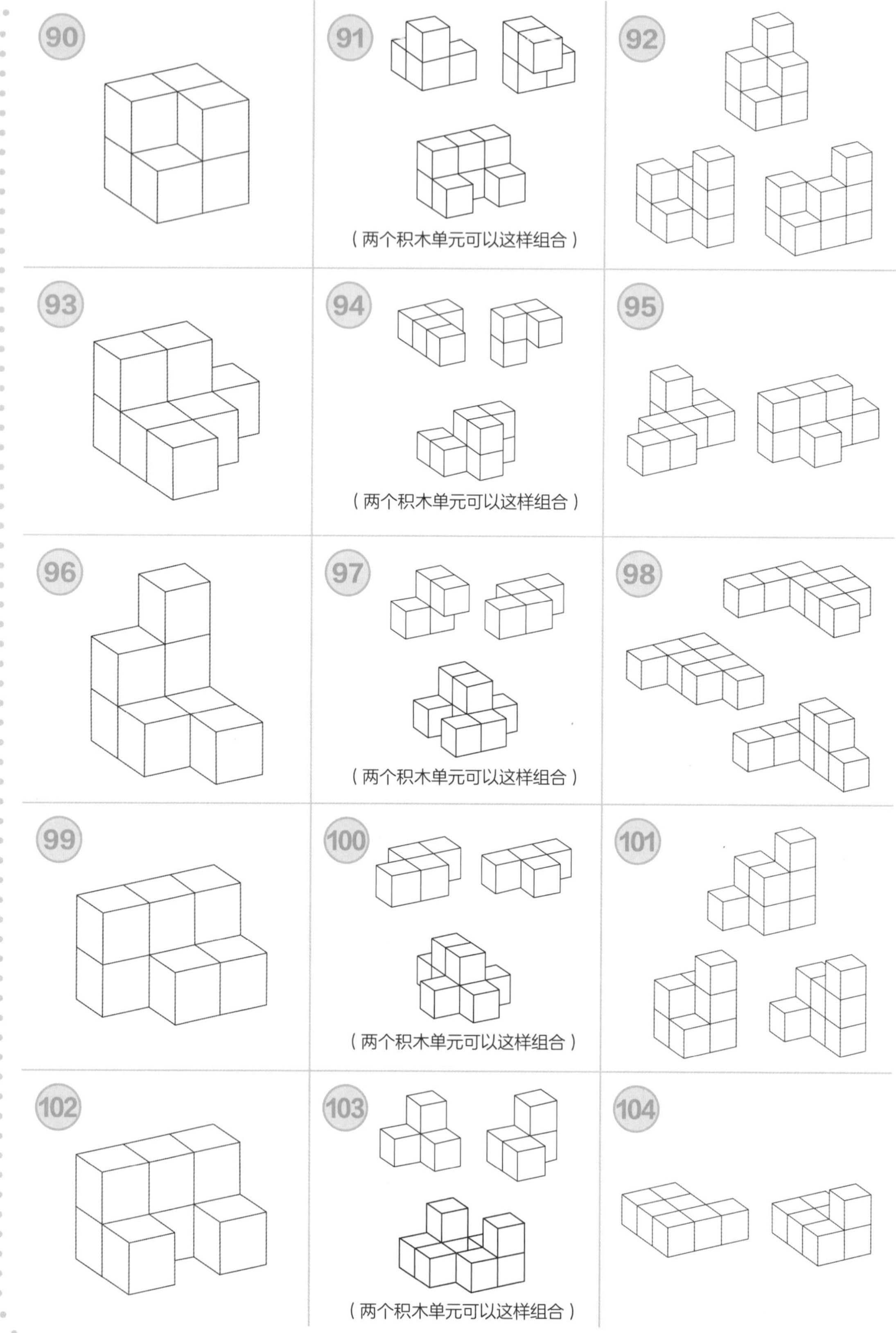
90
91
（两个积木单元可以这样组合）
92
93
94
（两个积木单元可以这样组合）
95
96
97
（两个积木单元可以这样组合）
98
99
100
（两个积木单元可以这样组合）
101
102
103
（两个积木单元可以这样组合）
104

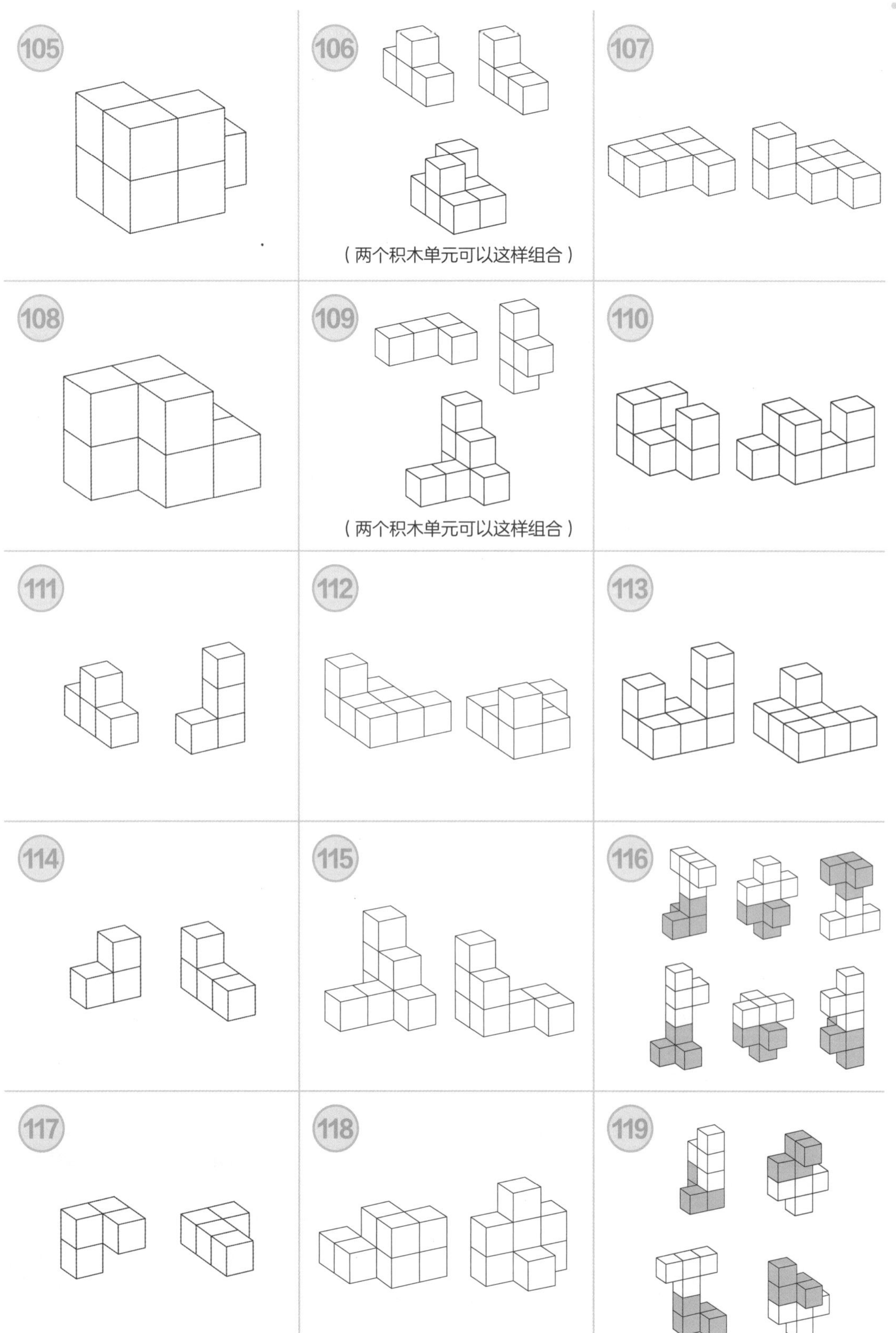
105
106
(两个积木单元可以这样组合)
107
108
109
(两个积木单元可以这样组合)
110
111
112
113
114
115
116
117
118
119

参考答案

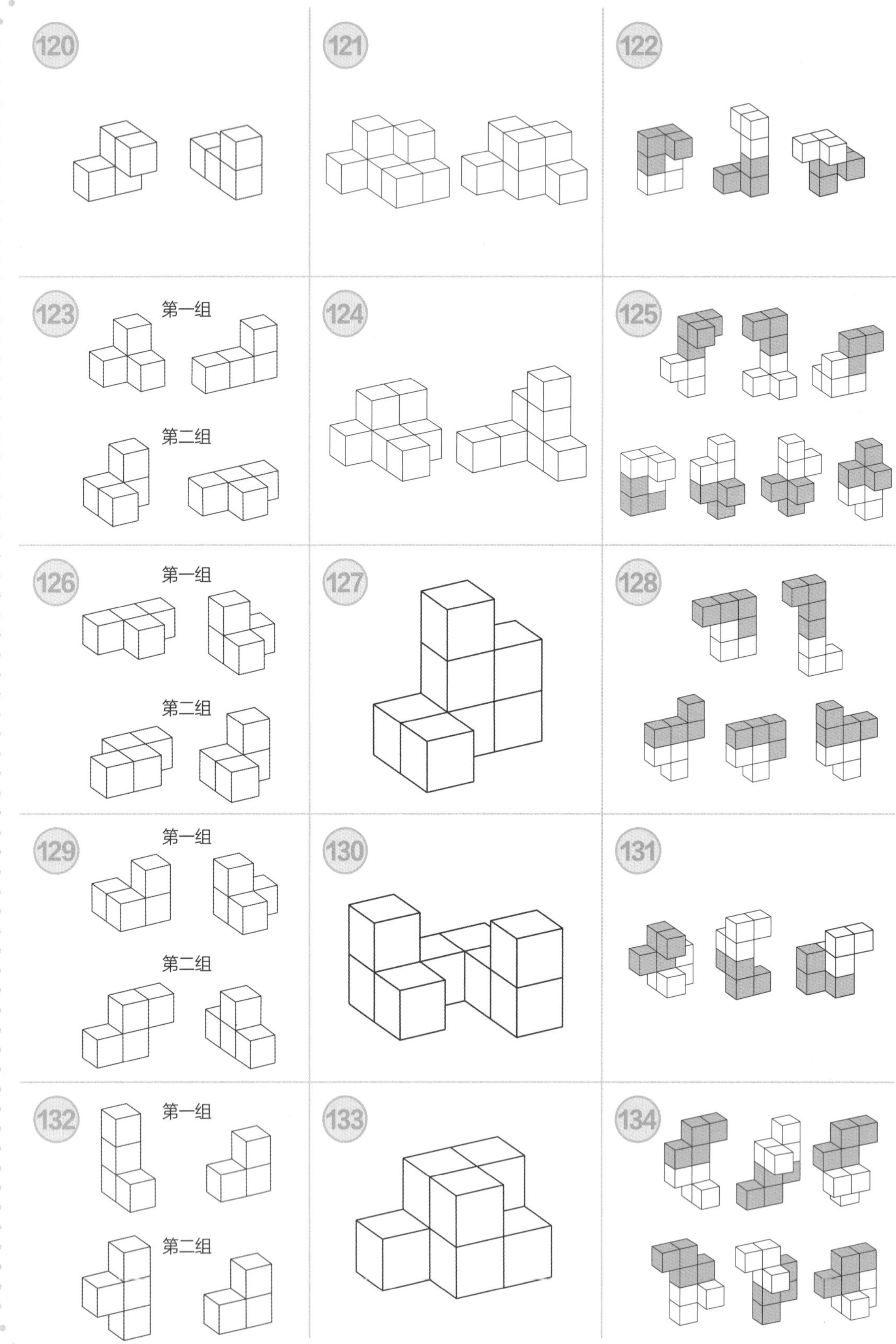
120
121
122
123
第一组
第二组
124
125
126
第一组
第二组
127
128
129
第一组
第二组
130
131
132
第一组
第二组
133
134

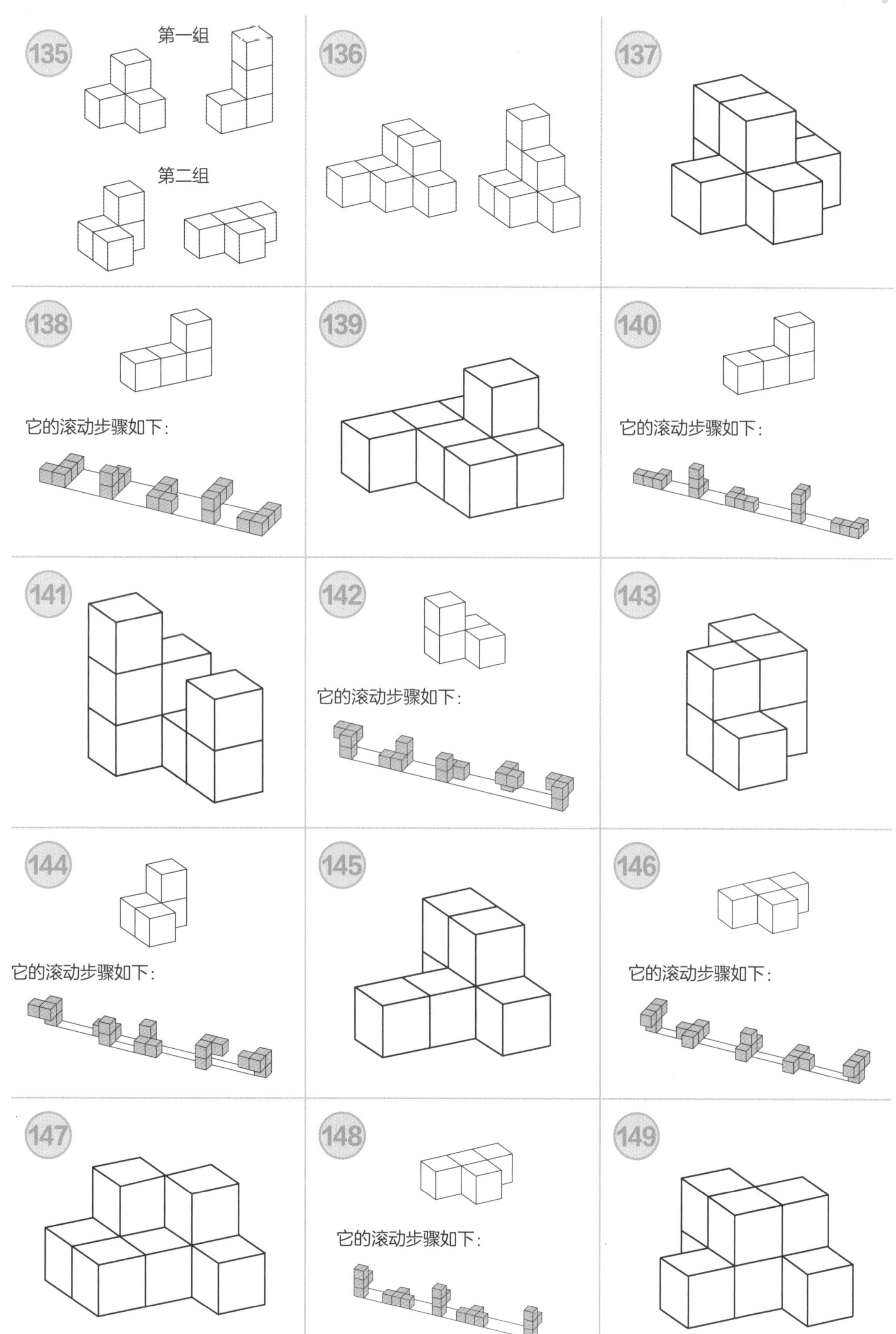
135
第一组
第二组
136
137
138
它的滚动步骤如下:
139
140
它的滚动步骤如下:
141
142
它的滚动步骤如下:
143
144
它的滚动步骤如下:
145
146
它的滚动步骤如下:
147
148
它的滚动步骤如下:
149

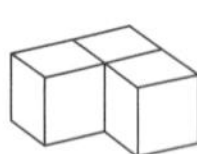

它的滚动步骤如下：

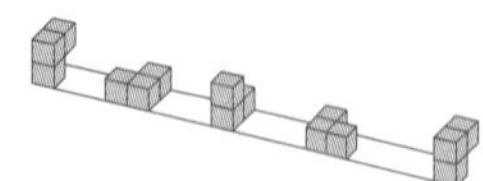

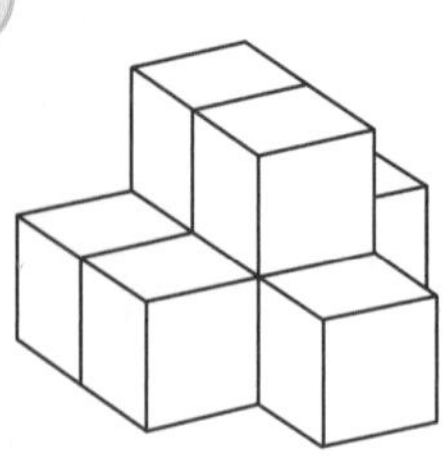

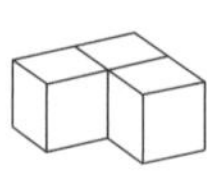

它的滚动步骤如下：

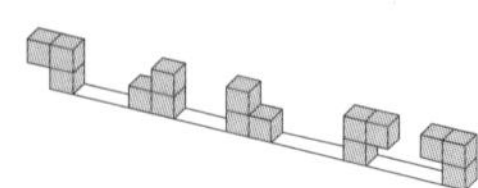

动手剪一剪，折一折！
使用剪刀请注意安全。
沿实线剪下折纸，
虚线部分请向外折，
点画线部分请向内折，
边与边重合的部分使用透明胶带粘牢固定。

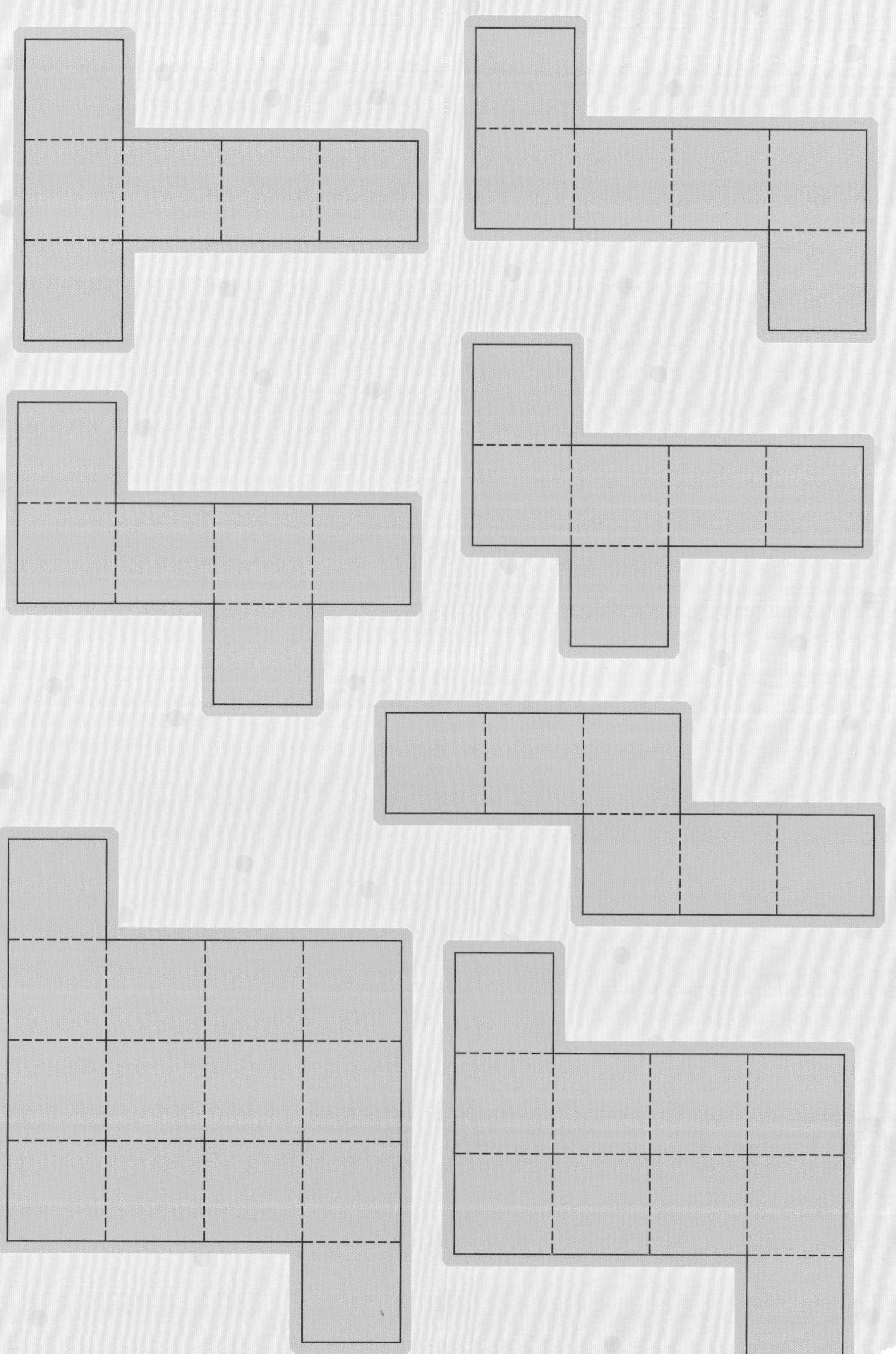

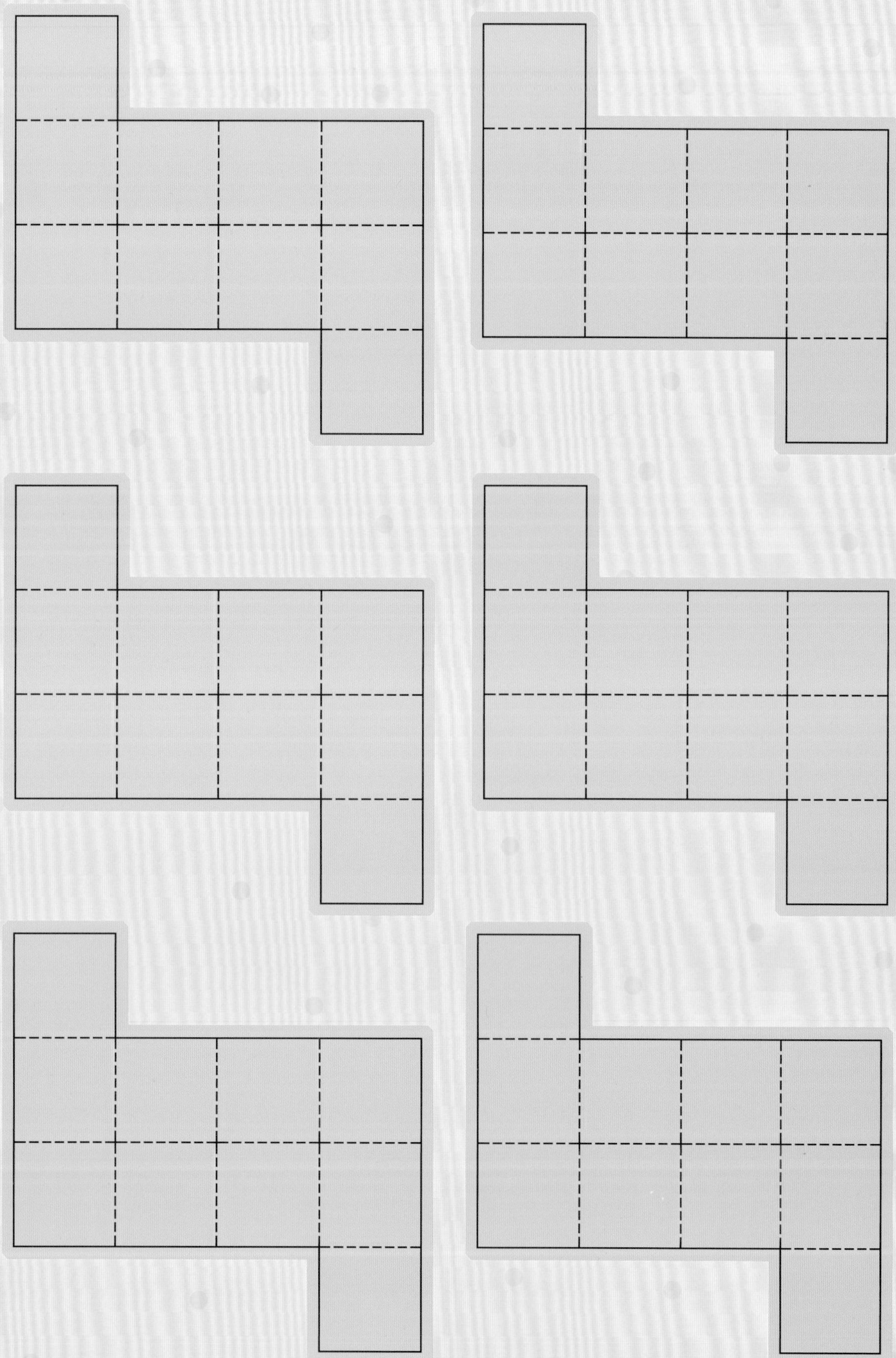

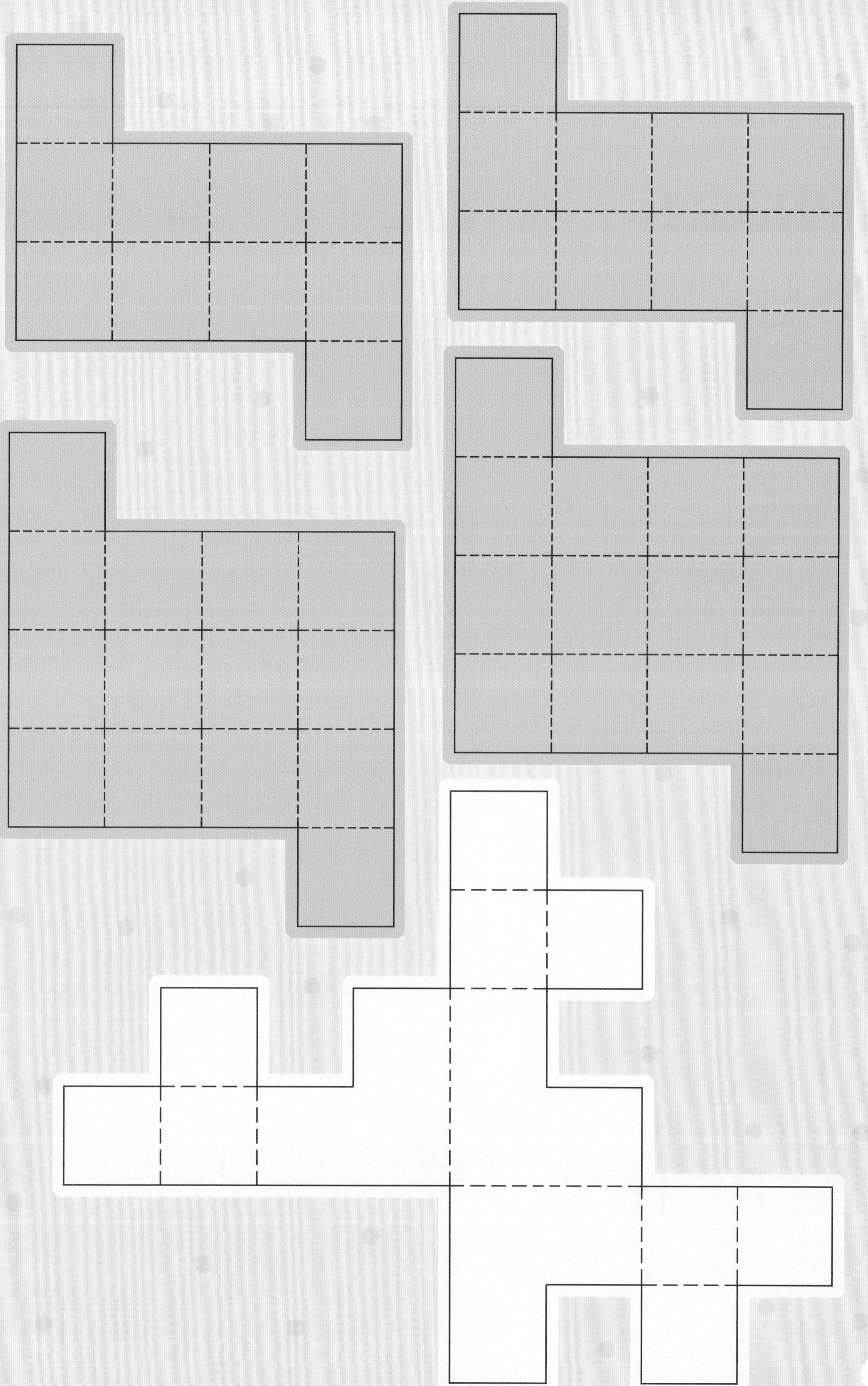

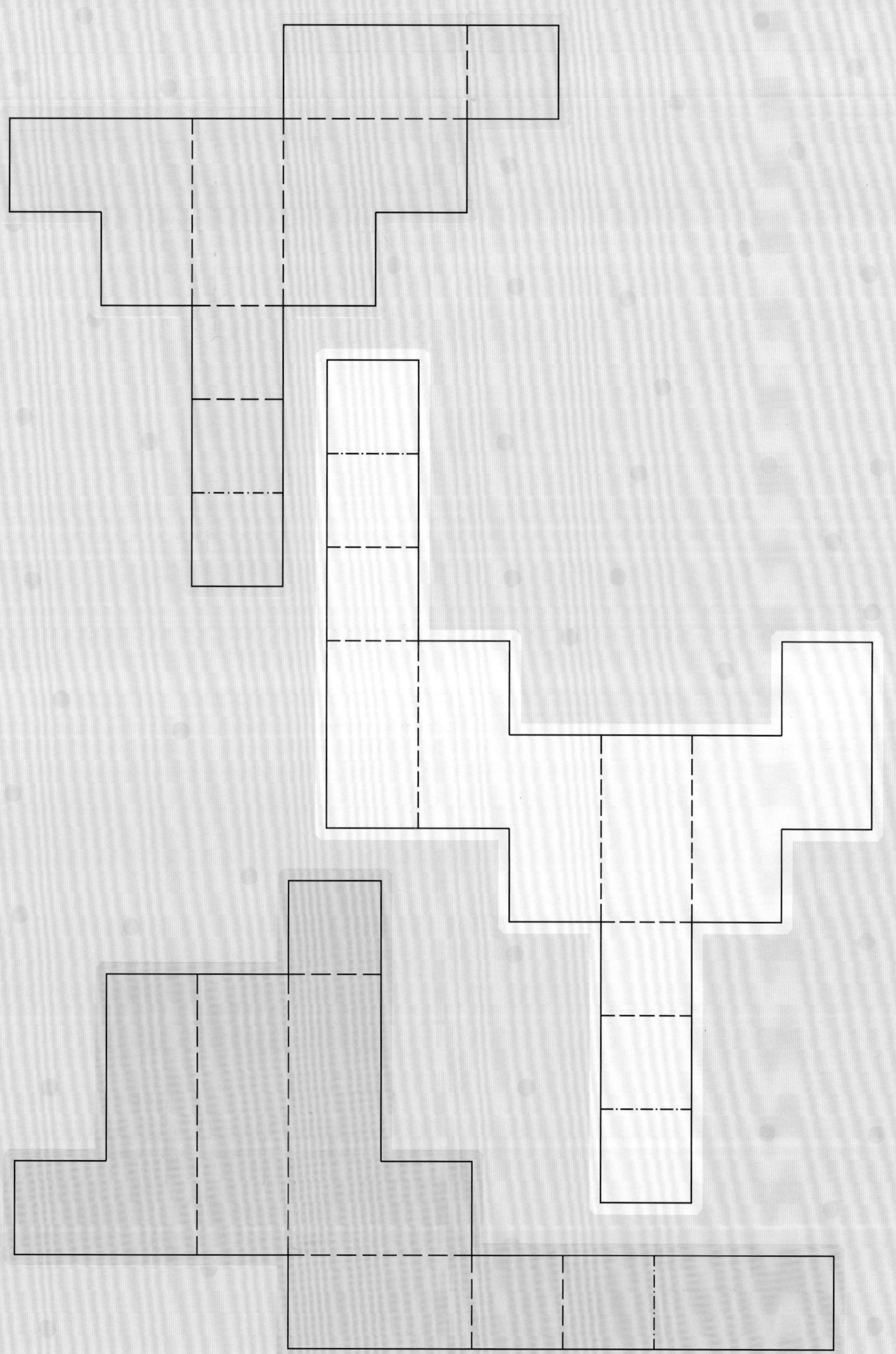